景观水文研究系列丛书

海绵校园

刘海龙　周怀宇　周语夏　张益章　著

中国建筑工业出版社

图书在版编目（CIP）数据

海绵校园/刘海龙等著. —北京：中国建筑工业
出版社，2023.10
（景观水文研究系列丛书）
ISBN 978-7-112-29198-4

Ⅰ.①海… Ⅱ.①刘… Ⅲ.①校园—暴雨洪水—工程
水文学 Ⅳ.① TV122

中国国家版本馆 CIP 数据核字（2023）第 184559 号

责任编辑：张鹏伟 董苏华
责任校对：芦欣甜

景观水文研究系列丛书
海绵校园
刘海龙 周怀宇 周语夏 张益章 著
*
中国建筑工业出版社出版、发行（北京海淀三里河路 9 号）
各地新华书店、建筑书店经销
北京建筑工业印刷有限公司制版
北京盛通印刷股份有限公司印刷
*
开本：787 毫米×1092 毫米 1/16 印张：19½ 字数：347 千字
2023 年 11 月第一版 2023 年 11 月第一次印刷
定价：**162.00** 元
ISBN 978-7-112-29198-4
（40870）

序 一

　　清华大学景观水文方向最早可以追溯到 20 世纪 90 年代。1992 年清华大学建筑学院和海南省共同做亚龙湾规划项目，这是我第一次借由项目契机开始关注自然山水保护的工作。1997 年去哈佛大学作访问学者前，有幸与吴良镛先生进行交谈，他提出希望清华大学建筑学院可以建立景观学系，在专业视野上关注大山大水保护而非仅仅局限于传统认知中的园林植物配置或建筑周边环境的美化。2003 年，清华大学建筑学院景观学系正式成立并聘请曾担任过哈佛大学景观学系主任的劳里·奥林（Laurie Olin）担任首任系主任。其在与我持续研讨课程体系建立的过程中，强调建系之初最重要的事情是编制先进的课程体系。放眼国际上的景观专业课程设置，普遍还是偏向于小尺度方面的景观设计，中间一段时间内宾夕法尼亚大学风景园林设计及区域规划创系主任麦克哈格（Ian Lennox McHarg）从 20 世纪 60 年代开始做了许多规划层面的工作，但之后宾夕法尼亚大学逐渐又回归了传统的景观设计尺度。在与劳里·奥林的交流中，我也向他传达了吴良镛先生早几年对专业提出的期冀，最终达成共识——清华大学建筑学院景观学系的培养模式要在大尺度和小尺度上同时推进，既要做大山大水的保护，同时也应打好建筑学院培养学生设计能力的基础。

　　"水"对中国而言尤为重要。基于创系之初时中国河流等水体污染非常严重的背景，我与劳里·奥林商讨后决定，在课程体系中增加"景观水文"作为重要的理论课程之一。在早期课程中我们引进了许多国外专家的先进理念，邀请了多位国外相关领域的专家教授如巴特·约翰逊（Bart Johnson）、布鲁斯·弗格森（Bruce Ferguson）、高盖特·瑟尔（Colgate Searle）等，将美国"湿地银行"等理念和"水"规划设计的经验引入清华大学课堂。2003 年到 2008 年任教的劳里·奥林讲席教授组成员除了有先进理念外，部分学者兼具非常宝贵的实践经验，这为整个课程的讲授打下了非常好的基础。此外，在美国景观生态学元老理查德·福尔曼（Richard Forman）来京之际，我有机会与其深入沟通办学理念。福尔曼表示非常赞赏清华大学景观学系的课程体系，提到在中国土地公有制的背景下是最有可能实现对于大山大水的保护规划的。在 2014 年清华大学景观学系建系 10 周年大会上，麻省理工学院景观设计与规划系教授安妮·惠斯顿·斯本（Anne Whiston Spirn）也提到，对于"Landscape Architecture"，哪里的破坏和污染越严重，也就意味可发挥的机会越大。中国是一个山水大国，拥有从大型河流到小微湿地等无数的"水"的类型，景观水文可发展的机会非常多。理查德·福尔曼与安妮·惠斯顿·斯本两位国外专家基于更广阔的视野对中国山水保护与修复问题的剖析，对我具有很大的启示和鼓舞作用：一方面是中国的时代背景需要我们专业去做，另一方面是在中国也有条件去实现。这更坚定了清华大学景观学系需要坚持"景观水文"方向的研究，而我个人也要坚持将大尺度的景观规划做下去。

水是景观的"命脉"，是生命的"本源"。水在景观中的作用，就像血液系统在人体中的重要作用。人所共知长江是"经济命脉"，黄河被誉为"母亲河"。习近平总书记在 2018 年提出"长江经济带建设要共抓大保护、不搞大开发，把长江生态修复放在首位"，这让我非常感动。在国家"长江大保护"和"黄河生态保护与高质量发展"的战略背景下，我们赶上了很好的生态保护时代。同时中国拥有源远流长的"水"文化底蕴，所以我们有很好的契机做好"景观水文"各个方向的研究。目前清华大学景观水文方向在刘海龙副教授引领下取得了丰硕成果，涉及海绵城市、自然保护地中的自然流淌河流、水文化遗产等，将研究宽度也从城市拓展到了自然和人文中。本书——《海绵校园》便是近年来的主要成果之一。他从 2008 年负责景观水文课程后，在教学中做研究，在校园内做实践，研究雨洪管理问题。在清华大学"研究生教改项目"《面向学科交叉整合的"景观水文"课程建设》及学校的支持下，刘海龙坚持十多年的校园雨洪管理教学研究，带领学生完成了各类共 30 多处校内地块的雨洪管理研究与设计，建成了近 10 处示范项目，与清华大学水利系、环境学院相关专家团队也有密切合作。之后又受国家自然科学基金面上项目资助，与国家海绵城市试点建设同步，完成了多方面研究与实践，在景观水文理论方法在城市雨洪管理应用方面作出了开拓性的探索，并获得美国风景园林师协会、英国皇家风景园林学会等国际专业组织颁发的一系列奖项。

景观水文是一个交叉领域，需要多专业融合，同时这也是一个大有前途的领域。希望未来清华大学的景观水文研究可以与多学科专家在"知"和"行"两方面不断创新，并在中国"水资源"保护、"水家园"的规划、设计、建设、管理方面取得卓越成就。

杨锐

清华大学建筑学院景观学系系主任、教授、博导

清华大学国家公园研究院院长

2022 年 6 月于清华园

序 二

在人类社会发展进程中，十几年仅是弹指一挥间。但就中国城市雨洪管理而言，近十多年却是具有特殊意义的一个时期。从 2007 年的济南 "7·18" 暴雨、2008 年的深圳 "6·13" 暴雨、2010 年的中国南方特大暴雨，到 2012 年的北京 "7·21" 暴雨、2016 年的北京 "7·20" 暴雨，再到 2021 年的郑州 "7·20" 暴雨，几乎每年如期而至却日益严重的城市洪涝灾害，导致惨重的人员伤亡与经济损失，并暴露出当代社会治理体系的一系列问题。放眼全球，气候变化也已成为对人居环境安全最大的威胁之一。国际上从 20 世纪 80 年代针对城市雨洪管理陆续提出了 "最佳管理措施"（Best Management Practices，BMPs）、"低影响开发"（Low Impact Development，LID）、"可持续排水系统"（Sustainable Drainage System，SUDS）、"水敏性城市设计"（Water Sensitive Urban Design，WSUD）等理念与措施。中国基于上述国际趋势于 2014 年开始实施海绵城市试点建设，2022 年推动国家系统化全域推进海绵城市建设示范，"韧性城市"被写入"十四五"规划和 2035 年远景目标纲要。在此意义上，近十几年是中国城市雨洪管理走向实质性行动的关键时期。

应对气候变化与雨洪管理的挑战，构建具有"韧性"的空间、工程与社会管理体系，对城市规划、风景园林、环境市政、水利工程等多个行业提出了更高的要求，也有必要从知识、理念、技术的源头——教育做起。本书是对清华大学《景观水文》课程自 2008 年开始的持续十多年的校园雨洪管理教学、研究与实践过程的回顾，也希望为当下城市雨洪管理、海绵城市及相关领域的发展提供参考。本书具体以清华大学校园为对象，以《景观水文》课程的各阶段探索为主线，具体分为三部分：（1）序与引言，总体介绍本书的目的，阐述教育环境中的理水与育人的关系、海绵校园的价值与意义，及基于景观水文理念的海绵校园研究与实践方法；（2）教学篇，介绍作为《景观水文》课程教学背景的清华大学校园及区域水文景观的演变，回顾《景观水文》课程的渊源与发展，呈现2008年至2019年的课程各阶段教学思路与方法的探索，选取代表性作业成果进行展示，并就关键知识点的教学进行具体说明；（3）研究实践篇，介绍基于《景观水文》课程教学与研究成果而完成的校园真实建成项目案例，展示从项目研究、规划设计到建设实施、监测及后评估的全过程，并以校园实践为出发点提出对当前城市雨洪管理的思考与建议。

本书将清华大学《景观水文》课程在校园雨洪管理方面的持续性积累进行结集出版，既是对过去工作的总结、梳理与反思，也是对这一领域未来的期待与展望，以期能为兄弟院系相关教学与研究工作提供参考；同时，就当下海绵城市、韧性城市、气候适应性城市等领域的发展而言，课程建设、教学与研究创新、人才培养等无疑具有基础性的意义。围绕身边的真实问题展开针对性教学与研究，从单向的"教"与"学"走向"教＋学"共同体的建立，通过师生共同努力推动教学与研究的不断发展，透过雨洪问题表面逐步深入本质，分析其中的人水关系规律并思考行业实践的价值观与方法论基础，是"海绵校园"作为一种"喻意"表达的真正目的。这方面的探索若能对解决现实问题发挥一些作用，为激发学生的创造力提供一些帮助，为实现未来更和谐的人水关系与人居环境提供一些启发，本书出版的意义就实现了。

限于笔者的知识与能力，本书的错误在所难免，也敬请各位前辈、同仁批评指正！

刘海龙

2022年6月于清华园

目　录

**上　篇
教学篇**

下　篇
研　究
实践篇

教育环境是开展教学活动必不可少的前提条件①：既是开展教学的基础条件和物质载体，也会参与到育人的过程当中。中国古代许多教育环境中的建筑、山水、植物等要素都被有意识地用来达到教育的目的，陶冶师生的心态与品性。而水作为一种重要的自然要素与文化符号，在中国古代教育思想与教育环境中都发挥着重要的影响。这里分析中国古代教育环境中的理水思想与实践，除了探索其环境营造手法的意义，更意在剖析挖掘其育人的作用，引出本书所阐述的主题。

1. 教育之初："生存之需"与"事神之礼"

根据《中国教育史》，"教育发生于实际生活的需要。……在渔猎经济时代，他们的教育就是怎样捕鱼，怎样猎取鸟兽，怎样采撷果实。在牧畜经济时代，他们的教育就是怎样架设栅栏，怎样寻逐水草，怎样喂牛赶羊。劳动即是学习，父母即是教师，猎场与牧地即是学校，教育与生活是一致的。"如古书载，"燧人之世，天下多水，故教民以渔"及"伏羲氏之世，天下多兽，故教民以猎"等，可见远古时代人们为了生存需要，依托自然环境有意识地给下一代传授生存技能，这就是"生存教育"。②而教导排涝、引水、灌溉技能，在中国早期聚落考古发掘中都可发现，如"鲧障洪水"、大禹治水③的记载，及陕西宝鸡北首岭、西安半坡、河南仰韶、安阳殷墟、浙江余姚河姆渡等早期氏族聚居地和都邑的考古发掘，由此形成一系列对治水经验教训之总结。

远古与"生存之需"相伴而生的"事神之礼"也具备一定教育的成分。"礼"起初即祭神的意思，与远古先民认为一切现象皆受神意支配有关。中国至商周之际，莫不以事神致福为极重要的礼教。父母教导孩童，长老训诫族员，莫不以明白神意为宗旨。随着文字的发展，长者传授文字及祭祀礼仪等，聚落中也渐渐出现了祭祀专用的场地，便推动较为正式的教育行为、制度及场所渐渐产生，也逐步塑造着社会风俗习惯与礼仪，调整生产劳动和社会生活关系。④而"事神之礼"所涉及的祈雨、禳灾、祭祀等宗教、文化活动及与农事相关的节气，均包含先民对与"水"相关的教育目的。如《河图帝通纪》中所言："雨者，天地之施也"，又如《礼统》曰："雨者，辅时生养均遍"等，均反映了古人将雨视为"上天之灵水"的意识。综上所述，远古先民们从"生存之需"与"事神之礼"出发，均已有对涉水经验的总结，包含"技

① 李秉德. 教学论. 北京：人民教育出版社，2001.

② 陈青之. 中国教育史（上、下）. 长沙：岳麓书社（民国学术文化名著丛书），2010.

③ ［加］Asit K. Biswas 著. 刘国维译. 水文学史. 北京：科学出版社，2007.

④ 郭齐家. 中国古代学校. 中国文化史知识丛书. 北京：商务印书馆，1998.

能传授""知识总结"和"经验累积"等内容,已具有初步的教育内涵。

2. 圣人教化:"辟雍环水"与"山水比德"

中国古代较为正式的教育场所在五帝、夏、商、西周等各时代已有其萌芽,陆续演化中分别以"成均""庠""序""校""瞽宗""右学"等名称出现。虽然这些实际上还有伦理教育机构及体育军事训练场所等性质,但一定程度上已十分接近正式的教育机构与环境。①

《诗经·大雅·文王之什》中有记载:"于论鼓钟,于乐辟雍",描写了周文王在被认为是中国最早园林实例的灵囿中的"辟雍"观看乐师演奏音乐、鸣钟击鼓,以祭祖祭神的场面。辟雍在这里乃是一种园林化环境的祭祀场所,之后逐步与国家最高教育机构合并而设,即西周辟雍。《礼记·王制》记载:"天子命之教,然后为学。小学在公宫南之左,大学在郊。天子曰辟雍,诸侯曰泮宫。"因而"辟雍"成为最高学府的代称,且具有特殊的形态,水在其中具有特殊意义。

东周时期教育普及,进入圣人教化时代。而"水"作为一种普遍存在、特征鲜明的自然元素,在多家学说中都可看到对其的推崇。如老子以水作比,阐述对其境界最高状态——"道"的描述②;孔子也常以水为例,表达他关于"德""仁""义""智"等君子品格的学说③,及对人生哲学的思考④;孟子的教育思想也以水为例来表达其为学之道。⑤可见,圣人时代十分重视利用大自然进行教化,以水及其规律来类比道德修养、人格品性及学习方法的理想目标。"托物言志""山水比德"既是重要的自然观,也是核心教育观,深深影响了之后的中国哲学及教育体系。

"辟雍"自西周出现后,奠定了后世教育场所中对"水"的崇尚及以水来教化育人的意义。《韩诗》中云:"辟雍者,天子之学,圆如璧,雍之以水,示圆,言辟,取辟有德。不言辟水,言辟雍者,取其雍和也,所以教天下春射秋飨,尊事三老五更。在南方七里之内,立明堂于中,《五经》之文所藏

---

① 郭齐家. 中国古代学校. 中国文化史知识丛书. 北京:商务印书馆,1998.
② 如《道德经》第八章:上善若水,水善利万物而不争。处众人之所恶,故几于道。居善地,心善渊,与善仁,言善信,政善治,事善能,动善时。夫唯不争,故无尤。
③ 如《孔子春游》中提到:子贡问曰:"君子见大水必观焉,何也?"孔子曰:"夫水者,启子比德焉.遍予而无私,似德;所及者生,似仁;其流卑下,句倨皆循其理,似义;浅者流行,深者不测,似智;其赴百仞之谷不疑,似勇;绵弱而微达,似察;受恶不让,似包;蒙不清以入,鲜洁以出,似善化;至量必平,似正;盈不求概,似度;其万折必东,似意。是以君子见大水必观焉尔也。"
④ 如《论语·雍也》中的记载:"知者乐水,仁者乐山;知者动,仁者静;知者乐,仁者寿。"
⑤ 如"有为者,辟若掘井,掘井九轫而不及泉,犹为弃井也",强调学习及做事应有头有尾,不能功亏一篑;又如"源泉混混,不舍昼夜,盈科而后进,放乎四海",强调学习要循序渐进,打好基础,不能急于求成,详见赵连稳、朱耀廷所著《中国古代的学校、书院及其刻书研究》。

处，盖以茅草，取其洁清也。"又如东汉《白虎通义·辟雍》中说："天子立辟雍何？所以行礼乐，宣德化也。辟者，璧也，象璧圆，以法天；雍者，雍之以水，象教化流行也。"

关于辟雍理水的形态，许多文献都有描述。《历代宅京记·关中一》有注文引用多种文献说明辟雍的形态："《诗灵台》曰：于论鼓钟，于乐辟雍。辟雍，文王之学。《传》曰：水旋邱如璧曰辟雍，以节观者。《正义》曰：水旋邱如璧者，璧体圆而内有孔。此水亦圆，而内有地，犹如璧然。土之高者曰邱，此水内之地，未必高于水外。正谓水下而地高，故以邱言之。以水绕邱，所以节约观者，令在外而观也。《大戴礼》曰：明堂外水曰辟雍。《白虎通》曰：辟者，象璧圆以法天。雍者，雍之以水，象教化流行。《三辅黄图》曰：文王辟雍在长安西北四十里，亦曰璧雍。"① 综而述之，即辟雍的形状是一座犹如小山丘的土台，其周围环绕着犹如圆璧的水池。② 因此辟雍取四周有水，形如璧环为名。之后中国各朝代皆有辟雍，形式也皆类似。

关于"辟雍"及泮池理水的教育意义，钱穆在《国史新论·中国教育制度与教育思想》中提到："泮宫者，泮是半圆形之水。《诗·鲁颂·泮水》，又称泮宫，是为当时诸侯有泮宫之证。此为封建时代诸侯国中之大学，即如今之地方大学。国立大学，四面环水。地方大学，只三面环水。在形制上，表明了中央与地方尊卑之分。此后历代，全国各省县，均有孔子庙。庙旁有明伦堂，堂前有泮水，即承古代泮宫遗制。清代秀才入学，即称入泮。"《中国古代学校》一书中论述了辟雍对教育的作用："辟雍和泮宫一般都设在郊区，四周有水池环绕，中间高地建有厅堂式的草屋，附近有广大的园林，园林中有鸟兽，水池中有游鱼。……贵族子弟即在园林水池中射鱼、射鸟、驱车围攻野兽。……是一种实际训练，培养学生的实践能力、动手能力。"可见当时学校的教育包括了技能与品德等方面的教育，而周围的园林与水池既为射艺提供了场地，也为学校营造了良好环境。③

上述形制到了后世演变成孔庙的样式：大成门前往往开掘半月形或长方形的池子，称为泮池，后被作为固定的"学宫泮池"制式推广至各地（图 0.1.1）。泮池有很强的形式意义，但在现实中也能积极发挥排水调蓄功能。北京明清国子监是中国保存最完整的遵照"辟雍"形制的古代国家教育

---

① ［清］顾炎武撰，于杰点校. 历代宅京记. 中国古代都城资料选刊，中华书局出版，1984 年第 1 版，2020 年第 2 版.
② 周维权. 中国古典园林史. 北京：中国建筑工业出版社，2008.
③ 郭齐家. 中国古代学校. 中国文化史知识丛书. 北京：商务印书馆，1998.

机构，其泮池与排水系统的关系十分紧密。其辟雍环水的外侧分布有排水孔，雨水通过内部的结构从兽形的排水孔排出，汇入辟雍环水。这一设计不仅有意识处理了场地积水，而且巧妙利用所收集的雨水造景——六到七个排水孔收集的雨水会从泮池内壁的兽首中排出，十分壮观。据报道，国子监的排水系统足够应对特大暴雨。[①]

3. 文人雅集："隐逸清流"与"山水审美"

"文人雅集"是中国魏晋时期士人的隐逸思想与自然山水审美的融合[②]及在其交流聚会环境上的反映。这虽非严格意义上的纯粹教育场所，更类似一种文化与学术沙龙，但其寄情山水、借文抒怀的精神，以及透过雅集场所中的山林水石等丰富的自然环境要素实现人的精神追求，因而在中国文化及思想发展史中占据重要地位，已超越了作为教育行为与功能承载场所的层面，更具文化象征意义。

著名的兰亭雅集位于绍兴会稽山北坡，水是这里重要的景致，流觞曲水更被后世传为佳话。如记载："此地有崇山峻岭，茂林修竹；又有清流激湍，映带左右，引以为流觞曲水，列坐其次。虽无丝竹管弦之盛，一觞一咏，亦足以畅叙幽情。是日也，天朗气清，惠风和畅。仰观宇宙之大，俯察品类之盛，所以游目骋怀，足以极视听之娱，信可乐也。"

金谷园雅集坐落于洛阳附近金谷涧中，远离闹市，植被良好，园中有鱼池，也有流水，供游者赏玩。如《金谷诗序》："……有别庐在河南县界金谷涧中，去城十里，或高或下，有清泉茂林，众果竹柏、药草之属。……莫不毕备。又有水碓、鱼池、土窟，其为娱目欢心之物备矣。"

可见，文人雅集的发生环境有诸多相似之处，如"茂林修竹，清流激湍"或"清泉茂林"，水与植被作为重要的自然元素在列，呈现一种寄情于山水、畅怀于天地的气氛。后代读书人从"文人雅集"中体会入世与出世的进退自如境界，积累了许多精神力量，也深刻影响了唐宋"书院"之兴起。

---

① 古人在修建国子监时就综合考虑了地面排水问题。（北京国子监）院落所处方位正南正北，地势北高南低，雨水落下随地势高低自然向南流动。院落容易雨水汇集的位置都设置了排水暗渠，最后都汇总到孔庙前院明代修建的方沟中，排到国子监街的市政污水管道中。据介绍，方沟在孔庙大修时曾实地踏勘过，宽高都超过1m，人可以弯腰在里面走。所以大水都可以顺利排出。而院落的安排更加精密，除了排水系统，古人还意识超前地设计了雨水收集系统——辟雍环水。国子监中院的地势略微倾向于辟雍环水，使相当部分雨水都流入辟雍环水系统中，起到了蓄水的作用。整个辟雍环水最大蓄水量800m³，一般的雨水都填不满。如果雨太大怎么办，它还有一道闸门直通雍和宫大街的排水渠。这样一来可以说是万无一失。详见杨逸尘所著文章《七百年北京孔庙和国子监从容面对大雨考验》。

② 姜智. 魏晋南北朝时期园林的环境审美思想研究［D］. 山东大学，2012.

图 0.1.1 （1）福州孔庙前的泮池（图片拍摄：刘海龙）；（2）泉州孔庙前的泮池（图片拍摄：刘海龙）；（3）国子监辟雍环水外侧排水孔与兽首（图片拍摄：初璟然）

4. 书院私学："胜地精舍"与"礼乐相成"

书院的名称始于唐代，原为藏书与修书之所，后作为私人发起的学校形式开始普及。相对官学而言，书院一般由学者大儒开坛讲学，更具文人精神，相对更为自由。书院多择名山秀水而建，其形态和环境受儒家的"礼乐相成"与士人"通天地人之谓才"及"借山光以悦人性，假湖水以静心情"等意识的影响，其环境不仅提供学习所需的各方面功能要素，也在潜移默化中陶冶学生德行。①

从选址来看，中国古代书院大多位于名山胜川、风景优美之地。这是因

---

① 陈晓恬. 中国大学校园形态演变［D］. 同济大学，2008.

为"城市嚣尘，不足以精学业"，唯有择胜地、立精舍，才适合隐居读书以修养心性。[1]最著名的四大书院，除应天府书院外，岳麓书院、白鹿洞书院、嵩阳书院皆选择了风景名胜之地。如岳麓书院地处湖南岳麓山，白鹿洞书院位于江西庐山，嵩阳书院选址河南嵩山，无一不在山麓之间享有丰茂植被和清幽溪流。这是有意识地对环境选择的结果，也与当时文人们的环境审美趣味有关。若单论书院中的理水，因蕴含着儒学对水的态度——以水的自然特性比拟人的优秀品性，如水之清澈象征高洁澄明的人品，水之灵活象征人的智慧与才思，水之急湍象征人拼搏奋进，因此各种状态的水常出现在书院环境中。

首先，上述书院均有活水溪流经过（图 0.1.2）。白鹿洞书院门前流淌着贯道溪，取孟子"吾道一以贯之"之意，另有大小两条山溪将书院包围。[2]书院现存的亭台桥梁，都是因地制宜地根据贯道溪的自然形态而立，如独对亭取溪中水流湍急的一段建立，以最好的角度欣赏溪流湍急的景色，所谓"风雷隐隐万壑泻，凭崖倚树闻清钟"。据记载白鹿洞书院历史上曾建有23座亭子，三分之一左右都建在溪流附近。[3]因而书院因有水而使人悟道。其主要创办者朱熹的《观书有感二首》"半亩方塘一鉴开，天光云影共徘徊。问渠那得清如许？为有源头活水来"诗句描述了一处透明如镜的池塘，之所以能如此清澈明亮，是因为有源头活水源源不断流动补充，并以此来比喻读书、做学问也应"通而不塞"，要有源源不断的新知识和新见解来补充，故以对水的描写来阐述学习中的道理。

岳麓书院最著名的水景是百泉轩，位于讲堂南侧，巧妙地将建筑布置在山泉的崎岖蜿蜒之间，因常年有山溪引入的活水，故此处流水潺潺的声音与读书声交相呼应。元代著名理学家吴澄著有《百泉轩记》，不仅对景色有详细描绘，更有引发的人生感悟：昔孟子之言道也，曰若泉始达；曰源泉混混。泉乎泉乎！何取于泉也。泉者，水之初出也。……水之在天，为云为雨，而在地则为泉，……而以拟果行育德之君子。岳麓之泉，山下之泉也。岳麓书院在潭城之南，湘水之西，衡山之北，固为山水绝佳之处。书院之有泉不一，如雪如冰，如练如鹤，自西而来，趋而北，折而东，还绕而南，渚为清池，四时澄澄无毫发滓，万古涓涓无须臾，息屋于其间，为百泉轩，又为书院绝佳之境。……"逝者如斯夫！不舍昼夜。惟知道者能言之，呜呼！是岂凡儒俗士之所得闻哉！。"

① 刘河燕. 宋代书院与欧洲中世纪大学之比较研究. 北京：人民出版社，2012.
② 邓洪波. 中国书院揽胜. 长沙：湖南大学出版社，2000. 中国书院文化丛书.
③ 吴国富. 中国书院文化丛书 白鹿洞书院. 2013. 中国书院文化丛书.

图 0.1.2 （1）白鹿洞书院水的溪、池、沟渠与泮池（图片拍摄：邹裕波）；（2）岳麓书院百泉轩建筑旁的池与排水沟渠；（3）岳麓书院的山溪、池塘、排水沟与调蓄池（图片拍摄：杨帆）

其次，除自然溪流外，泮池也是书院的一个固定制式。如白鹿洞书院的泮池位于礼圣门之前，形制规整，异于贯道溪的自然野趣。嵩阳书院的泮池位于道统祠之前、中轴线上，其内种植荷花、饲养鲤鱼，借比高洁的品性。

另外，书院理水还多具排水功能。因书院多依山而建，内部有一定的高差变化，雨水及山上径流都需组织疏导而汇入附近溪流。如嵩阳书院背靠嵩山，面对双溪河，不仅提供山水自然风貌，还可纳夏季南来凉风，方便取用水、缓冲水流，减轻洪涝灾害。[①] 书院内部建筑周围也相应设计明沟等排水系统，虽与其他类型建筑无明显差异，但因处书院中，这些常见的设施也兼具了文化意义及对人的教化作用。如在对雨的观察与欣赏中获得精神愉悦，还使对诗文、画作、音乐的学习取得相得益彰的效果。

5. 近代大学："西学东渐"与"东西融贯"

中国清末至近代随着与西方的一系列政治、经济与文化交流与冲突，教育环境作为文化传播的重要载体之一体现出"西学东渐"与"东西融贯"的特征。这一背景下，近代书院在"山水相间、礼乐相成"的内涵下，也逐渐融入西方校园规划模式。[②] 尤其是一大批近代大学的兴建，形成了传统书院形态、西方校园规划、书院与西方校园的结合等不同模式，也注重山水构架的利用与展现，尤其在理水手法上体现出一系列新的理念。

如中山大学石牌校园规划，利用山形、道路及重要建筑物等强化布局，并对原有多处形态各异的散布水塘加以串联整合，形成东西走向的环形水系，构成了整个校园的山水构架和校园布局。也有学者指出石牌校园平面也具一定中国传统特色，如中轴线北端设环形道路模仿辟雍，"其底案乃就周代辟雍之制度而扩大之"。[③]

又如北洋大学（天津大学前身）创建伊始，其树林绵延、水塘交错的西沽场地，已奠定了其校园水系景观基础。后自设水厂，以临近北运河为源自制自来水，污水处理也有专门设备。同在天津的南开大学校址，本是城市南部一片湿地，稻田、水沼、池塘连绵不绝，因此校园以"水"作为形态组织的重要元素，并形成环绕校园的"哑铃形"湖泊。总体而言20世

---

① 杨芳绒，刘禹希，徐勇. 北宋书院园林的景观特征分析［J］. 华中建筑，2011，29（11）：113-115.

② 毛伟月，李雄. 近代广府广雅书院、岭南大学与国立中山大学校园规划比较研究——兼论西学东渐背景下的近代校园规划沿革. 2012国际风景园林师联合会（IFLA）亚太区会议暨中国风景园林学会2012年会论文集（上册），102-106.

③ 同②.

纪 30 年代间，南开大学与北洋大学"桃花堤"一起成为天津有名的风景游览区。①

当时的教会大学担当了传播西学的重要角色。著名教会大学如燕京大学、齐鲁大学、东吴大学、金陵大学、华西协和大学等的校园规划体现了东西融贯的特征，"礼"制观念与教会大学强调的基督教精神相结合，其中在理水方面有了许多务实的考虑。

燕京大学依托皇家园林旧址所建。但由于初期所购校址尚小，而最重要的水体——未名湖却占了不小面积，使之处于被填平的危境中。后来由于填湖耗资甚多，再加周边地址已相继购入，使得校方决定"对此湖（的现状）不予变动"，校长司徒雷登也认为"经过必要的修整后，这个小湖将会是有自然风致的一个去处，失去它将是很大的遗憾"。因而对未名湖的改造与利用反映在燕大新校园规划中，两条十字交叉的中轴线相交于未名湖，既体现了东方园林的中轴线思想，也考虑了西方功能分区的理念。未名湖遂成为燕大学子学习、生活、运动、集会、娱乐的场所，也具有深厚的人文含蕴。②另外因为燕大校园地形东南高西北低，保留湖面可有效控制园内水文状况，湖体还发挥着重要的水文调节功能。③

华西协和大学校园形态以"十"字形主轴为骨架，这是因其位处锦江之滨，易遭水涝侵扰，因而开挖了一条宽阔的南北向河渠，与都江堰灌溉系统相联系，形成校园南北向主轴线，主要建筑物平衡对称地排列在这条轴线左右，既解决了基地低涝的问题，也是西方常用的古典主义手法。④而以河渠为骨架，在中国近代校园建设中独一无二，既强调了轴线的视觉效果，河渠尽头的塔楼发挥中心景观作用，半圆形梅花水池也以宽延的形状反衬出河渠的细与长的特征，尽管在河渠之上用了中国式的石桥、沟沿、龙首等点缀，但本质却是西方式的。⑤

综上可见，水作为自然界广泛存在的要素，人类社会生活中必不可少的资源，因其丰富性与灵动性，在人类的物质世界与精神世界中均留下了深刻的文化烙印。教育作为人类文化的重要组成部分，其意义不仅在于普及知识、传授技能，也对教化品德、启迪智慧、传承文化、塑造精神、传播理想发挥

① 何睦. 近郊大学校园建设与近代天津城市空间的现代性演进. 城市史研究，2020（14）：1-12.
② 李好. 燕京大学的"湖光塔影". 北京档案：2016：52-55.
③ 陆敏. 燕京大学校园空间形态与设计思想评析. 建筑与文化，2012（5）：63-65.
④ 陈晓恬. 中国大学校园形态演变［D］. 同济大学，2008.
⑤ 董黎. 中国近代教会大学校园的建设理念与规划模式——以华西协和大学为例. 广州大学学报（社会科学版），2006，5（9）：81-86.

着关键作用。从中国远古到近代，无论是官学还是私学，无论思想还是实践，教育行为都赋予了环境以精神熏陶与品格培养等等意义。而教育环境中的理水，因教育的特殊性，因水的独特性，具备多姿多彩的文化性，成为人们认知外部世界与体察内心世界的重要媒介，具有非常明显的育人作用。因而，通过追溯和剖析中国古代教育环境中"理水与育人"的思想渊源与实践脉络，足以显示出其兼具环境营造与品格塑造的双重意义。

近年来关于城市内涝的新闻报道中，有不少校园受淹的例子，并且从大学、中学到小学等各级别和类型的校园都有。尽管学校遭受内涝或发生积水的概率，与城市其他功能区域相比并未见得更高，其受灾严重程度也并未更大，但学校因为涉及师生群体安全，以及作为教育科研场所的特殊性，因此往往受到较高关注，且校园频繁受淹的新闻报道也引发了"海绵校园，刻不容缓"的呼唤。总结起来，"海绵校园"理念的提出主要针对如下挑战：（1）水安全问题，校园内涝会影响学校正常工作生活，严重会导致停课、停学，甚至威胁师生人身安全及科研设备与物资安全；（2）水环境问题，内涝可能会导致学校自备水源受污染[1]，或下水道污水上涌，威胁师生员工健康；（3）水资源问题，校园既是集中用水大户，也是浪费水的大户，而中国绝大多数校园都未对雨水进行利用，大量雨水资源被浪费掉，因而加强校园雨水资源化利用十分必要。[2][3]

2014年10月住房和城乡建设部发布《海绵城市建设技术指南》（以下简称《指南》）以来，城市雨洪管理成为国家战略和社会行动。经过两批海绵城市建设国家试点的摸索，从规划设计、建设实施到财政投入、项目管理、监测评估、公共参与等已逐步摸索出较为系统的经验。海绵城市建设综合问题导向和目标导向，按流域/汇水区组织，具体在"海绵"化的小区、绿地、道路及办公商业区等功能用地中实施。校园是城市的一部分，有其独特性：一般开放空间和绿地比例大、人群活动集中且具规律性；作为教育场所起着学习知识、传播文化、影响新一代等作用。而针对校园内涝及其引发的水安全、水环境和水资源等问题，推动校园雨洪管理不仅为解决上述水问题作出了努力，也使得在校师生通过直接体验和认识问题的根源从而参与到解决问题的过程中，更具环境育人的意义。[4]

严格来讲，"海绵校园"并非一个学术概念或科技术语，对其直接的理解应是"基于海绵城市理念建设的校园"，更具体看是校园生态化雨洪管理的形象描述。海绵城市的目标理念及技术一般是适用于校园建设的，如保护自然生态本底、注重环境质量、保障绿化率、强调自然教育等。更进一步来看，

---

① 2010年6月21日，广西玉林市普降暴雨，玉州区英才小学校园发生内涝，学校自备水源受到污染，学生饮用后引发疫情。经玉林市疾控中心流行病学调查和实验室检测结果证实，此次事件认定为宋内氏志贺菌痢疾疫情。

② 宋令勇，宋进喜，袁传芳. 校园雨水资源化利用的效益分析及利用措施. 环境科学与管理，2009，1：113-115.

③ 王先兵（2010）等认为，校园内用水包括学生生活用水、食堂用水、实验室用水、浇洒道路和灌溉绿化等，其中以学生生活用水为主，但校园一般绿化面积较大，灌溉用水需求也很大。

④ 王钰，唐洪亚等. 海绵校园_排水系统问题分析与研究_以安徽建筑大学北校区为例，2016.

海绵校园也是全社会可持续发展总目标的一部分，是绿色大学的具体表现之一。1972 年的瑞典斯德哥尔摩人类环境会议上首先提出高等教育可持续性的宣言，并形成了 26 条指导原则。1990 年的法国塔罗利（Talloire）"大学在环境管理与可持续性发展的角色"国际研讨会上，22 位来自世界各国与地区的校长签署了《塔罗利宣言》，正式提出高校通过教学、研究、操作及传播在推进可持续发展上的责任。中国清华大学于 1998 年在"大学绿色教育国际学术研讨会"上首先提出"绿色大学"理念，包括了"绿色教育""绿色科技"和"绿色校园"三方面内容。[①] 这里绿色校园的概念指在校园全生命周期内最大限度地节约资源（节能、节地、节水、节材）、保护环境和减少污染，为师生提供健康、适用、高效的教学和生活环境，建设对学生具有环境教育功能、与自然环境和谐共生的校园。因此海绵校园可以认为是实现绿色校园目标的具体行动之一，尤其聚焦于雨洪管理、水资源综合利用、水环境与生态系统功能修复等方面的努力。即通过在校园建设中引入海绵城市理念，尽可能"渗透""吸收"和"净化"雨水，实现环境与水资源的协调发展，构建能弹性适应环境变化与自然灾害的"绿色校园"。[②③]

综上所述，海绵校园具体将雨洪管理的理念、技术措施与综合的校园建设相结合，把水安全、水环境、水生态、水资源、水文化等目标与校园绿地、水系、景观、建筑、道路、基础设施等物质空间要素的规划、设计、建设目标及校园教学、科研及文化、公共参与等活动相结合，可以认为构成了海绵校园的核心内涵。

具体而言，构建海绵校园的价值与意义，可以从如下几方面来理解。

1. 解决校园积水问题，为更大区域水安全作出贡献，服务海绵城市建设总目标

校园与城市的关系十分紧密。校园的地形地貌、竖向关系、排水系统与区域是不可分割的整体。如若学校选址不当，地势低于周边地块，势必会导致校园长期遭受内涝之苦。一些老旧校园雨水设施不足，排水标准低；另一些校园位于人口密集的城区，建筑密度大，绿地比例低，或随着学校扩建、加建而导致校园硬化率大幅提高，综合导致排水能力不足而频繁遭受内涝。又如学校周边河湖水系连通性及雨水管网排水能力不足，也会导致校园排水不畅，积水成患。因此，学校遭受雨洪内涝与城市整体防灾能力关系密

---

① 清华大学全面进行"绿色大学"建设 - 中华人民共和国教育部政府门户网站.
② 王钰，唐洪亚等. 海绵校园_排水系统问题分析与研究_以安徽建筑大学北校区为例. 2016.
③ 刘玉龙，王宇婧. 中小学绿色校园设计策略. 建筑技艺，2015.

切。校园所面临的雨洪灾害，实际成为城市内涝问题的缩影。建设海绵校园可以缓解校园局部内涝，减少暴雨径流，削减洪峰流量，减轻排水压力，实现雨水在校园区域的积存、渗透以及净化，也会对所在城市和流域水循环产生积极影响，为更大区域水安全作出贡献，服务海绵城市建设总目标。2021年，国家启动了"系统化全域推进海绵城市建设示范工作"，海绵城市的建设进入了新阶段。海绵校园建设以其特殊意义，将会发挥更为突出的示范效应。

中国海绵城市试点之前开展的校园雨洪管理案例

十多年前，已有不少学校在校园内尝试采取生态手段治理雨洪内涝问题、改善水生态和水环境，并在环境教育、科研应用等方面取得不少成果。如位于厦门集美区的华侨大学厦门校区曾经存在旱涝并发、水体黑臭等问题。为此在2006年提出保护湿地并与校园环境有机融合，提供污水处理、雨水收集、中水回用、洪水防汛等功能，并通过全埋式的污水再生水处理站将生活污水、化学实验废水、食堂污水、校门诊部医疗废水等进行处理，在厕所、绿地及湿地中进行重新利用。[1] 这种基于功能湿地理念的生态校园规划思想，与"海绵城市"建设在渗、滞、蓄、净、用、排等方面的思路是一致的，也就是海绵校园的理念。

2. 实现雨水资源化利用，构建校园水资源利用的多源结构，挖掘自然与人文特色

目前各类校园对于雨水资源化利用的意识与行动普遍不够。如高校校园往往人口密集、用水量大，使之成为集中用水的大户。水浪费被认为在校园浪费现象中居首。[2] 但若能合理开发利用雨水资源，能在一定程度上缓解校园供水压力，节约水资源，并积极促进补充地下水。雨水资源化利用还可以通过和校园景观设计结合，结合校园所在的自然和文化地理区域特点，探索更符合当地实际情况和需求的地域性雨洪管理措施，并利用校园场地开展创新性尝试，具有生态、社会和经济等多方面效益。[3]

---

[1] 华侨大学厦门校区建"海绵校园"轻松化解内涝现象 – 福建教育网，华侨大学厦门校区建"海绵校园"轻松化解内涝现象 – 闽南网.
[2] 高校八大浪费现象评出.
[3] 李新. 海绵校园规划研究，山西建筑，2016，10：190–191.

作为海绵城市试点项目的海绵校园案例

随着中国海绵城市战略的推进,学校逐步成为实践场地之一。第一、二批海绵城市建设试点项目中有不少校园。如嘉兴范蠡湖实验初中,之前存在污水直排导致湖水水质差、雨水管网破损影响排水、雨水利用率低及面源污染未控制等问题。海绵校园建设采用了下沉式绿地、植草沟、透水路面、潜流湿地、雨水收集回收设施等 LID 技术措施控制径流总量。[①]

镇江 2016 年对十多所中小学进行海绵"微改造",运用包括透水铺装、屋顶绿化、雨水花园等多项技术。如润阳实验小学位于江滨新村积水区范围内,通过将其纳入该区域海绵系统"单元",采取雨天滞留雨水并促进回用,延缓区域暴雨流量峰值时间,削减排入周边水体的面源污染,提升周边排水管网排涝能力。

福州在多所学校推动建设海绵校园。如位于晋安区的第七中学早在 2008 年就提出并建设了雨水资源综合利用系统,海绵城市建设开始后遂成为晋安区首个"海绵校园",其核心目标不是为了解决内涝,而是为了雨水资源化利用。[②]

又如三亚第十小学是该市首个"海绵城市"建设示范项目。其校园北侧的一块 4611m^2 的荒野空地曾经植物稀疏,下雨天泥泞不堪。2015 年 8 月至 11 月被改造为雨水花园后,设计了 1200m^2 的渗水塘,可实现 2000m^3 的雨水滞留和下渗,最大限度地保存水资源,循环利用。[③]

---

① 老城区进行海绵城市示范建设_我爱嘉兴(o573.cn).

② 该校成为晋安区首个"海绵校园"。学校绿化面积大,浇水用水量大。但学校位于山顶,每逢大雨,雨水不仅白白流失,还容易造成滑坡,学校操场就曾多次塌陷。2010 年学校完成雨水收集池、抽水泵和送雨水管道的建设,开始收集雨水,此后收集范围逐年扩大,目前学校可收集雨水的面积已达到 2.2 万 m^2,占学校总面积的三分之一左右。现在收集的雨水基本能满足学校非饮用水的需求,收集池一次可收纳 600 吨雨水,按年平均降雨量 1400mm 计算,年均可利用雨水量为 18221.28m^3。如按每吨水约 3 元计算,每年节省的水费开达支 6 万元左右。系统还在不断更新升级,包括在管道和蓄水池之间增加沉淀池分离雨水和砂石。学校雨水收集综合利用系统是学生低碳绿色教育活动基地,通过组织学生参观,引导学生践行低碳生活理念,在日常学习中不断提高环保意识。

③ 生态校园工程采用"海绵城市"的水循环收集和释放理念,利用校园东南靠山且与西北方高差达到 2.5m 的特点,在北侧建造"雨水花园"。遇到降雨,屋顶排水、地面雨水径流通过雨水生态廊道输送到西北地势低处的雨水花园,可"吸收"超过 90% 的雨水,而收集到的雨水资源经过花园里前置塘、渗透塘、沉淀塘等蓄水、渗水、净水,在回补地下水的同时,将水资源集中到蓄水池处理后可以满足校园全部的绿化灌溉用水及清洁用水等。"雨水花园"作为教学实践基地,为孩子们提供观察植物生长的平台,培养孩子们的观察能力、动手能力,整个校园也充满生机。占地 4611m^2 的"雨水花园",如今已成为最受学生欢迎的快乐天地。海绵校园建设的意义,不仅在于生态与视觉效果,还能让孩子们从小拥有生态环保的意识,树立科学的环境观,从身边的小事做起,进而影响家庭、社会共同践行低碳环保理念。

济南部分地势低洼的学校遇大雨会导致积水，曾使用隔离沙袋来保证学生安全。2016年建设一批"海绵学校"，如玉函小学、舜耕小学、济南艺术学校及济南大学等。①

在大学校园中较为完整的建设海绵校园的实例，如天津大学新校园。②

3. 倡导校园环境育人，推动正式和非正式研究，产生社会示范和带动作用

校园一般绿色开放空间比例高，景观优美，环境质量好，其绿地、水系、雕塑、公共空间等各种环境要素都具备教育功能，潜移默化地影响着师生的品格行为和身心健康，因此校园环境本身可成为一种有效的教育资源，同时校园的建设过程也是环境对学生人格的塑造过程。③通过师生参与绿色校园建设，让其在真实环境中进行体验，主动探索，可以激发其对环境的热爱，并培养学生的创造力与创新精神。无论是正式的科研课题及合作研究，还是非正式的课外兴趣小组、科普活动和社团实践，利用校园开展创新性活动，都有环境育人的作用。如在水资源短缺的背景下针对校园绿地及植物的用水需求展开节水研究；校园生态化雨洪管理研究及实践能使学生切身了解雨洪问题的产生原因并理解生态措施的作用与效果。在此意义上，海绵校园建设更具绿色与环境教育的意义，无论是培养环境意识和传播科学理念，还是示范资源循环利用方式和培训生态技术与方法，都会对社会产生不可限量的影响和带动作用。

---

① 玉函小学地处老旧小区内，排水方式为明排，但因属于低洼地，并校园内曾全部为水泥铺设，下雨不论大小均会积水。只要一下大雨，排水不及时会导致全校一起"看海"，体育课暂停，学生活动区域也跟着受影响。"海绵学校"改造的核心是设置蓄水模块，雨水通过下沉绿地渗透最终进入蓄水模块，有三成雨水进入蓄水模块，实现重复利用。蓄水模块中可以一次性储存120m³的水，用于冲厕所、浇花、拖地等，能节省500多元钱。海绵学校能够在数学、环保等多个领域带来教育创新效益。为此也将开设"海绵城市"主题课程，由学生自己提出问题并能够实地研究。
② 天津这里下雨不看海！你知道天津大学是如何建设"海绵校园"的么？
③ 刘玉龙、王宇婧，中小学绿色校园设计策略，建筑技艺，2015.

海绵校园建设中的环境育人

随着国家要求所有设市城市均要编制海绵城市专项规划，不少非试点城市也开始关注和实施，海绵校园也成为热点话题。如南昌工程学院基于自身校区环境问题，结合南昌市气候和环境特点，尤其加强对校园池塘、河渠、湿地等水体的保护与生态修复，组织海绵校园建设。贵州师范大学花溪校区基于自身作为典型喀斯特山地校园的特点，探索亚热带季风湿润气候下年均降水达到 1178mm 条件下的石灰岩地区的雨洪管理问题，并触及了喀斯特地区的工程性缺水及山体土质松散、坡度较陡等问题。[①]2015 年落成的昆山杜克大学校园是一个在大学校园内以水生态设计为核心、创建微型海绵城市的优秀案例。2016 年成为中国第一所获得美国绿色建筑委员会认证的 LEED 绿色校园，其具有高度水弹性的"海绵校园"特征是取得这个国际认证的关键，除此之外还探讨了地域降雨、水量丰枯季节性与人在学期和假期不同时间段的空间利用方式等问题。[②]

一些学校还提出开展海绵校园方案设计比赛或方案征集。如山东理工大学以"低影响开发雨水系统构建"为主题，以实现缓解校园内涝、削减校园径流污染负荷、节约水资源、保护和改善校区生态环境为目标，启发和锻炼同学们的创意创新能力。来自不同专业的参赛选手以校园为背景，围绕校园径流雨水源头减排的刚性约束，对雨水的就地或就近渗透、滞留、集蓄、净化和循环使用、排水进行方案设计。[③]

---

① 游媛，杨珍招，杨玉银，周玉馨. 喀斯特地区海绵校园建设探究——以贵州师范大学花溪校区为例. 绿色科技，2017, 6（12）：187-190.

② 曾颖. 水生态在空间与时间维度上的塑造——昆山杜克大学校园作为微型海绵城市设计的解. 时代建筑，2017.4：52-5.

③ 该竞赛要求参赛选手分析校园内涝成因，在不改变校园既有雨水管渠系统的基础上，结合校园园林、景观水系，围绕雨水源头减排目标，对雨水就地或就近渗透、滞留、集蓄、净化、排水和循环使用进行设计，形成一体化的海绵校园规划设计方案。选手结合校园气候环境及现存水循环系统情况，发现了排水、蓄水功能差、不能实现雨水高效利用等缺陷，提出多种解决方案。

城市内涝灾害，实际在人类历史中长期存在。[①] 但近数十年来，城市雨洪内涝灾害愈演愈烈，其本质是流域水循环矛盾，即在一定时空范围内自然水循环超出了人工水循环的调节能力。雨洪致灾，除宏观气候变化的直接原因外，直接承载体就是流域及城市下垫面，包括地形地貌与竖向高程、规划布局与土地利用、市政基础设施以及土壤、植物、地表水与地下水系统等。而当代快速城镇化导致硬化地表比例大幅提高，城市综合径流系数急剧增大，径流总量大为增加，洪峰历时短且峰现时间快，但相应排水与防洪设施很难随之提高规模，导致流域二元水循环功能不协调而引发灾害。

基于水文过程的连续性，可以将"水"这一雨洪核心要素，置于综合的"景观"系统中来看待，包括从天空到地面，再从地面到地下，包括了气候与地形、水体与陆地、地表与地下、城市与流域、自然与人工、空间与时间等多种结构组成及影响因素，进而通过多尺度、跨学科综合分析识别其致灾机理与关键影响因子，并形成针对性应对措施。"景观水文"（Landscape Hydrology）的概念，在世界范围内自20世纪八九十年代在风景园林学、景观生态学与土壤水文学等多个学科及交叉领域中就已出现。在风景园林学领域，这一概念早在1983年就由美国佐治亚大学教授、清华大学景观学系劳里·奥林讲席教授组成员布鲁斯·弗格森进行过探讨。他强调"景观水文"是风景园林师进行水设计时必须具备的理念及掌握的相关水科学内容与方法，包括从水平衡、土壤水分蒸发、人工回灌到暴雨径流、降水、地下水等方面的知识与分析能力。他进而于1991年分析了"景观水文"与景观生态学的关系，强调应遵循水文连续性将景观中的水文类型-过程、水流的复杂性、与环境的关系及对人类的影响整合到一个框架中。

国际范围内的景观水文研究与实践应用发展至今，涉及了气候变化、淡水生态系统与生物多样性、农林及湿地景观格局与水文过程、雨洪管理、土壤与地下水等多方面内容，其中恢复流域景观水文系统是未来城市雨洪管理的目标。而国际上倡导的最佳管理实践（Best Management Practices，BMPs）、低影响开发（Low Impact Development，LID）等雨洪管理实践，均强调维持开发建设前的场地径流水平，恢复场地自然水循环，并综合统筹景观、生态及更综合的可持续发展目标，因此广义上都可归入"景观水文"的研究领域。

清华大学《景观水文》课程与研究方向，2003年由时任清华大学景观

---

① 吴庆洲. 中国古城防洪研究 [M]. 北京：中国建筑工业出版社，2009.

学系系主任劳里·奥林教授与副系主任杨锐教授共同提出并创立。经过劳里·奥林讲席教授组相关学者2004年至2007年奠定基础,本土师生2008年至今的持续深耕,《景观水文》已从最初作为清华大学景观学系课程体系中应用自然科学版块的一门课程,逐步发展为一个在国际范围内具有创新性的交叉研究领域。面向城市内涝现实问题,清华大学景观水文研究主要围绕风景园林规划设计与水科学两条线索,在景观系统与水文系统之间建立起多维耦合关系,从多尺度出发分析自然 – 社会二元水循环关系,并从"过程 – 格局 – 功能"角度进行综合评价:(1)过程,强调自然 – 人工二元水循环过程的耦合;(2)格局,强调地表流域 / 汇水分区与地下管网排水分区的耦合;(3)功能,绿色与灰色基础设施的耦合,从而实现修复自然水文过程与完善工程排水过程的综合协同、流域土地利用布局与空间规划的综合协同、自然生态空间保护与工程设施布置及公共活动空间营造的综合协同,由此形成"基于景观水文理论的城市雨洪管理景观设计方法"[①],具体包括城市雨洪管理"水文 – 景观 – 设计 – 实施 / 评估"4模块工作框架(图0.3.1)。其中水文和景观模块重在分析评价,设计模块重在整合调控,实施模块重在落地与后评估。

    "海绵校园"着眼于利用校园空间开展雨洪管理研究与实践。对"海绵校园"的直接理解是"基于海绵城市理念建设的校园",通过在校园建设中引入海绵城市理念,尽可能"渗透""吸收"和"净化"雨水,实现环境与水资源的协调发展,构建能弹性适应环境变化与自然灾害的"绿色校园",因此是校园生态化雨洪管理的形象描述。通过具体将雨洪管理的理念、技术措施与校园绿地、水系、建筑、道路、基础设施等的规划、设计、建设相结合,并引入校园教学、科研、文化及公共参与等活动,实现水安全、水环境、水生态、水资源、水文化等目标。本书是对清华大学《景观水文》课程自2008年开始的持续十多年的校园雨洪管理教学、研究与实践过程的总结,上篇侧重介绍《景观水文》课程发展及部分教学代表性成果,下篇侧重基于《景观水文》理论方法的校园研究与实践探索。全书均围绕"景观水文"的理念展开,针对校园真实场地的雨洪管理问题与空间景观营造需求,通过跨学科教学与专业交叉实践研究,提出雨洪管理与景观设计综合目标与策略,探索基于"景观水文"理论方法的校园雨洪管理的风景园林学途径。

① 本节是国家自然科学基金面上项目《基于景观水文理论的我国城市雨洪管理型绿地景观设计方法研究》(项目号:51478233)(201501~201812)所完成的研究成果的一部分。

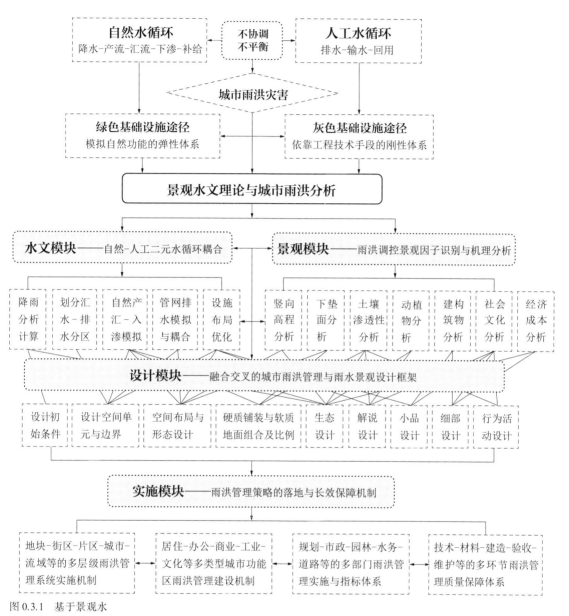

图 0.3.1　基于景观水文的雨洪管理研究框架

1. 水文模块

水文模块强调建立场地自然－人工二元水循环耦合模型，即把自然水循环的"降雨－产流－汇流－下渗"过程和"取水－输水－控制利用－排水"的人工水循环过程结合起来进行分析。

就中小尺度场地而言，地形、汇水分区、下垫面类型、用地功能等基本决定了场地的产汇流特点，可按"高程与竖向分析－汇水区划分－下垫面类型／径流系数计算－用地功能分析－雨洪管理措施比选配置"的逻辑展开场地雨洪分析，进而结合城市排水管网利用水文模型分析模拟产汇流、调蓄及溢流排水过程，总结出典型产汇流、排水模式与雨洪管理措施的关系及适用性。这里强调开展场地历史与水文演变过程及其影响因素分析的必要性。通过挖掘历史上的土地利用变化、河湖水系与绿地演变、洪涝灾害记载等，可以探究灾害原因、总结历史经验与教训、挖掘传统智慧，供当代借鉴。某种意义上这是开展雨洪管理不可或缺的内容。本书第 1.1 节"清华大学校园及区域水文景观演变"即是此目标。

2. 景观模块

景观模块将内涝灾害发生的直接载体——城市下垫面视作具有地域综合体属性的"景观"，通过景观系统与水文系统的耦合分析，识别影响二元水循环关系的机理及调控因子（表 0.3.1）。

雨洪调控因子包括各类与二元水循环过程相关的自然与人工要素。其中自然因子中除地形高程、水文地质外，最重要的就是各类城市"软质"下垫面，以开放性土壤、植物、水域等为主，是保障水循环过程中蒸发蒸腾、入渗、滞蓄等环节的最重要界面。其中土壤作为下垫面的基质，其类型、质地、渗透系数等决定着雨水渗透、净化的效能，也影响生物滞留设施的选址与技术选择。植物作为重要的生物因子，在减缓流速、水体净化、生境营造方面发挥着关键功效，同时其观赏性也很重要。除此之外还包括地下水、地表 / 地下建构筑物等因素。这里重点对土壤、植物等关键因子进行分析与评价。

表 0.3.1　影响城市二元水循环与雨洪管理的景观因子

因子	内容	对水循环的影响	分析与检测指标
地形	天然或人工地形	受重力影响，影响产汇流路径	标高、坡度、坡向
地表	各种未硬化开放地面和硬化封闭地面	影响路径，如阻隔入渗；影响参数，如渗透系数改变	径流系数、渗透系数
地下构造	地下构造，如地下车库、人防工程、地下商业空间等	影响结构，如需增加人工排水系统；影响路径，如阻隔下渗	深度、排水管网
建筑与基础设施	各类建筑物、构筑物、基础设施，尤其是给排水与水利相关设施	影响结构与功能，如增加人工排水；影响路径，如阻隔入渗	水量、流量、流速、水质等
水域	各类自然或人工水域，包括河网水系、湖泊池塘、湿地沼泽等	影响功能、参数，如空间容量	水面率、水周转率、洪水重现期
土壤	各类土壤类型、结构、理化特性及土壤在场地内的分布和地下分层	影响功能，如生境；影响路径，如入渗性能差异	土壤渗透性、均匀度及其他指标

续表

因子	内容	对水循环的影响	分析与检测指标
植物	各类乔木、冠木、草本等及其群落组合	影响参数,如地表干茎影响流速;地下根系疏通土壤,加大下渗;影响功能,如吸附污染物,净化水体	乡土性;缓流、净化效能;观赏性
动物	各类微生物、小动物	影响参数,如生物活动形成空隙增加下渗	物种多样性指标
文化	文化传统、地方材料与工艺、技术	影响功能,如社会文化服务价值	文化遗产

土壤:作为城市下垫面中最基本的生命基质,对城市雨洪调控具有多方面的影响。(1)城市所在区域的总体土壤性质会决定生态保护与修复、水文调控、水土保持目标的选择;(2)不同地块的土壤质地的差异决定具体雨水渗透设施的选用、规模的确定;(3)不同类型的土壤会影响雨洪管理设施中植物及生态修复工程技术的选择。因此需要开展一系列城市土壤相关研究,包括土壤性质关键参数、快速有效的土壤渗透性测定方法、适用于不同土壤渗透性能的雨洪管理措施、不同土壤类型下设施后期维护研究等。

植物:作为绿地最主要的生物与视觉元素,在雨洪管理中发挥着重要作用:(1)植物根系对于径流污染物具有吸附、净化作用,而植物群落组织方式也对地表径流流速、时间有影响,需要研究植物在不同雨洪管理措施中的适用性及配置方式;(2)植物地带性很强,各地植物在贮存、截留雨水的能力,植物本身的乡土特性及其耐旱、涝等方面能力大小、如何适应富营养化环境等均会有差异,也需做针对性研究;(3)不同季节植物的视觉观赏性、植物生长周期、日常维护等也需考虑。需要在以往植物研究及设计经验基础上,重点关注与雨洪管理效能的结合。

其他还需关注场地内外的地表/地下建构筑物,目前地下车库、人防工程、地下商业空间等分布十分广泛,都会影响雨洪管理的方案选择。另外许多文化因素,如地方水文化景观、古代园林水利及当地乡土技术、材料、施工工艺等因素也有很大影响。

3. 设计模块

设计模块在水文与景观模块的基础上,重在整合各种要素与分析内容,使雨洪管理纳入景观设计全流程,使雨洪要素与设计元素真正做到功能与形式的兼容,雨水成为景观设计中的积极因子。同时设计模块并非只能在水文和景观模块之后开始，实际在其分析过程中就已开始设计构思。

　　某种意义上，从雨洪管理的角度切入，会改变部分传统景观设计的内容（表 0.3.2）：（1）新的设计流程中会十分重视地表汇水分区及地下排水分区，甚至将之作为设计单元的空间范围边界；（2）将自然产汇流、入渗过程与工程排水过程纳入设计考虑因素，会影响竖向与地形设计；（3）从雨洪管理设施布局效能出发，会对场地空间布局及形态产生影响，如可渗透与不可渗透表面的分析，会极大影响铺装等硬质地表与绿地等软质地表的布局、比例与形态；（4）降雨及径流产生的季节及时段性，还会对人为活动与空间体验产生影响。对上述因素虽然可以进行理性分析，但在设计中却是一个理性与感性交织、逻辑与灵感兼有的过程。在设计模块中要反复校核灰绿雨洪管理策略的效能，优化其协同组织方式，以确定最适合的技术措施体系。

表 0.3.2　雨洪管理与景观设计流程关联分析

模块	雨洪管理流程与内容	关联分析	景观设计流程与内容
水文模块	降雨分析与水量计算	雨洪基础数据，也是景观设计的初始条件	设计初始条件
	划分地面汇水 – 地下排水分区　模拟自然产汇 – 入渗过程　模拟管网排水过程　二元过程模拟耦合	汇水区边界，包括建筑屋顶、自然或人工地形、构筑物等，也成为景观设计的背景与边界；排水分区边界多为地下，隐不可见	设计空间单元与边界　空间布局与形态设计
	雨洪管理设施布局优化	取决于雨洪调蓄效能，也成为场地空间设计的有机组成部分	空间布局与形态设计
	单个设施规模、尺寸、形式	取决于水文分析和径流计算，也可成为景观艺术要素	细部设计、小品设计、解说设计
景观模块	高程竖向分析	无论对产汇流分析，还是空间形态分析，都非常重要，需并行考虑	空间形态设计
	下垫面类型分析、土壤渗透系数测定　植被种类与群落分析等	决定了产汇流模式与综合径流系数，也是空间形态与功能布局的重要内容	空间形态设计　软地与硬地组合及比例、植物景观设计
	经济成本分析	雨洪设施材料成本、运营成本	成本估算、预算
	社会文化分析	使用者活动、社会、文化、教育服务功能	解说设计、行为活动、交通游憩设计等

将雨洪管理措施纳入景观设计的全过程，需要将"高程与竖向分析 – 汇水区划分 – 下垫面类型 / 径流系数计算 – 用地功能分析 – 雨洪措施比选配置"的程序，与景观设计的"场地分析、功能布局、空间形态、交通、竖向、种植、铺装、活动、设施等"工作程序与内容紧密结合，形成新的设计流程，一般表现为：（1）以汇水区为基本设计单元，将自然水循环过程与工程排水过程相结合，重点评估竖向的雨洪管理效能；（2）将场地功能分区、景观空间分析与产汇流及入渗过程分析相结合，安排硬地（不可渗透地表）与软地（可渗透地表）的布局、比例，调蓄设施的选址、效能、建造技术等；（3）将场地划分为频繁易涝型、短时易涝型、多季干旱型等，对植物配置及人群对场地的多时段、多季节利用方式进行综合考虑；（4）对场地景观风格特色提出完善策略，充分考虑各种雨洪管理措施的优缺点及适用条件，强化其因地制宜、灵活多样的特点。

面向城市雨洪管理需求，基于景观水文理念的整合设计模块强调将水文、水利、环境等领域所重视的科学分析、定量计算、模型模拟、实验监测及相应的工程技术，与风景园林对场地景观形态、功能分区、空间序列、高差竖向、动植物以及历史文脉、行为活动等的设计相结合，形成兼具功能性与艺术性的综合性设计。场地雨洪管理不仅作为一种工程性介入手段，发挥其削减城市暴雨径流、减缓内涝、处理径流导致的面源污染等功能性作用，同时也参与到表现场地特征、塑造场所精神、体现场地历史、激发场地活力的精神性、体验性与艺术性的塑造过程中，使雨洪管理设施本身也成为因地制宜、独具特色的场地景观的有机组成部分。

4. 实施模块

在上述 3 个模块的基础上，实施模块主要涉及雨洪管理景观的"建设营造与管理维护"，重在落地和发挥持续性作用。在海绵城市实践当中，实施模块需要从城市建设管理方式、工程实施机制乃至后期维护等形成长效保障体系。对此需要综合规划、园林、城建、环保等部门的法规，加入基于雨洪管理相应指标，同时能够从单一地块、组合地块到不同城市功能区（居住、商业、工业、教育科研等）乃至城市整体，实现整体性的雨洪管理目标及项目实施和建设机制。另外还要形成雨洪管理类型项目的技术、材料、建造及验收等环节的质量保障体系。后期维护则需要结合场地水文、景观条件及设计考虑，包括雨水花园等设施的初期灌溉需求、土壤养护、渗水性保持等需求，清淤、清污、松土、平整、施肥等手段，植物灌溉、除草、修剪、补植等养护环节，以及设置护根防止水土流失和土壤侵蚀等。

　　"海绵校园"着眼于利用校园公共绿地空间作为雨洪管理研究与实践的出发点，与城市面临类似问题相比具有一定特殊性。相对于市政类或城市商业性项目，校园雨洪管理面对的是校园内的真实场地与问题，研究者、设计师及使用者主体均是在校师生，甲方则是学校及相关管理部门，因此其独特性体现在：1）设计师可以深入踏勘研究，并有条件开展使用后评估与长期监测工作；2）主体也是使用者的一分子，工作生活学习身处其中，所以在制定设计策略时要考虑现实需求；3）研究实践所需资料、数据由学校相关部门提供，部分支撑性科学研究成果来自本校相关院系团队，有利于开展多学科合作研究与联合实践。

教学篇

上篇

清华大学校园所在地，在元明时期为水系丰富、沼泽遍布的河湖湿地与乡野景观。清代康熙时期这里始建熙春园，乾隆及嘉庆时期与北京西北郊的皇家园林连绵成片，代表着中国古典园林后期发展的高峰。到清末民初，这里教育职能肇始，古典园林转化为"清华学堂"，成为校园公共教育环境，且具"西学东渐"与"东西融贯"的特点。抗战时期国家破碎，校园被侵占，之后复校重建。20世纪50年代北京西北郊被划入首都都市计划中的文化教育区，成为新时期大学精神与教育思想的发源地。近二三十年，校园建设进入历史上发展变化最快的阶段，校园周边也成为密集城镇化地区，人工环境日益取代自然基底，工程设施日益取代自然调节功能。清华大学校园及所在的北京西北郊长达300多年的历史沿革，可谓区域宏观水环境演变与城镇化进程的缩影。

"水木清华"作为清华大学校园景观意向的代表，其典故来自东晋诗人谢混（？～412年）《游西池》诗："景昃鸣禽集，水木湛清华"，意思是夕阳西下，群鸟齐集水边，欢快鸣叫。当代清华大学校园中的自然与文化、古代与当代、东方与西方、物质与精神已融为一体。校园水文景观中，无论存留的清代熙春园遗址水系、万泉河流经校园的南北河道，还是校园雨水收集、中水利用工程及丰富的动植物环境，从文化景观到生态系统都需得到精心保护和恢复。审视古今，面向未来，作为区域水环境演变缩影的清华大学校园，应重视校园生态系统的重建，让大地呼吸，成为雨水"自然积存、自然净化、自然调蓄"的海绵校园，成为让多样生命逐渐回归的生态绿洲；也应传承古典园林文化，发扬现代大学精神，让当代与未来的人感受到校园自然与文化丰富而深沉的交融与呼应。

1.1　清华大学校园及区域水文景观演变

本节将时间与空间线索相交织，自然基底与文化脉络相融合，聚焦清华大学校园及所在区域水文景观的历史演变，意在探讨"水"与区域自然文化基底及大学精神塑造的关系，作为本书展开的背景。时间线索从元、明、清、民国至当代，空间线索从北京西北郊地区、海淀"三山五园体系"逐步聚焦于熙春园与清华大学校园。

1.1.1　元明时期的北京西北郊——自然河湖湿地水文景观

清华大学校园所在的北京西北郊地区，在元代初年仍是一片浅湖水淀。

这里曾名"丹棱沜",最早见于元上都路刺史朵里真所撰碑文。而其最初土名即"海淀"。"淀"是华北平原北部浅湖的通称,"海"作形容词,即指此淀其大如海的意思。"海淀"名如其景,在历史上是一片广袤的自然河湖湿地,地下水位很高。正如《长安客话》云:"水所聚曰淀。高粱桥西北十里,平地有泉,彪洒四出,淙泪草木之间,潴为小溪,凡数十处。北为北海淀,南为南海淀,远树参差,高下攒簇,间以水田,町塍相接,盖神皋之佳丽,效居之选胜也。"可见,这里密涌的泉水、交错的溪流、大小的湖泊与连绵的水田形成丰富的水文景观,俨然一片江南水乡的风光。

北京西北郊海淀地区独特水文景观的形成,与这里特殊的地理环境息息相关。首先,这里的地貌据其特点可分为三大区域:西区以香山为主体,包括附近山系及东麓平原;中区以玉泉山、瓮山和西湖为中心的河湖平原;东区即海淀镇以北的多水沼泽区域。[①]其次,古永定河形成的冲积扇,在海淀地区形成了北京西直门外长河东北岸向北伸出的状如手掌的"海淀台地",高约50cm以上。[②]台地以西海淀镇西南的巴沟村区域,形成了"巴沟低地"。这里曾是古代永定河流经海淀留下的一片河谷低地,低地中的数条河汇聚成万泉河,向北流入清河。万泉河作为海淀附近现存最古老的河道之一,有两个主要源头[③]:玉泉山泉水与万泉庄泉水。金元以前,玉泉山泉水汇入瓮山泊(今日昆明湖),再东出进入海淀附近低地,与万泉庄一带泉水汇合,形成万泉河主流。金元时期凿开海淀台地引玉泉山水南流,使得玉泉山水系与万泉河水系逐渐分离,形成了"三山五园"地区的两大水系。其中的玉泉山水系,是孕育于玉泉山下的泉水汇集向东流出,名曰"北长河",在昆明湖西垣分流,一条向北经青龙桥下,成为萧家河,又向东流经圆明园北界称为"清河";而另一条汇入昆明湖又从东南角流出为南长河,流经白石桥为高粱河,入北京城西直门,为城内河湖提供水源。

万泉庄水系源于巴沟低地上游、海淀镇南约1km的万泉庄。这里之所以泉水丰沛,是因其位于永定河在北京平原上南北走向的泉水溢出带上。这里潜行于古清河故道的砂砾层中的地下水流,受海淀台地的顶托而涌出地面,并且正处台地西坡地势陡然下降处,泉水便汇集于巴沟低地中,汇聚成湖或沼泽,最终汇聚进入万泉河,向北流入清河。

① 周维权. 中国古典园林史(第三版). 北京:清华大学出版社,2008,377.
② 侯仁之. 北京海淀附近的地形水道与聚落——首都都市计划中新定文化教育区的地理条件和它的发展过程. 地理学报,1951,18(1、2):1-20.
③ 岳升阳. 万泉河述往. 北京观察,2013(09):70-75.

后来的清华大学校园、北京大学校园所在的区位（图 1.1.1）均位于万泉河水系下游、巴沟低地区域之内。就宏观地理环境及北京夏季的频繁降雨而言，这里易于积水。正如侯仁之先生所提出的，"今日燕京、清华两大学的校园本部，风景虽然幽雅，然而各大建筑之有地下室者，每到夏季，常为水浸，必须用人工排除，所费甚大。……如燕京大学的蔚秀园、朗润园、镜春园，清华大学的北院、西院、工字厅等教职员住宅区，都有此弊。而燕京大学的燕南园、燕东园，清华大学的新林院、胜因院等教授住区都在海淀台地的北坡，因此可规避此问题。"虽然后代的城市建设已极大地改变了这里的地形竖向关系，但清华大学校园的水文条件仍与大的地理环境有密切关系。

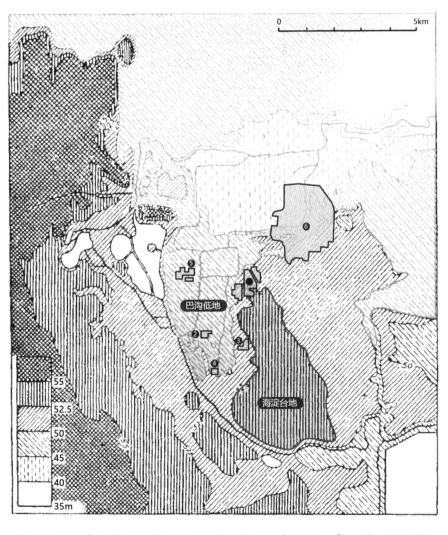

图 1.1.1 海淀附近地形图（可见今清华大学校园范围及海淀镇、巴沟低地、海淀台地位置）

❶ 海淀镇　❷ 巴沟村　❸ 万泉庄　❹ 泉宗庙　❺ 六郎庄　❻ 现今清华大学校址范围

1.1.2　明清时期的海淀地区——三山五园的形成及造园、水利和农事的并存与发展

北京西北郊在明代就作为远足游玩的风景优美之地。明万历时期著名的私家远郊别业，李伟的清华园与米万钟的勺园，正是利用此处的丰沛水系建园。明代清华园景物之胜推为京国第一，其故址为海淀镇大街北口一片低地。其水源汇合了昆明湖及长河东泄之水，绕畅春园故址与燕京大学之间，过现清华大学北流入清河。今日北大、清华两校之内的湖泊、河流，皆曾靠此补给水源。

到清代康熙时期，这里成为皇家园林体系基址。自康熙中期建设清代第一座御苑——畅春园以来，至乾隆、嘉庆时期的百年发展，在北京西北郊形成一片宏伟的皇家园林之海，东西连绵 20 余里，代表着中国古典园林成熟期的最高峰。这一区域统称"三山五园"，狭义指畅春园、圆明园、香山静宜园（康熙时期香山行宫扩建更名）、玉泉山静明园、万寿山清漪园［光绪十四年（1888 年）修复后改名为"颐和园"］。

清代在海淀进行大规模造园的同时，对水系的整治成为其中的关键工程。尤其在乾隆时期，集中的疏浚、扩建、整合形成了以玉泉山—昆明湖—长河为体系的可控可调的供水系统，将散落在西北郊的皇家园林联为一体。玉泉山水系串联三山与静宜、静明、清漪三园，直至西直门，形成一条联系都城与西北郊皇家园林群的长达十余里的连贯皇家水上游览线路。而万泉河水系则向北通过畅春园，与昆明湖由二龙闸东流补充圆明园水源的玉泉山水系汇合，在圆明园内兜转后，于长春园东北角流出，最终汇入清河。

具体而言，乾隆十四年（1749 年）进行的系统水系整治工程，主要目的有三：

（1）解决山洪泛滥问题。扩大昆明湖的面积，使其作为蓄水库，并围绕玉泉山开凿"高水湖"和"养水湖"作为辅助水库，增强昆明湖的蓄水能力。同时加固自元、明、清初以来的昆明湖东堤工程，并疏浚长河；在香山以东、昆明湖以西开挖两条排洪泄水河，部分消解昆明湖受山洪冲击的水势；解决西山洪水泛滥、水灾频繁的问题，也为造园及农业生产提供适宜的水文环境。

（2）汇聚更为充沛的水源，支撑庞大的造园工程。通过对两大水系的疏浚，也结合微地形营造，在京西郊创造更为优美宜人的山水基底。玉泉山水源扩充主要来自对西区山麓之山泉涧流的拦蓄，将其收集汇聚并通过石渡槽

引入玉泉山水系。万泉河水源的扩充则得益于对万泉庄丰富流泉资源的整治。乾隆三十二年（1767年）在其水源地建泉宗庙，正式命名和明确管理其中最大的28处泉眼。同时疏浚万泉河水道，改善巴沟低地地势低、水流受阻、沼泽遍布而径流分散的弊病，使万泉河成为一条水量充沛的大河。至此，两大水系的充足水量不仅可以支撑造园活动，也为水系周边开垦水田提供了良好的条件。

（3）满足农业灌溉。清代自康熙以来，对于农业生产就极为重视，农田也成为皇家园林内一种独特的景观类型，并广泛分布于园外及园与园之间的区域。皇帝通过亲耕、视察等方式传达其重农桑的思想。海淀地区水源丰沛，土质肥沃，是理想的农业耕种区，但由于地势较低，受西山洪涝灾害的频繁侵扰，农业与成片的聚居地未能成规模地发展起来。通过建设堤坝、水闸等水利设施，控制与调节河渠的水量与泄流，灌溉其周边低洼地，使水稻种植及农业村镇在北京西北郊发展起来。

1.1.3 清康熙时期的熙春园——从皇家园林到大学校园的起点及演变（1707～1911年）

得益于北京西北郊海淀地区的地理环境及水利整治工程，三山五园皇家园林体系得以形成（图1.1.2）。而其中的熙春园，不仅成为该区域水文景观演变的一个缩影，也是清华大学校园生长发展的起点。熙春园从1707～1911年长达200年的演变过程可划分为几个阶段：始建于康熙时期、兴盛于乾嘉时期、衰落于道光至宣统时期、复兴于清华学堂建立之后。

熙春园始建于康熙四十六年（1707年），为皇三子胤祉请旨在畅春园迤东建的私园。陈梦雷（1650～1740年，字则震，号省斋）作为胤祉的老师曾居住于此，称这里为"水村"，并在《松鹤山房诗集》[①]中描述道："村在城西北，河流环绕，榆柳千林"及"村四面皆水，榆柳桃杏数百环之，俯临大河，右挟西山。"可见当时这里宜人的乡野田园风光，潺潺的溪流围绕着居所，翠柳垂岸，植被繁茂。其后康熙五十二年（1713年）三月初九，康熙在此庆其60岁大寿，正值春光烂漫时节，园子里"花枝烂漫，柳线飘漾，天空晴霞如绮，掩映西山诸峰深翠"（陈梦雷，《水村十二景调花发》），康熙御笔题匾"熙春"，从此得名"熙春园"。

---

① 陈梦雷描写熙春园建设过程、园林景色与其居住于此清逸的田园生活的作品包括诗《水村纪事》、诗《水村十二景》、词《水村十二景调花发》，其皆收录于《松鹤山房诗集》（九卷）与《松鹤山房文集》（共二十卷）之中。

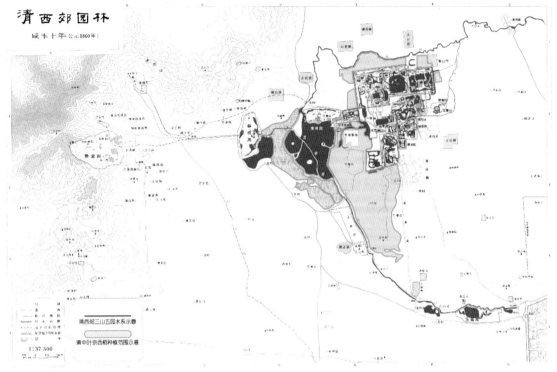

图 1.1.2　乾隆时期的三山五园图
参考侯仁之.（1988）. 北京历史地图集. 清西郊园林图及岳升阳. 京西绿化带建设与传统景观保护［J］. 北京规划建设, 2000（03）: 17-20. 京西稻作景观分布图信息基础上绘制.

熙春园的东园①，即现今"水木清华"。康熙时期陈梦雷曾居住于园东部的"松鹤山房"。他称居所以南为"戚畹"，且"榆柳千株，清流激湍，映带左右"。居所以北则是一处天然池沼。熙春园的西园，即现今被称为"荒岛"的近春园遗址所在地。陈梦雷所作的昆曲《月夜泛舟》，描写他与胤祉乘舟游湖、备酒赏月的情景。当时湖面更为宽阔舒朗，包括了现在的清华大学西湖游泳池及校医院南绿园等范围。陈梦雷将其描述为"一望中水连天共空明，拍按红牙奏新声"，及"纵一苇真凌万顷"。因此，西园前为四面环水之园林，而后则背山面水，是聆听松林风吟，隐于茂密树林，并可以登高远眺观云之所。陈梦雷住所的西、北皆有河溪，他"校阅之暇，泛艇渡河西与田夫野老量晴较雨乃归"。他也在此河上作《柳阴垂钓》《回塘蛙鼓》《菊岸临风》等诗文，描述了"菊岸鸣蛙聒耳绕，河干鹅群，扑逐摇曳。牧童啸侣，馌饷人归，天际笙歌声起"的景象。其北侧为麦田，是陈梦雷供给家庭的生计，即"吾王殿下购得，命余居之，赐河西田二顷，俾得遂农圃之愿也"，是现今清华大学逸夫图书馆、西大操场的位置。

乾隆时期，熙春园按照御园的规格进行整修与扩建。自乾隆三十二年（1767 年）开始，历时三年竣工，后作为圆明园的附园之一（图 1.1.3），与

---

① 苗日新. 熙春园·清华园考——清华园三百年记忆. 北京：清华大学出版社，2010.

长春园、绮春园（后更名为"万春园"）、春熙院贯穿形成一片宏大的离宫御苑群，史称"圆明五园"，同属圆明园总管大臣管辖。其建设过程中对水系的改造主要在东园：（1）填埋了东园主体建筑以西的溪流，以为向西扩建的建筑提供空间，东园也不再是四面环水的居所；（2）切断东园方塘与北侧河流的支流联系，并在此创造出一处独特的流泉瀑布景观，方塘的水源也不再由外部河流补充，而完全来自地下泉水资源。

从乾隆到嘉庆时期，熙春园作为御园，其周边置百亩麦田作为农业试验田，成为皇帝登高观麦、考察农情的地方。具体范围大概为现今清华大学校园荷花池旁校河以北，化学馆及新、平、明、善斋及其以南的西大操场区域。据记载，乾隆、嘉庆两位皇帝在位时都曾多次来到熙春园观麦，嘉庆帝并增建小型园林"省耕别墅"，其遗址据考证在今清华大学校园化学馆北侧。这里曾地势低洼，标高与长春园湖泊遗址相近，1954年还是一片与长春园遗址里大片荷塘连成一片的水田，种植着荷花和菱角。

道光二年（1822年），熙春园划分为两园，并作为赐园赐出，东园作惇亲王府"涵德园"，西园作瑞亲王府"春泽园"。咸丰帝时期，赐名东园为"清

图 1.1.3 乾隆三十五年（1770年）熙春园平面图

［参考：苗日新（2010）熙春园. 清华园考·清华园三百年记忆，图3-2-1］

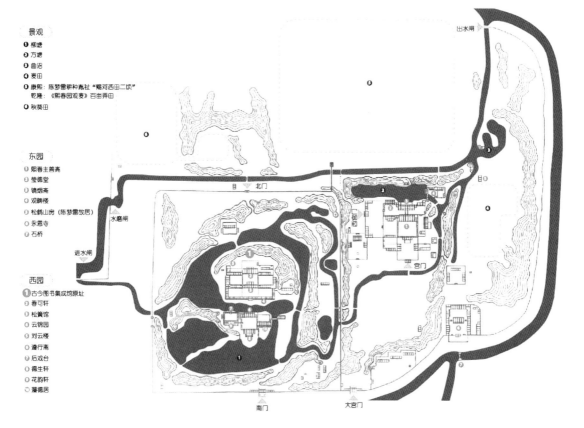

华园"。咸丰御笔匾额"清华园"也成为后期"清华学堂"命名的由来。西园则改名为"近春园"。同治年间，近春园原有的 246 间殿宇、游廊等建筑由内务府批准拆卸，以重修圆明园殿宇，从而变成一片废墟，即现今清华大学"荒岛"所在地。所幸"清华园"得以保留，并在宣统元年（1909 年）成为游美肄业馆所在地，终在宣统三年（1911 年）正式改名为"清华学堂"。该时段遂成为这片园林作为皇家私园的终点，也成为作为清华大学建校基址的开端。

1.1.4　近当代清华大学校园——校园规划与水文景观演变

1911 年之后，从清华学堂到清华大学编制了多版校园规划（图 1.1.4），包含水系整治的内容。这里以 1960 年版校园规划为界，总体可将清华大学校园水文景观演变划分为两个阶段。

图 1.1.4　1911～2018 年清华大学校园平面发展图

综合参考并改绘自：罗森. 清华大学校园建筑规划沿革（1911～1981）[J]. 新建筑，1984（04）：2-14 与黄延复，贾金悦. 清华园风物志. 北京：清华大学出版社（2005）.

1. 1911～1960年——古典园林基础上的美式校园规划及水系景观

1911年清华学堂作为留美预备部始建，1912年更名为"清华学校"。该时期的建设主要遵循1914年美国建筑师墨菲（Henry K. Murphy）制定的校园规划，也被称为清华大学第一版校园规划，其目标是建设一个纯粹的美国式大学。该阶段建设主要集中于清华园基址上。对于近春园，其规划意图本设想依托西园的古典园林水景基底创造出中轴对称的公共建筑布局，包括位于岛中央的图书馆、轴线上的大礼堂与主教学楼等。虽然该规划并未实现，但以其为主还是设计建成了校园最早一批的主体建筑，尤其在1916～1921年间完成的"四大建筑"——图书馆、大礼堂、科学馆及体育馆的建设，形成了校园的主体结构。

但在这个阶段，校园从古典园林急剧转变为公共教育机构，其大规模的建设活动也改变了这里原有的景观基底。从清华大学校园水系历史演变图（图1.1.5）可以看出，一些支流水系被逐渐填埋，包括：（1）1916年为建设图书馆而填埋大礼堂以北的一条支流，康熙时期陈梦雷"松鹤山房"以北养鹅的"曲沼"从此消失；（2）1923年东园荷花池开始重新由北校河引水，可能因为其内部的自流泉水源不足；（3）北校河（图1.1.6，图1.1.7）直接与万泉河连通，基本形成了现在学校古典园林遗址被校河环绕的格局。

图1.1.5 清华大学校园水系历史演变图（1707～2018年）

参考苗日新（2010）熙春园. 清华园考-清华园三百年记忆，图1-2-1康熙朝熙春园水系及黄延复. 贾金悦. 清华园风物志1914～1994年校园规划图水系演变信息绘制

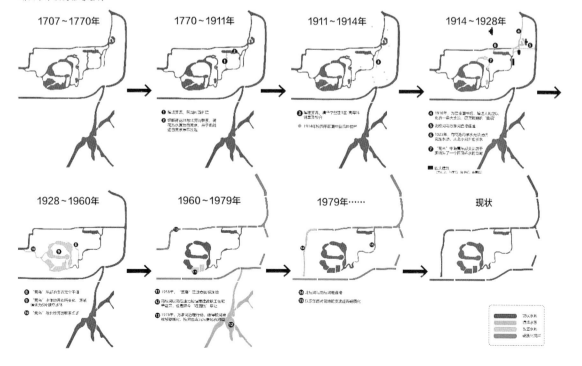

图 1.1.6 1911 年 校河——清华学堂三院（现今图书馆）以南的北校河河岸（罗森教授提供）

图 1.1.7 20 世纪 50 年代校河——新水利馆以北的北校河河岸（罗森教授提供）

　　1928 年，清华学校由国民政府接管，改名为"国立清华大学"。至 1937 年卢沟桥事变，抗日战争全面爆发，北平陷落。在清华大学建校之后至抗日战争之前的这段时间，清华大学校园建设基本依据 1930 年由天津基泰工程司的杨廷宝先生主持的校园规划。这里不详述此版规划的其他内容，重点分析当时的校园水文环境及景观。这个时期清华大学校园的地下水水位仍很高，受其滋养的校园水文景观仍很丰富，包括河流、湖泊、沼泽与自流井等。杨廷宝先生回忆 1930 年校园规划时，"那条小河，真是清澈见底，川流不息。记得那是圆明园东南角老百姓种的水田，地下水从地里喷出来，真有点像济南的泉水，这都是我亲眼看到的。"值得一提的是这一时期对校园西部水景观的经营。杨廷宝先生在原近春园基址"荒岛"区域，规划了重点突出、主次分明的公共建筑布局，并隐含中国传统"辟雍环水"的教学环境形式和内涵意境——将自然形态的荒岛、水面修整、设计为规则半圆环形，博物馆位于中央，四栋特种学术建筑和生物馆从东西北三面环绕中心博物馆。[①]

从 1938～1946 年，"国立清华大学"西迁入滇，于昆明和当时的"国立北京大学"及私立南开大学组成"国立西南联合大学"。该时期清华大学校址由日军侵占，破坏严重。但景观格局基本保持原状，有部分水系支流消失，包括近春园荷花池与校河间联系的切断，以及发挥联系作用的多条支流的消失。由于疏于管理与维护，园林景观处于荒废状态。1946 年，清华大学回归本部开学。1949 年 1 月，解放军北平军事管制委员会接管清华大学校园，清华大学进入了一个新的发展阶段。

总体而言，1911～1960 年之间，清华大学校园内的原有古典园林及水系景观基底大体被延续下来。当时地下水水位线还很高，校河水量充沛。现今校医院以南、南校河以北的绿园是一片低洼的沼泽地。在 1958 年近春园游泳池的建设时，那里的一口自流井仍水量丰沛，与嘉庆时期在这里观水听泉所形容的泉水喷出形成水帘的"千尺雪"奇景极为类似。[②]

2. 1960 年至今——快速建设背景下的区域与校园发展与水文景观

1949 年之后，清华大学陆续编制了 7 次主要的校园规划，包括 1954 年、1960 年（图 1.1.8）、1979 年、1988 年、1994 年、2005 年、2020 年的规划，加上中华人民共和国成立前的 3 版规划，已形成了 10 版校园规划。在这 70 多年的历程中，清华大学校园面积不断扩大，直至形成了今日的校园格局。在历版规划中，1960 年的校园规划除了展现校园发展意图外，相比其他版最为显著的特点就是对校园水系的整体规划，形成"三湖一体"的水景观体系，使水系在整个校园中得以贯穿：包括以熙春园荷塘为基底的西湖，以今胜因院东侧位置的万泉河支流形成的南湖，以及位于校园东北角的东湖。1966～1976 年十年的"文革"期间，校园发展进入停滞期，1960 年校园规划意图更难以实现。

---

① 陈晓恬. 中国大学校园形态演变 [D]. 同济大学，2008.
② 根据对清华大学建筑学院退休教授罗森的访谈。

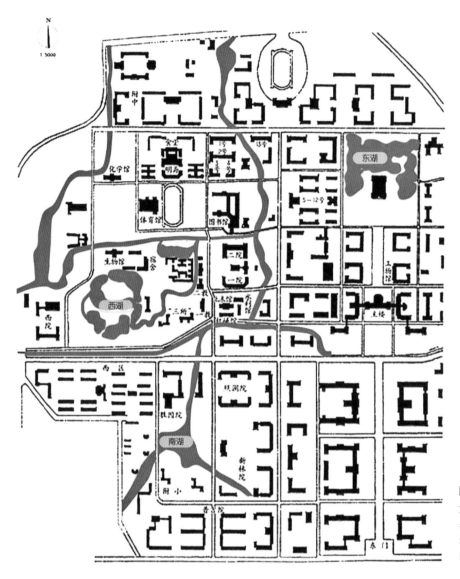

图 1.1.8 1960 年清华
大学校园规划图

参考：苗日新（2012）导
游清华园. P149 "1960 年
清华大学校园总体规划图"

　　1970 年以后，随着城市人口的增长与建设速度的加快，北京西北郊建成区面积急剧增大，用水需求激增，地下水位急速下降，河湖水面与湿地洼地迅速减少，自然下垫面硬质化加剧，使这里曾经富有自然活力和文化精神的区域水文景观受到极大影响。在此过程中，三山五园地区水系退化严重，难以给皇家园林群供给水源。万泉庄的泉宗庙及附近密布的泉源自清末就遭到破坏，20 世纪 50 年代后逐渐枯竭，甚至后来完全被覆土推平成为建设用地。玉泉山的山泉也在 20 世纪 70 年代后几乎断流。原本地下水源充沛、犹如一块巨大海绵的海淀地区，只能通过外部引水维持皇家园林水系。同时海淀地区大片稻田及蔬果种植地转变为建设开发用地，昔日的水乡风景也成为遥远的回忆。该时期沿万泉河一带的建设，使河湖水质也发生很大变化。这一时期清华大学西门外盲目建设的一批工厂，对校园水环境产生了直接影响，导致水体污染严重，原本清澈的校河成为生活、工业用水的排污之所。当时，生活、生产废水与雨水一同排入校河之中，而使校河经常呈现紫红色。而校园的地下管线混乱也直接造成了校河的污染。

随着城市的快速发展，河流水系也成为工程改造的对象。1954 年的暴雨导致万泉河水泛滥，以至于校河旁的道路积水淹至小腿。随后的开发建设对河道防洪治理进一步提出要求。1982 年万泉河治理工程启动，其主要目的是防洪排涝和治理河道污染。具体包括：（1）河道硬化，将自然河道改造为混凝土硬质箱涵；（2）污水截流，营建污水泵站与污水管网；（3）河道改向，包括河道裁弯取直或改为暗管，部分河道被废弃，清华大学校园内的原熙春园内万泉河与原南护园河相接，成为南北分流的现状。上述整治是以"城市排水河道"为目标，彻底改变了河道的自然历史风貌。万泉河由自然河流转变为一条工程化的、被人工管理的河渠。虽在排水方面效率有所提高，但失去了自然调节作用及丰富的生态功能，并需要付出巨大投入才能维持基本水量。夏季为了排洪，河道需要排空，大片灰色水泥河床裸露，河流生境被破坏，只有少量积水掺杂着浮游藻类，水生动植物、微生物消失。同时因为自然水源的枯竭，导致河流自净功能丧失，河道污染问题无法得到根本解决。原依靠校河为水源的荷花池，现在更多依赖于再生水，并且水源只能通过水泵打入，再通过隐蔽出水口流回，进行内部循环。南校河以南的支流也逐渐干涸，成为低洼地或旱沟，再之后被填埋建设教职工住宅等，即现今胜因院基址东北侧的高一、高二楼。

1980 年之后，清华大学校园逐步完善再生水利用工程，近期也开始重视雨水控制与利用及恢复自然水文循环。据统计，清华大学校园的不透水硬质化地表已占校园总面积的 50% 以上，在夏秋丰水季节常出现校园局部积水的问题。因此，水循环条件的改变以及带来的一系列水生态、水环境问题，已成为包括清华大学校园在内的北京西北郊乃至许多城镇化过程中面临的严峻考验。

1.2　清华大学景观学系《景观水文》课程发展

清华大学的风景园林教育始于 1951 年教育部批准由清华大学营建系与北京农业大学园艺系联合组建的"造园组"。但其构想早在梁思成先生创建建筑系之时就已有倡议。梁先生于 1949 年 7 月 10～12 日于《文汇报》连载《清华大学营建学系（现称建筑工程学系）学制及学程计划草案》，就提出了包含建筑学、市乡计划学、造园学、工业艺术学和建筑工程学的课程分类表。其中造园学课程体系中的乙类课程——科学及工程，包括了生物学、化学、力学、材料力学、测量、工程材料、造园工程（地面及地下泄水、道路排水）等。之后在吴良镛、汪菊渊及一批前辈的共同努力下，"造园组"作为新中国培养全面园林专业人才的第一个园林教育组织，开创了中国现代风景园林学科。其成立之初的学制是一、二年级在北京农业大学上课，三、四年级驻点于清华大学上课。在前两年由北京农业大学和中国科学院相关教师开设的森林学、植物分类等课程的基础上，清华大学派教师开设了绘画、制图（设计初步）、建筑、城市规划、测量和工程等课程。可见，由清华大学与北京农业大学联合开设的造园组早年课程，成为建筑类院校与农林类院校发挥各自专业优势联合培养风景园林人才的先例，有着学科交叉教学的深远考虑，也对现今很有启发意义。

2003 年，清华大学建筑学院景观学系成立，聘请美国艺术与科学院院士、哈佛大学景观学系前系主任、宾夕法尼亚大学教授劳里·奥林（Laurie Olin）担任首任系主任，杨锐教授为常务副系主任。自 2003~2007 年，聘请了多位具有丰富教学与实践经验的国际知名教授与学者承担建系初期部分课程的教学工作，介绍、引进了国外先进的教学方法与专业理论技术，为清华大学景观学系的发展确立了高起点。《景观水文》课程是清华大学景观学系建系时开设的一门新课程。其目的是为风景园林专业学生讲授与水相关的应用自然科学知识内容。在建筑类院校开设应用自然科学课程，其理念源于劳里·奥林与杨锐等诸位教授制定的清华大学《风景园林教学计划与课程体系》中对风景园林师（Landscape Architect）知识技能的论述。

风景园林师相对于建筑师、工程师、城市规划与设计师，应对自然系统及其过程拥有全面广泛且较为精深的知识。在所有设计职业当中，唯有风景园林师在对人工环境的创造中格外珍视自然现象，无论是在城市还是在乡村中。因此风景园林师必须对自然科学熟悉到一定程度，使之与科学家打交道时能够应对自如，或者当面临设计或规划中的相关生态问题时具备充足的知识以对其他设计专业人士（如建筑师、工程师、规划师、保护主义者）或甲方提出建议。

具体而言，风景园林师需要对如下自然科学具有一般性的但也相当良好的了解：地质学（geology）、地形学（geomorphology）、土壤科学（soil science）、植物与动物生态学（plant and animal ecology）、气候（climate）、水文学（hydrology），基础生态学和某些高级或应用型生态领域，以及关于生境和水质管理的目前及最新的技术。

　　回顾清华大学风景园林教育的历史，可以看到梁思成、汪菊渊、吴良镛诸位先生在多学科跨专业教学方面的远见卓识，也可以看到劳里·奥林与杨锐诸位教授将《景观水文》等自然科学纳入课程体系的开创意义。2003 年之后，清华大学景观学系以建系之初 "Landscape Architecture MLA Program" 为基础，逐步扩展形成了 "4 阶段—4 板块" 的风景园林课程体系结构。

　　"4 阶段" 即面向本科的 "入门课程阶段"、面向工学硕士（景观规划设计方向）、清华大学—千叶大学设计专题型硕士、风景园林硕士专业学位（全日制）的 "全面训练阶段"、面向风景园林硕士专业学位（MLA）的 "职业后提高阶段" 以及面向工学博士的 "综合研究阶段"。

　　"4 板块" 包括 "景观规划设计 Studio" 板块、"景观历史和理论" 板块、"景观技术" 板块、"应用自然科学" 板块。在 "4 板块" 中，"景观规划设计 Studio" 是核心板块，其他板块围绕 "Studio" 教学进行。其中 "景观生态学""景观水文" 和 "景观地学" 等应用自然科学版块课程的引入受到格外重视。

1.2.1　讲席教授组时期的景观水文课程（2004～2007 年）

　　2003 年清华大学景观学系建系后的 2004～2007 年，《景观水文》课程由劳里·奥林讲席教授组负责。其中直接讲授《景观水文》课程的为巴特·约翰逊（Bart Johnson）［图 1.2.1（1）］、高盖特·瑟尔（Colgate Searle）［图 1.2.1（2），图 1.2.1（3）］、布鲁斯·弗格森（Bruce Ferguson）［图 1.2.1（4），图 1.2.1（5）］三位教授。在其他课程中讲授过与水文有关的生态学理论及风景园林规划设计理论方法的教师包括理查德·福尔曼（Richard Forman）、弗里德里克·斯坦纳（Frederic Steiner）、科林·富兰克林（Colin Franklin）、罗纳德·亨德森（Ronald Henderson）等教授。

图1.2.1 （1）巴特·约翰逊与刘海龙合影；（2）高盖特·瑟尔；（3）高盖特·瑟尔教授用图示化方式讲授水文学原理；（4）布鲁斯·弗格森教授在清华大学校园进行雨洪管理现场教学（图片来源：清华大学建筑学院景观学系）；（5）布鲁斯·弗格森教授的授课及课件

1. 2005 年的景观水文课程

2004 年，美国哈佛大学理查德·福尔曼教授在清华大学讲授《景观生态学》，其中包含河流廊道与湿地修复等水文学相关内容。2005 年，美国俄勒冈大学的巴特·约翰逊教授讲授《景观生态学》与《景观水文》两门课。这也是《景观水文》（Landscape Hydrology）课首次开设。巴特·约翰逊教授曾与人合著《生态学与设计》（*Ecology and Design: Frameworks and Learning*）等著作。在清华大学开设的 8 讲《景观水文》中，他介绍了自然水文循环、河流形态与过程、河流管理框架、城市环境下的河流、河流与湿地恢复及城市雨洪管理等，较为系统地构建起了课程框架。

《景观水文》（**Landscape Hydrology**）教学大纲

巴特·约翰逊（Bart Johnson），2005 年

1. 健康的河流系统与人类的改变（River Health and Human Alterations）

2. 河流管理的框架（A Framework for River Management）

3. 水文循环（The Hydrologic Cycle）

4. 河道形态与过程（Channel Form and Process）

5. 城市环境下的河流（Rivers and Streams in Urban Environments）

6. 河流与湿地恢复（Rivers, Streams and Wetlands Restoration）

7. 城市雨洪管理系统（1）（Urban Stormwater System）

8. 城市雨洪管理系统（2）（Urban Stormwater Systems）

2. 2007 年的《景观水文》课程

2007 年，多位教授先后到清华大学联合讲授《景观生态学》与《景观水文》课程，包括弗里德里克·斯坦纳、科林·富兰克林、罗纳德·亨德森、布鲁斯·弗格森、高盖特·瑟尔等。其中高盖特·瑟尔教授和布鲁斯·弗格森教授先后负责《景观水文》课程。

高盖特·瑟尔是美国罗得岛设计学院的教授，以其长期在参与性环境与生态设计项目的风景园林教学和实践而受到好评。在清华大学的授课中，他用简洁的图示化方式讲授水文学原理，并通过启发的方式让学生开展案例研究，对身边的水现象和相关问题进行思考、研究和分析。布鲁斯·弗格森为美国佐治亚大学环境设计学院的风景园林专业富兰克林讲席教授，是世界范围内最早提出景观水文概念的学者之一。他在 1983 年发表的文章"景观

水文：水相关设计的统一指南"（Landscape Hydrology：a Unified Guide to Water-related Design）中从水平衡、土壤水分蒸发、人工回灌到暴雨径流、降水、地下水等方面，强调了"景观水文"是风景园林师进行水设计时必须具备的一种理念，以及必须掌握的相关内容与方法。弗格森教授也是知名的雨洪管理专家，曾著有《雨洪渗透性》（Stormwater Infiltration）、《雨洪管理道路：概念、目的与设计》（Introduction to Stormwater：Concept，Purpose，Design）等著作。基于其在雨洪管理领域的深厚素养，他2007年在清华大学《景观水文》课上比较细致地介绍了国际上当时最新的雨洪管理（Stormwater Management）、低影响开发（Low Impact Development）的技术与应用发展，其系列讲座的内容包括："雨水渗透的重要性"（The Importance of Stormwater Infiltration）、"将雨水纳入城市设计"（Integrating Stormwater into Urban Design）、"多孔铺装"（Porous Pavements）、"城市树木的结构性土壤"（Structural Soil for Urban Trees）等，许多内容令人耳目一新。他比较注重带领学生走进实际场地，曾在北京香山樱桃沟、清华大学校园进行现场教学，具体考察和探讨雨洪管理与低影响开发设计的可能性［见图1.2.1（4），2007年布鲁斯·弗格森教授带领学生在清华大学校园考察］。这一定程度上启发了后续的清华大学校园雨洪管理研究。除此之外，科林·富兰克林教授以其不同年代、尺度与类型的实践案例与丰富经验，介绍了许多与生态设计、雨洪管理相关的设计理论和方法。

　　总体而言，清华大学景观系建系之初的教学，从设计课、工程实践课到理论课之间呈现紧密而连续的组织方式。尤其对《景观水文》课程而言，2004~2007年"劳里·奥林讲席教授组"较为系统地构建起基本框架与内容体系，低影响开发、雨洪管理、河流生态修复、水文循环等概念、理论与方法对清华大学《景观水文》课程的发展奠定了重要基础。

《生态学》（Ecology）/《水文学》（Hydrology）教学大纲（2007 年）

Ecology / Hydrology Syllabus 2007

Tsinghua University Department of Landscape Architecture

Spring Semester 2007: 2 credits

Professor Frederick Steiner, University of Texas at Austin

Professor Colgate Searle, Rhode Island School of Design

Professor Bruce Ferguson, University of Georgia

Associate Professor Ron Henderson, Tsinghua University

Post–Doctorate Liu Hailong, Tsinghua University

PhD Candidate Zhuang Youbo, Tsinghua University

PART 1：生态学导论（Introduction to Ecology）

Associate Professor Ron Henderson

01：Lecture 1：讲座 1：生态学导论：词汇与景观过程（Introduction to Ecology: "The Word" and Landscape Processes）

PART 2：规划与生态学（Planning and Ecology）

Professor Frederick Steiner

02：Lecture 2：讲座 2：美国风景园林专业理论与方法（Landscape Architecture: Theory and Methods from the United States）

03：Lecture 3：讲座 3：生命的景观：概念、过程与景观规划的内容（The Living Landscape：Concept, Process, and Contents of Landscape Planning）

04：Lecture 4：讲座 4：适宜性分析（Suitability Analysis）

05：Lecture 5：讲座 5：案例研究：墨西哥湾沿岸地区恢复规划（Restoration Planning Process for the Gulf Coast (Case Study)）

PART 3：设计与生态学（Design and Ecology）

Professor Colgate Searle

PART 4：建造与生态学（Construction and Ecology）

Professor Bruce Ferguson

06：Lecture 6：讲座 6：景观十论与自然三观（Ten Views of Landscape and Three Views of Nature，Searle）

07：Planning Studio Review：三山五园规划 studio 评图（3H5G, Students, Yang, Liu, Faculty, and Visitors）

08：Lecture 7：讲座 7：水循环（含水与植物群落的关系）研究工作坊 [Hydrological Cycle (including relation with Plant Communities)，Searle]

Workshop：Research (Searle)

09：Lecture 8：讲座 8：河道形态学（River Morphology, Searle）

Workshop：Research (Searle)

10：工作坊研究成果汇报（Workshop: Review Research, Searle）

11：工作坊设计研讨（Workshop: Design Charrette with Students, Faculty, and Visitors, Searle）

12：生态学与风景园林教育研讨会（Ecology Charrette Landscape Architecture Education Seminar, Ron, Searle and Ferguson）

Lecture 9：讲座 9：雨水渗透的重要性（The Importance of Stormwater Infiltration, Ferguson）

13：Lecture 10：讲座 10：将雨水纳入城市设计（Integrating Stormwater into Urban Design, Ferguson）

14：户外考察：国家植物园樱桃沟（Field Trip: Ying Tao Gou, Botanic Garden）

15：Lecture 11：讲座 11：多孔铺装（Porous Pavements, Ferguson）

16：工作坊最终汇报（Workshop: Presentation, Searle）

Lecture 12：讲座 12：结构性土壤（Structural Soils, Ferguson）

17：校园内外考察（Field Trip: Walk Around Campus）

全校讲座（UNIVERSITY LECTURES）

Professor Steiner：伊恩·麦克哈格的生命与贡献（The Life and Contributions of Ian McHarg）

Professor Searle：一个河流项目（The One River Project）

Professor Ferguson：新技术的意义（The Importance of New Technologies）

1.2.2　《景观水文》课程的本土化发展（2008～2019 年）

2008 年开始，《景观水文》课程开始由国内教师主持，其主要目标和任务是如何进一步与中国实际问题与专业实践需求相结合。教学的本土化过程及具体课程内容完善可以划分为 5 个阶段。

1. 2008 年：场地尺度"水循环"分析

2008 年，《景观水文》在之前讲席教授组课程内容基础上加入新的思路。其中之一是培养设计专业学生对场地尺度水循环的认识，学习在场地设计中建立水文分析的基本框架。具体先从基本概念讲授入手，再选择案例进行定性分析。如课程第二讲重点讲授"水循环与健康的水文系统"，介绍了降水的形成与分类、降水的影响因素及量的确定，蒸发、下渗、产汇流、径流及径流系数等水文循环各环节要点。在理论授课的基础上，针对风景园林设计专业最常见的场地尺度，要求学生根据资料或自身经历，完成作业"场地健康水循环策略"调研与分析。具体要求选择现实中的一处场地，采用"照片或图纸结合文字"的方式，按场地概述、过程描述、问题诊断、对策讨论的框架，分析其水循环中存在的问题，并提出在场地尺度维护健康水循环的策略。该作业的意图是让有设计背景的学生在了解水循环基本概念之后，通过具体场地来加深对场地水循环过程的理解，并思考风景园林专业实践的应对策略。提交的作业展现了多种场地类型，分析思路能够按照自然—人工水循环关系来识别水问题，并提出相应解决策略。这里选取 4 份作业予以介绍。

1）广东珠海某小区案例

场地概述、过程描述

该小区内部有一个宽 50m，落差达 20m 的叠水瀑布，水源引自天然的凤凰山泉水，是珠海首个自然山泉水瀑布。此外小区内部还有一个露天游泳池和两个条状景观水面和一个喷泉。水循环过程属场地尺度的水循环，但由于其所处特殊地理位置（临海），又属于海陆循环。具体包括人工水面（喷泉、室外游泳池、景观水面等）和海湾蒸发、动植物蒸腾、降水、下渗、人工径流、汇流以及水汽输送等形式（图1.2.2）。

图 1.2.2　小区水循环过程

问题诊断

对于什么是一个健康的水循环，似乎很难准确定义，但至少在自然水循环方面应当是完整而活跃的，在社会水循环方面应当尽量减少对自然水循环系统的干扰与破坏。对于一个住宅小区来说，建设时应尽可能地保护及合理利用地形地貌、树林植被、水源等自然条件；应采用有效措施进行水土保持；池水、流水、跌水、喷水和涌水等景观水应尽可能循环使用。从上述目标出发，该小区水循环可能存在以下问题：

- 地下水循环不活跃。目前水循环主要靠地上方式进行，地面与地下交接过程大部分被阻碍或截断，导致下渗、地下径流等的缺乏。主要表现在：

■ 大部分地面为不透水材料，影响水的下渗，切断了雨水壤中流和地下径流的途径。由于珠海多雨，所以部分路面由于施工坡度设计不合理，导致雨水在路面聚集，影响使用；

■ 景观水体采用硬质池岸和池底，而近在咫尺的绿化和植被却用市政水进行灌溉，原本自然的渗透过程被人工的水泥结构阻隔，导致自然生态系统被破坏。

- 社会水循环线性单向，基本为取水—输水—用水—排水的模式，所有生活和大部分景观用水主要来自市政自来水（仅部分景观水来自附近的天然泉水），而排放途径是小区污水排放系统，水在小区内部没有形成充足的循环，对水资源利用不合理，浪费严重。

- 露天游泳池采用直流过滤净化给水系统，而排出的水直接进入污水收集系统，每天需水量惊人，利用率低下。

- 景观水体直接暴露在阳光下，加上空气中的灰尘、杂物及水体不自流等问题的影响，在夏季容易产生富营养化，造成水质变坏，影响景观。

- 叠水瀑布引自天然凤凰山泉水，水级别高，水质好，但并不与居住人群直接接触，造成浪费，长期如此将会加重周边更大范围的自然水循环和水资源问题。

对策讨论

针对上述问题探讨恢复健康水循环的对策，包括节约用水、修复自然水循环、污水处理和利用、面源污染控制、水资源系统管理等。

- 节约用水，是构建健康水循环，使自然与社会水循环和谐共生的基本方针和手段。本案例地处南方，天气潮湿多雨，大面积景观用水应该还可承受，但使用天然凤凰山泉水和饮用水级别的市政水作为景观用水有些奢侈。小区为了吸引顾客，使用直流过滤净化给水系统的游泳池，则更是浪费。建议喷泉可使用循环水，游泳池可以使用间歇式净化给水系统。

- 修复雨水的自然水循环。可采取以下措施：将不透水路面改成透水性生态铺装，增加土壤面积，使地面具有良好的透水、透气性能，恢复自然下渗、地下径流等水循环途径；将景观水体的硬质池岸部分改为自然池岸，使附近的绿化植被可以通过地下和地表径流补给一部分水分，既可增加水循环，又可以节约用水。

- 再生水利用与雨水排水系统相结合。收集雨水，屋顶雨水管直接排到绿地进行灌溉，将景观和一般生活污水处理后再利用，成为非饮用水资源；居民生活用水中不需要达到饮用水级别的，可以用二级以上的再生水替代。

- 增加场地雨水调节能力。考虑到暴雨因子及其时空分配的变化趋势，分析各项水保措施对区域水循环产生的影响，将景观水系统和雨水调蓄系统相结合，增加场地的雨水调节能力。对于本案潮湿多雨的气候条件，一个可靠而生态的雨水调蓄系统将很有帮助。

- 投放生物菌，加强水循环强度，对水质进行维护。通过人工结合自然的方法防治景观水景富营养化，保持水体健康。

- 建立水资源系统管理。循序用水，对水资源进行分级分类利用，实现小区有序、高效的水循环，达到净化水质，节约用水，保持稳定目的。

综上所述，一个健康的生态环境和水循环，不仅仅是依靠临海、有山泉水景、有大片的景观水面就能保证的，节约用水和减少人工设施对水循环的干扰和破坏才是根本。

2）山东某县城北郊场地案例

场地概述

该场地位于山东省西南部黄河故道地区的城郊工业与生活区。随着交通改善及廉价土地与劳动力，新建化工厂生产环烯酮等制品，会对周边水文条件产生很大影响。工厂与旁边村庄有农田和道路相隔，伴随着农村生产生活方式的改变也出现了一些水环境问题。另外鲁西南地区降水量较少，一般为600～800mm；因雨季较为集中，常出现干旱和洪涝灾害，又因所处黄河下游、黄河故道地区，有防洪之需。

过程描述

场地内的二元水循环包括：

自然水循环系统：自然降水—地表径流（渗透）—人工渠（渗透）—黄河支流（地下径流）—黄河（地下汇流），以及黄河每年的洪泛过程及洪灾威胁。

社会水循环系统：包括两条：一是工厂的水循环，深层地下取水—生产用水—废水处理—废水排放；二是农村的水循环，又分为两类：① 生产用水循环：黄河取水（地上渠）—农田灌溉—渗透（地表径流）—地下渠排放；② 生活用水循环：地下取水—生活用水（雨水）—地表径流（渗透）—村域河流池塘—地下渠排放。

以上几个水循环系统相互交错、制约，共同构成了场地水文基本条件。

问题诊断

● 自然水循环的最大问题是该区域黄河属于地上河，每年洪灾十分严重，防止黄河大堤决口成为这里每年汛期的主要工作，也被如何更好地解决这一问题困扰已久。另外由于黄河水含沙量极大，导致人工沟渠泥沙沉淤现象严重。

● 社会水循环中的主要问题

工厂污水经过简易处理直接排放至厂外东侧道路排水沟，并直接进入人工渠，此外有大量污水经过厂内水坑进入地下，污染地下水。据东部村民反映，建厂一年多来，目前村里浅层地下水已经出现异味，可见已遭到污染。

● 农业生产用水循环的问题［图 1.2.3（1）］

一方面农药的大量使用导致土壤污染增多，同时农田灌溉多采用漫灌方式（开闸放水，让水集中大量流向土地，并淹没庄稼的灌溉方式），水浪费十分严重（据统计，鲁西南农业灌溉用水占总用水量 60% 以上），同时溶解土壤有毒物质造成再次污染。

● 农村生活用水循环的问题［图 1.2.3（2）］

硬质地面增多减少了水渗透，增加了地表径流，增加了雨洪期河道压力，但这一方面目前表现还不十分明显；塑料用品的增多及沿河道堆放加重了生活垃圾对地表水的污染。

图 1.2.3　（1）农业生产用水循环问题；（2）农村生活用水循环的问题（图片拍摄：崔庆伟）

对策讨论

- 在化工厂南侧现有两个砖窑厂挖出的水坑，夏季种满荷花，可以对其进行改造，利用生物手段净化水体。针对化工厂污水，首先要求厂方严格进行污水深度处理，达到一般排放标准后再经过南侧生态雨水塘的生物净化，最终达到安全排放标准后再通过路沟排入地下渠。

- 农田管理鼓励使用绿色有机肥，减少化肥使用，控制农药的使用；此外，农田灌溉应逐渐以喷灌系统取代漫灌方式，减少对灌溉用水的需求。

- 逐渐建立完善的农村污水和垃圾处理系统，减少垃圾对水体的污染。

- 结合河流湖泊建立良好的生态环境，保证河流水质的同时为村民提供娱乐休闲空间。

- 加强沿河道植被种植，防止两岸水土流失，及时进行黄河渠道清淤工作。

以上对策是否切实可行，皆需进一步论证。长期以来，人们关注着城市生态问题，而忽略了广大农村，尤其靠近城市的农村地区面临着或多或少的生态问题，如何防止众多农村河道被垃圾堆满、池塘变成臭水坑，是应当关注的。另外提出以下两个问题：

- 黄河大堤的利弊讨论：在古时有大禹疏导治水之法，而在今天人口高度密集的情况下，利用大堤拦住黄河，久而久之黄河河床越来越高，大堤越来越险，抗洪抢险成为每年主题。然而没了大堤则会造成一片汪洋，孰是孰非，何去何从？

● 化工厂的功过讨论：对经济增速的渴望，对就业的极度需求，选择将农田置换成工厂，于是曾经的林荫道蒙上灰尘，过往的人屏住呼吸，周围村民没有了清凉的井水。经济与环境、社会与生态，书本知识在这里如何具体解围？

3）北京首钢二通场地案例

场地概述

首都钢铁公司第二通用机械厂（简称"首钢二通"）位于北京市丰台区，属首钢集团，位于首钢工业园区东南部，1997年停产。附近有永定河从西北向东南流过。厂区周围存在很多城市小区和城中村，另有许多小型村镇企业。

过程描述

包括蒸发/蒸腾、降水、下渗、径流、汇流/回流、水汽输送等自然水循环过程，但由于人类生产、生活活动产生城市社会水循环，包括供水-用水-排水系统，处于市政供水范畴，具体包括了自来水、中水和地下水三种形式。

问题诊断

厂区水循环的问题主要有：（1）大比例的硬化地面导致渗水性差，车辆运输压实土壤影响雨水下渗，雨天出现不同程度积水现象；厂区整体西北高东南低，积水主要位于厂区东南部；（2）污染土壤和垃圾带来的水体污染，厂区生产过程中产生的工业污染物残留于土壤之中，部分固体废弃物垃圾致使雨水汇流过程中被污染，随着水体流动又有新的土壤受到污染，造成更广泛的污染扩散 [图1.2.4（1），图1.2.4（2）]。

对策与讨论

下垫面渗透性不强的问题在城市中很常见，除了要加强可渗透土壤的面积以外，最重要的是要完善市政排水系统，在地形低洼处设置排水井，将积水排出。

厂区污染较难解决，固体生活垃圾可以及时清理，避免长时间堆积。而土壤的工业污染残留则很难解决，并且随着径流汇流不断有新的土壤被污染，从而形成了水和土壤污染的恶性循环，更严重的是污染进入整体水循环系统中，会带来更深远的影响。由于土壤污染范围广，该问题的解决将需要较长的过程，包括污染土壤检测和隔离防渗处理，污染水体的化学、物理、生物净化等。

图 1.2.4　（1）首钢二通厂区积水及排水不畅现象；（2）首钢二通厂区地表径流带来的污染现象（图片拍摄：王应临）

4）清华大学校园荷塘月色区域水循环分析

场地概述与过程描述

清华大学大礼堂西侧的荷塘月色区域以池塘水体为中心，周边有园林地形、建筑与植被。场地水循环包括降水、径流、地下水等，其中降水量与气候有关，地表径流主要来自降水。池底未硬化，与地下水间联系良好。但荷塘与流经清华大学校园的万泉河间的联系被切断，水体连通性、流动性差（图 1.2.5）。

问题诊断

池塘的东面和南面是硬质铺装，西面和北面是自然土壤形成的土丘，硬质铺装导致路面地表径流增加，未经自然土壤的过滤净化直接流入池塘，影响水质。全部护岸已经硬化，采用了水泥堤岸。古建筑平台采用浆砌条石垂直断面，只考虑排水功能，忽略了水体生态功能。北京地区水分蒸发速度快，而场地池塘中的补水管道堵塞，导致缺少水交换，淤积较为严重。

图 1.2.5 荷塘月色区域水循环分析（图片拍摄：梁琼）

对策讨论

- 应将场地看作整体万泉河水系统的重要组成，建议通过恢复旧河道，疏通池塘，将破碎的水网重新联系。

- 应减少周边不透水硬化表面，利用地形起伏对雨水自然调蓄，少建或不建雨水管道；对地表径流进行统一处理，再排放至池塘，避免造成水体污染。

- 进行场地雨水收集，沉淀、过滤之后汇入池塘，以调节水位，保证旱涝两季水的有效利用。

- 池岸作为水陆交界带，建议逐步恢复其自然形态，用植被护岸，种植柳树、芦苇、菖蒲等喜水植物，利用发达根系稳固堤岸，形成水生植物群落，形成植被缓冲带截留泥沙，减少水土流失，减少富营养化风险，保护水质，提高水域自净功能。
- 建立蛙类等动物繁殖栖息的人工巢穴。

以上作业使风景园林专业学生对水循环分析在场地设计中的重要性及开展雨洪管理的必要性的认识进一步得到加深。当时雨洪管理对刚入门的风景园林专业学生乃至许多职业风景园林师而言都是相对陌生的内容。国内风景园林专业教学中对水文分析的探讨还较少，可用于教学的参考案例及成熟理论与技术更少。因此 2008 年《景观水文》课程教学在场地水文分析方面的尝试具有重要意义。但当时仍为定性分析，缺乏定量分析与计算，解决方案的探讨深度还不足。这也为后来的教学提出了目标与要求。

2. 2009～2010 年：场地雨洪管理定量计算与概念性设计

2009 年秋季学期《景观水文》的雨洪管理教学中，开始带领学生对清华大学校园、海淀公园等进行实地考察，指导学生以小组为单位针对校内场地发现雨洪问题，形成切身认识，并提出因地制宜的解决策略，包括基于地形竖向划分汇水区，采用容积法完成水文计算，并合理选择雨洪管理设施，完成概念性景观设计方案。2009 年课程设计地段共有三处：（1）校园西北门南侧路段及理科楼下沉绿地；（2）工字厅南侧绿地及近春园、水木清华园林区；（3）清华路与学堂路交叉口西南侧绿地。2010 年的课程设计增加了清华大学图书馆停车场。具体研究与设计内容可见第 2 章 2.1 节。另外自 2009 年 9 月起，任课教师带领团队开始进行清华大学胜因院改造工程研究设计，一直到 2012 年底完成工程施工。在该项目的研究与施工过程中，积累的一手数据和经验也实现了对教学的反哺。具体成果详见第 4 章。

图 1.2.6 《景观水文》课程校园考察及汇报：（1）调研清华雨水收集利用工程（2012年）；（2）课程参观校园中水站（2012年）；（3）各小组讲解调研与设计思路（2012年）；（4）《景观水文》课程汇报（2012年）；（5）介绍校园中水站景观设施（2013年）；（6）、（7）参观校河水利工程（2013年）；（8）参观校园园林水体（2013年）；（9）《景观水文》课程汇报（2016年）（图片拍摄：刘海龙）

3. 2012～2014 年：从单个场地雨洪管理拓展到校园水系整体研究

2010 年 12 月～2011 年 12 月，任课教师赴哈佛大学访学，接触了国际一流设计学院的应用自然科学课程，包括理查德·福尔曼教授的景观生态学、城市生态学及哈佛森林（Harvard Forest）的科本·贝茜（Colburn Betsy）博士的《Water, Aquatic Ecology and Land-Water Linkage》等课程，也在美国考察了多处雨洪管理与低影响开发项目。访学归国后对《景观水文》课程的发展及研究有新的思考——通过校园雨洪管理课程教学与落地研究实践的深度融合来实现理论与实际的联系。具体内容详见第 5、第 6 章。

相对之前而言，2012 年《景观水文》课程培养目标更为清晰：（1）课上讲授水文学知识及雨洪管理技术体系要点，使学生建立整体性知识框架，包括从场地水循环分析、竖向划分汇水区，到更科学的产汇流分析、下垫面综合径流系数计算，再到土壤下渗能力分析与测试，基于容积法计算场地需留出的满足一定设计标准的雨水调蓄容积，并选择合适的调蓄设施；（2）与理论课并行的是校园雨洪管理考察与研究性设计，重在能力训练，使对知识的理解更为深刻，包括基于对现实场地的分析，将场地中的景观要素与雨洪管理技术体系整合起来，使雨洪管理融入场地景观设计过程（图 1.2.6）。当时虽然尚未使用模型对水文过程及产汇流进行精细化的模拟，但教学中已指导学生通过场地水文分析与计算获得支撑设计所需的数据，结合校内雨水花园建成案例考察获得具体直观印象。此阶段教学中的探索也推广至对行业实践的思考：雨洪管理与风景园林设计在实际中应该也能够充分整合，通过在项目前、中、后不同阶段合作，使雨洪管理相关内容纳入景观设计全流程，做到场地景观功能与形式的兼容，不仅发挥雨洪管理的功能性作用，也可以成为场地景观的有机组成部分，成为颇具观赏价值的景观元素。

2013年春季学期的《景观水文》教学开始从单个场地拓展到对清华大学校园水系的整体研究。这是因为万泉河曾经是清华大学校园、三山五园体系乃至海淀地区的重要水源，目前也是校园内的校河段部分排水管网的出口，对校园防洪排涝起着至关重要的作用，而雨洪管理研究需要从场地源头进入到完整汇水区的系统研究。同学期的研究生设计课《区域景观规划》（*Regional Landscape Planning Studio*）课程选择"福州江北城区水系景观规划研究"为题，也从《景观水文》理论教学得到了支撑，另一方面设计课的实际问题也使理论课学习更有针对性，体现了清华大学景观学系建系时提出的"以Studio为核心板块，其他板块围绕Studio教学进行"的初衷。

2014年的《景观水文》课上讲授河流的纵－横－垂－时间的四维过程，指导学生阅读并翻译了《美国野生与风景河流法》（*Wild and Scenic Rivers Act*），布置的课程作业为"河流四维过程与景观规划设计"，要求从四维过程研究河道水文情势、重要参数、水力计算、水工设施等，进一步分析上述因素对河道演变及河道景观规划设计的影响。同学期《区域景观规划》选题为"北京历史水系规划与研究"，同样也得到了《景观水文》课的理论与方法支撑。以2014年studio课程成果为基础的《水脉·城脉·文脉：北京历史水系规划与研究》已由中国建筑工业出版社于2019年底出版。

2014年的《景观水文》课上还讲授了"中国古代园林与区域水利研究"的专题，课后作业要求以园林史、水利史、城市史及农业史、灾害史为依据，按断代史方式，以案例研究、文献考据为手段，在园林与水利两条线索之间互相联系与印证，从中国古代园林理水与区域及城市水利建设的关系（如供水、排水、工程调控、维护及管理等）入手来研古观今。2017～2019年，基于课程成果进行了系统的后续研究，形成《中国古代园林水利》一书，已由中国建筑工业出版社于2019年出版。

4. 2015～2016年：国家战略背景下的雨洪管理国际化与多专业联合教学

2014年10月，住房和城乡建设部发布了《海绵城市建设技术指南——低影响开发雨水系统构建（试行）》，使解决城市内涝问题、开展城市雨洪管理成为国家战略和行业共识，也推动了全国范围内的海绵城市建设热潮。

　　基于清华大学多学科优势与积累，2015 年 5 月由清华大学建筑学院景观学系承办了"2015 年城市雨洪管理与景观水文国际研讨会"。[①] 研讨会前组织了"海绵校园"设计营，其参与成员主体为 2015 年春季学期的建筑学院《景观水文》课程（80000741-0）与环境学院"城市降雨径流管理：理论与实践"课程（80050161）的选课学生。[②] 这两门课的教学互相开放，不同专业学生组成联合小组完成作业，包括建筑学院的风景园林与城市规划专业、环境学院的环境规划与环境工程专业及水利水电工程系的水利水电工程专业研究生。除此之外，参与设计营的成员还包括报名参会的北京林业大学、福建农林大学等校研究生及中国城市规划设计研究院的年轻设计师。设计营除了两门课的任课教师进行指导外，还得到了部分参会国际嘉宾的指导（详见第 5 章，图 1.2.7）。[③] 总体而言，2015 年的《景观水文》课程，从一门满足本系应用自然科学教学需要的专业理论课，拓展到与海绵城市国家战略相结合、结合校园研究与实践[④]的国际化与多专业联合教学活动，具有了一定的社会影响力。此次教学中已有对水文模型支持下的雨洪管理景观设计的积极尝试，基于课程成果也发表了教学研究论文[⑤⑥]，体现课程教学与研究深度的较大提升。详见第 2 章 2.6 节。

---

① 此次研讨会由全国高等学校风景园林学科专业指导委员会、中国风景园林学会理论与历史专业委员会主办，得到北京清华同衡规划设计研究院有限公司风景园林中心、清华大学环境学院城市径流控制与河流修复研究中心、清华大学水利水电工程系水资源研究所的支持。会议共设立了 5 个征稿及研讨主题：（1）雨洪管理与人居环境历史研究；（2）湖泊与水系生态环境保护；（3）城市水科学与雨洪管理研究；（4）雨洪管理型城市、建筑与景观规划设计研究；（5）雨洪管理的标准与实施。会后出版了论文集《国际城市雨洪管理与景观水文学术前沿——多维解读与解决策略》。

② 该课程由清华大学环境学院贾海峰教授和美国弗吉尼亚大学土木工程学院环境工程系余啸雷教授联合开设。

③ 如美国温克事务所（Wenk Associate）主席、科罗拉多大学兼职教授比尔·温克（Bill Wenk）、美国知名环境企业何瑞然咨询公司（Herrera）首席科学家约翰·兰斯（John Lenth）、摩尔福斯特环境工程咨询有限公司（Maul Foster Alongi）总工程师泰德·沃尔（Ted Wall）等。

④ 自 2012 年胜因院建成之后，2014 年、2016 年又分别建成清华大学校园雨洪管理示范实践项目——建筑馆庭院与明德路。

⑤ 刘一瑶，郭国文，孟真，刘海龙. 基于低影响开发的清华学堂路雨洪管理与景观设计研究. 风景园林，2016，3：14-20.

⑥ 毛旭辉，许鲁萍，刘哲，刘海龙，贾海峰. 基于 LID-BMPs 的历史文化区降雨径流管理方案及模拟评估. 环境工程，2020，38（4）：158-163.

图 1.2.7　"海绵校园"
设计营（图片拍摄：刘
海龙）

5. 2017~2019 年：基于景观绩效评估的雨洪管理知识理解与能力培养

2017 年《景观水文》课程教学的新内容之一是景观绩效（Landscape Performance）的引入。作为美国风景园林基金会（LAF）及美国风景园林师协会（ASLA）、景观教育理事会（CELA）等机构的重要课题与研究领域，景观绩效指"景观方案在实现其预设目标的同时满足可持续性方面的效率的度量"，包括了环境、社会和经济效益方面的评估。与之相关的是使用后评估（Post Occupancy Evaluation，POE）研究，是一种从使用者角度出发，利用系统、严格的方法对于建成后并使用过一段时间的设施（户外空间）进行评价的过程。

2017 年的《景观水文》课程在理论讲授的基础上，指导学生从使用者的角度对清华大学校园已完成的雨洪管理景观实践项目进行评估。开展这一教学研究的原因，是之前的理论学习及课程设计，虽然已经能够实现从方法学习与案例分析拓展到定量分析与计算，并完成概念性方案设计，但许多课程设计多是对范例的功能－形式的模仿，对雨水花园、生物滞留池、下凹式绿地的雨水调蓄净化作用及其处理周边径流的实际能力与效果缺乏深入理解，同时因缺乏动手建造和后期维护环节，对雨洪管理设施的建造、施工技术与材料细节了解还不够。因此通过对胜因院和建筑馆庭院开展雨水径流量、水质的检测及人群使用满意度等评估，从之前仅停留在前期分析与设计阶段的能力培养，转向对雨洪管理目标实现及是否满足人的需求等方面绩效评估能力的培养。某种意义上，这些问题也是教师在教学中希望弄清楚的，可以说这推动实现了"教与学"共同体的建立。详见第 4、5 章。

2017 年《景观水文》课程对之前实施的校园雨洪管理项目开展景观绩效研究，结合观察、记录、问卷访问、访谈等方法，对获得信息进行数据化整理，最后得到使用状况评价分析报告。这些研究内容在 2018 年、2019 年《景观水文》课程持续推进，并成功申请到"清华大学研究生教育教学改革项目"的经费支持，题目为"面向学科交叉整合的《景观水文》课程建设"，其目的是将之前单纯的理论学习与课程设计进一步拓展，加强课程对实验分析、模型模拟、水质水量监测与绩效评估环节的知识理解与能力培养，训练循证设计思维。基于教改项目的支持，2018 年的《景观水文》课程教学与作业加入了水文模型（SWMM）应用的内容，利用模型来确定校园场地的雨水调蓄目标值，选择绿色基础设施，形成合理设计方案；2019 年《景观水文》课程开展了基于水质分析的海绵校园实验教学和《校园再生水景观水质取样分析》探索，组织了清华大学现状屋顶花园调研，开展了清华大学建筑学院绿色屋顶研究与设计。成果参看第 3 章。

校园是城市环境中一类较为特殊的区域。相对而言，校园一般开放空间比例高、绿地规模大，但也存在着人群构成及活动规律性强、人员密集、瞬时高峰人流大等特点。因此校园既是城市重要的绿色生态斑块，也承担着重要的文化教育职能，是社会的教育、研究与创新基地。因此校园所存在的与城市类似的相关环境问题，不应仅仅被视作一个需要解决的问题，实际也创造了开展教育与研究的机会。海绵校园通过使在校各人群关注雨洪环境问题，基于其教育与科研优势平台进行探索，可以实现绿色教育和绿色引领等更大的社会文化效益。

清华大学校园近二三十年是其建设在历史上发展变化最快的阶段。校园面积逐步扩大、建设量逐渐增长，校园密度愈发加大。通过分析评价可以发现：校园内存在多处积水点（图2.0.1）；相当比例的校园缺乏雨水管网；整体下垫面硬质比例偏高；绿地分布不均衡等；部分绿地养护成本高、耗水量大，水系补水不足，水体流动性差，存在雨洪内涝及面源污染等问题。这与师生们在校园中的一些实际感受也是相符的。

图 2.0.1　清华大学校内积水问题（图片拍摄：刘海龙）

清华大学《景观水文》课程自2009年以来，每年指导学生选择校园地段，通过"教学—研究—设计"的模式，探讨校园雨洪管理与低影响开发措施的应用可能性。学生基于课堂上讲授的场地水循环、竖向分析与汇水区划分、产汇流分析、下垫面分析与综合径流系数计算及土壤下渗能力测试、场地雨水调蓄容积计算等知识点，针对真实地段进行课程设计。涉及校园各类功能区，包括教学区、办公区、宿舍区、住宅区、绿地、道路、停车场等，探讨实现场地雨洪管理、雨水资源化利用和景观营造等目标的途径。这些地段区位与功能不同，环境条件也各异，其雨洪问题也不尽相同（表 2.0.1，图 2.0.2）。有的场地历史上遭遇过严重的积水、内涝问题，被列为雨洪管理优先区域，必须基于"问题导向"来优先考虑排水防涝减灾的需要。有的场地实地调研中发现灾情未必严重，而其功能、交通、景观风貌等方面问题与积水问题叠加，反而更为棘手。这反映出不同场地的雨洪管理问题的表现及程度有所不同。《景观水文》课程开展校园雨洪管理教学研究，强调在真实环境下分析雨水问题及与其他问题的复杂交织关系，识别雨洪管理与其他设计目标的关联性，探索排水防涝、雨水利用、景观营造的综合解决策略。虽然课程研究与设计成果距离实际工程要求还有一定距离，但通过这一训练过程，可以直观了解城市雨洪问题的真实性及相应设计与工程技术方面的解决途径。本章从 2009～2019 年的《景观水文》课程教学案例中选择若干代表性成果予以介绍。

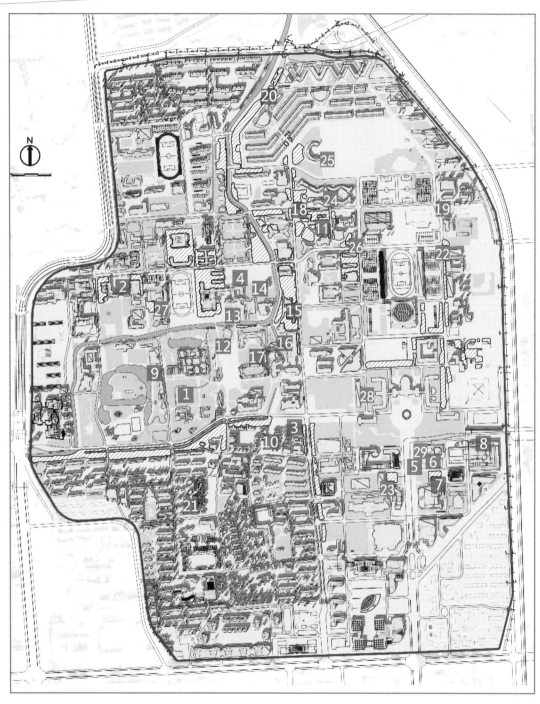

1	工字厅与甲所之间绿地	11	紫荆宿舍区	21	大礼堂周边区域
2	西北门及理科楼群下沉庭院	12	大礼堂西侧广场	22	明德路（世纪林段）
3	清华路与学堂路交叉口东南角绿地	13	清华图书馆庭院	23	公管学院前空间
4	清华大学图书馆停车场	14	北院绿地区	24	31~37号宿舍
5	主楼前广场、草坪	15	校广播台西南场地	25	C楼
6	建筑学院庭院	16	校河与小校河交汇处	26	新民路与至善路交叉口及周边
7	建筑学院南侧公共绿地与停车场	17	新水利馆庭院	27	五十年球场西侧空间
8	美术学院入口区	18	学堂路	28	西主楼西侧绿地
9	近春园园林区及停车场	19	明德路	29	建筑馆屋顶
10	一区平房区	20	紫荆公寓片区、万泉河滨河空间		

图 2.0.2 历年《景观水文》课程研究场地分布（2009~2019 年）

表 2.0.1 清华大学校园景观水文研究场地

年份(年)	序号	场地	空间与功能特征	雨洪与景观问题	雨洪管理思路
2009	1	工字厅与甲所之间绿地	皇家园林遗址，绿地面积大，植被状况较好，环境清幽静谧	绿地浇灌水来自景观水系，但雨污混杂，未经处理直接汇入景观水体	保护原有历史氛围。规划两套系统：（1）整个区域雨水收集系统和净化系统；（2）针对荷花塘水体的管理系统
	2	西北门及理科楼群下沉庭院	三面围合，观赏性下沉庭院，户外下沉绿地空间	绿地种植较单一，人气不旺	按屋顶划分集水区；产、汇流分析与径流总量计算；透水铺装改造；过量径流导入下沉空间浅草沟与雨水处理地表湿地，自然下渗
	3	清华路与学堂路交叉口东南角绿地	校园主干道路旁绿地，东高西低	周边地表径流量大；尤其南侧一区平房无排水设施，雨水无组织漫流	设计四类处理方法：收集、回灌地下、增加下渗、利用绿地（下凹绿地或地表湿地）处理雨水
2010	4	清华大学图书馆停车场	硬质化停车场，南高北低，环境品质一般，现已建图书馆新馆	混凝土砌块铺装，排水组织混乱，易积水，植物种植杂乱	利用竖向分为两个汇水区，分别处理雨水，通过下凹绿地、雨水花园直接渗入地下，过量部分排入市政雨水管
2012	5	主楼前广场、草坪	大型仪式空间、轴线型绿地，高维护、生态效益低	草地周边硬质铺装大；大片观赏性草坪，耗水高；雨水直排入雨箅子，无处理	周边建筑设高位花坛，通过暗管导流屋顶过量雨水；草坪整体下沉，两侧设浅草沟和微型雨水花园，过滤道路雨水；结合设计停留空间，兼具观赏性、生态性
	6	建筑学院庭院	狭窄建筑内院空间，承担交通、模型制作等多种功能	周围建筑雨水管集中，雨水量大，存在积水现象	采用层层汇集方式对屋顶、中庭、下沉空间雨水进行收集；设计雨水管使雨水收集过程可视，具有教育目的；建地下储水池，雨水利用
	7	建筑学院南侧公共绿地与停车场	建筑组群间公共绿地，观赏性为主，植物简单	屋顶雨水无组织排放；有积水；部分绿地冲蚀、杂物淤积	针对屋顶落水、停车场汇水、道路汇水、绿地汇水四种水体，雨洪管理设施主要有雨水花园、蓄排水草沟、蓄排水池三种方式
	8	美术学院入口区	大型公共建筑外部空间，面积巨大，功能单一	场地积水、水土流失及建筑基础侵蚀	构建由绿色屋顶、高位植坛、下凹绿地、雨水花园组成的链式雨水处理系统；雨洪管理设施与建筑及景观氛围协调，注重艺术效果
	9	近春园园林区及近旁停车场	古典园林水体、驳岸及近旁停车场硬质空间	建筑屋顶雨水无组织排放；道路、停车场雨水直排水体致面源污染；水循环不畅；山体水土流失	按汇水区分区设计；建筑屋面雨水由外侧现有花池改造的雨水花园过滤、下渗，其余由暗管排入生态过滤沟；停车场雨水经生态过滤沟处理后补给园林水体；部分园林山体雨水由雨水洼地下渗、收集，导入湖边梯级生态过滤沟，补给园林水体

续表

年份（年）	序号	场地	空间与功能特征	雨洪与景观问题	雨洪管理思路
2012	10	一区平房区	中华人民共和国成立初期所建平房住宅，设施老旧，私搭乱建，密度大	市政雨水管网极少且被堵；积水严重；住户内墙皮因潮湿而剥落	对狭小、分散地块进行重新整合，见缝插针式布局设置雨水花园、渗透浅沟、可渗透路面等，在保证功能前提下形成整体社区绿地景观系统
	11	紫荆宿舍区	学生宿舍区，户外空间单调	雨水经雨水管直接落地，无处理，景观单一、绿化简单	设计景观化雨水管，雨水降落后，组织进入绿地，增加下渗，丰富植物层次
2013	12	大礼堂西侧广场	重要历史建筑，校园标志，公共参观焦点	硬质铺装大；明沟直排校河；绿地比铺装、道路高，存在积水	绿地边缘立道牙改为平道牙，降低绿地高程；增加植被覆盖，减少裸露黄土；设计下凹式绿地（预埋渗水管）；采用浅层蓄渗技术；考虑雨水收集、利用
	13	清华大学图书馆庭院	近代建筑庭院，场地平坦、设计精细	排水较有组织，由内向外排入校河，但铺装面积较大	在临近硬质场地的绿地中改造竖向，设计下凹绿地与雨水花园，接纳附近地表径流，挖方用于微地形改造，场地土方平衡
	14	北院绿地区	校内最受欢迎的公共绿地空间	场地产流未经组织；雨水下渗率低，形成水洼	梳理竖向，划分汇水区；设计雨水花园、下凹绿地、植草浅沟，使场地内部产流渗入地下
	15	校广播台西南场地	道路交汇处，有潜力的景观节点	道路纵坡变化大，雨水无组织排放，局部积水	设计下凹绿地、雨水花园；校河边绿地改造为阶梯，中间设净化雨水花园；承接建筑及道路汇水，净化、消能，减少直排径流
	16	校河与小校河交汇处	城市典型硬化河道，该段因闸控形成盲肠河道	地表径流直排致面源污染；水量不足，流速慢，自净效果差	降低道路及场地周边绿地；设置雨水花园，减缓地表径流速度，增加下渗并净化；增加滨河植物复合群落，净化地表径流，改善校河水质
	17	新水利馆庭院	典型三面建筑围合院落，规整对称布局	区域集水分区明显，径流量大	利用坡屋顶，采用虹吸式雨水收集系统，确定收集点位，设计雨水链，设计一、二级雨水池，最终汇于庭院中心镜面水池
2015	18	学堂路	校园学生通勤干道，公共教室核心区	建筑密度大，且竖向变化大，两侧绿地面积小，大多为高位绿化，排水不畅，积水严重	利用 SWMM 模型，模拟潜在积水点及淹没水深，根据场地分区，设计雨水链景观，发挥渗透设施、传输设施、收集设施等作用
	19	明德路	校园南北机动交通干道	道路纵坡变化大，周边多为高位绿化，部分段落有积水，部分时段机动交通量大	划分汇水区，分段分别采取措施；大块低位绿地，结合活动需求建设雨水调节塘；道路一侧设计下凹植草沟

续表

年份(年)	序号	场地	空间与功能特征	雨洪与景观问题	雨洪管理思路
2015	20	紫荆公寓片区、万泉河滨河空间	校园宿舍区，含组团绿化、滨河绿化等	建筑密度大，雨水直接进入排水管网，临近校河为硬质驳岸	分区进行雨水链设计；通过汇水分区划分达到分区间雨水控制和分区内雨水控制；最后对径流总量控制进行定量计算
2016	21	大礼堂周边区域	清华大学早期的"四大建筑"，古典、庄重，具有对称仪式感和历史纪念性	建筑四周雨水管直排到场地内，而广场、道路为花岗石铺装、混凝土等，导致部分场地积水	建立 SUSTAIN 模型，划分为 4 个汇水单元，在保证整体景观风貌的基础上，策略包括下垫面改造，设计透水铺装；尊重整体绿地草坡形式，设计复层草沟，对雨水径流进行缓滞和蓄存
2017	22	明德路（世纪林段）	地形复杂，雨洪管理设施类型丰富，汇水模式具有研究价值	世纪林段车流量大，道路径流污染及积水等问题	利用 SWMM 模型模拟径流量，划分为 8 个子汇水分区，增加透水铺装、植草沟、台地种植池、绿色屋面等
	23	公管学院前空间	建筑前部空间被一片绿地与树荫浓密的悬铃木遮盖，以至于建筑采光日照及活动空间均比较荫蔽	现状为道路组织排水，直排市政管网，与绿地无关系，现状汇水分区大小和分布不均匀，难以对雨水进行有效的组织利用，存在积水点	目标是控制日降雨量 50mm 以内的雨水，年径流总量控制率约为 93%，重现期约为 2 年；用容积法计算场地可调蓄雨水径流总量；策略包括调整汇水分区，改造排水方向，设置生物滞留设施、渗井、湿塘、渗透塘等
	24	31～37号宿舍	学生公寓用地，宿舍楼围绕着公共绿地；场地地形东高西低；需考虑自行车停放问题	道路和硬质铺装低洼处易积水，立缘石隔断雨水向绿地流动，内部雨水外流冲刷泥土并外溢至机动车道	采取传输技术：干式植草沟和砾石沟；渗透技术：渗透性铺装、下沉绿地、生物滞留设施
	25	C 楼	校园服务和活动中心，具有非常丰富的人群活动内容	建筑周边设置排水管，场地依靠边沟排水，与地形配合差，绿地没有考虑排水，活动广场有部分积水	从两方面考虑：水文方面，控制径流峰值，有组织排水；活动方面，开展雨水花园教育，增加活动场地；具体设置绿色屋顶、垂直绿化
2018	26	新民路与至善路交叉口及周边	容易积水的道路交叉口及周边学生宿舍绿地空间	道路交叉口积水严重；宿舍周边空间缺乏活力，未能得到充分利用	利用 SWMM 模型模拟潜在积水点及风险区域，选取道路、下沉绿地及宿舍活动广场三类空间设计雨洪管理空间原型，与减速带结合的道路截流沟颇具创意

续表

年份（年）	序号	场地	空间与功能特征	雨洪与景观问题	雨洪管理思路
2018	27	五十年球场西侧空间	空间和绿化面积极为有限的体育场空间，篮球场、排球场及入口广场	篮球场边缘的种植池收边及道牙严重阻隔排水，导致球场内部排水不畅；场地内硬化程度高，现有绿地面积占比较小且分散，消纳雨水能力低；部分种植池的土壤压实程度过高	利用 SWMM 模型模拟潜在积水点及淹没水深，根据运动场的分区，源头增加可下渗绿地，打通雨水传输路径，增设末端收集装置
	28	西主楼西侧绿地	场地常放置断路器实验设备；绿地面积大，对水的吸纳能力强；绿地较为集中，便于整合处理	空间郁闭度高；缺乏活力；实验设备摆放缺乏设计；场地排水缺乏组织利用	利用 SWMM 模型优化场地排水结构，充分利用现有绿地，实现普通降雨下的雨水径流滞留渗透，超标雨水径流传输及受纳调蓄
2019	29	建筑馆屋顶	场地相对封闭；目前无法进入，拟设计为可上人绿色屋顶	现有空间未得到充分利用；缺乏活力	屋面雨水径流控制削减；在线监测雨水处理系统可视化；发挥现场教学与数据收集的作用；植物种植试验田、午餐、讨论、休憩等休闲空间

2.1　清华大学西北门至善路段及理科楼下沉绿地雨洪管理景观设计（2009 年）[①]

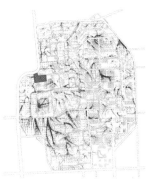

　　场地位于医学院、理科楼、化学系馆之间，同时临近校园西北门，与校外道路高差较大，人流与车流频繁。雨天存在道路排水不畅问题，易形成路面积水。理科楼下沉绿地与周边建筑与场地一体化设计，空间具有很强的场所感。同时竖向上集雨条件优越，但之前的设计并未从该角度考虑，周边建筑、铺装、道路地表径流的组织、收集和处理可以进一步优化。小组成员针对西北门附近的至善路、停车场、绿地及建筑物的地表和屋面径流进行产汇流分析和计算，研究通过集雨绿地、雨水湿地等手段解决地表径流排泄不畅、积水及污染问题，考虑收集附近建

[①] 本节展示的是 2008 级硕士研究生于洋、张隽成、杨希、彭飞的《景观水文》课程研究成果。

筑屋顶雨水实现雨洪资源利用目的，也探讨理科楼下沉绿地的雨洪管理功能与公共使用功能的改造与融合的可能性。

场地现状及积水问题

设计地段位于清华大学西北门附近，设计范围东西向约170m，南北向约120m，占地约16000m²，北临中关村北大街，南距清华大学校河160m，西邻医学院，东临清华大学西区操场，包括一个自行车停车场、理科教学楼、化学系及包含至善路、近春路在内的三条机动车道[图2.1.1（1），图2.1.1（2）]。经过多次调研发现，三条道路的交叉口和理科楼前广场与道路的交界处积水最为严重。理科楼北侧东西向干道地势低洼处容易汇集雨水[图2.1.1（3）]；理科楼群目前的建筑通过雨水管将雨水排放至附近草坪、散水和步道上，低洼处缺乏排水设施，容易积水[图2.1.1（4）]；至善路为侧向排水，雨水算子都在道路北侧，而道路为双向排水，导致路南侧排水不畅[图2.1.1（5）]；至善路北侧自行车停车场排水不畅，停车场与道路有将近2m的高差，雨水均排到至善路上，依靠道路来解决排水；西北门与道路交叉口有高差，至善路由东向西下坡，近春路从南向北下坡，造成西北门南侧雨天易积水[图2.1.1（6）]。同时理科楼群下沉广场下垫面以冷季草为主，日常较缺乏人气，希望通过兼顾雨洪管理与景观而对其进行完善，以提升其利用率。

1. 地形竖向分析[图2.1.2（1）]

最高点是场地南侧清华大学天文台所在的小山丘。天文台及理科楼建筑以南区域基本可以依靠地势将水排至校河。但设计范围内的道路标高高于场地，所以雨水会向场地中心汇聚。场地建筑基本位于同一高度，且高于道路，所以道路承担了很重要的汇水作用，导致现状道路积水问题较严重。下沉广场是场地地势最低点，现在仅作为单纯的空间要素与视觉景观。从高程分析可知，可以充分利用发挥其调蓄作用，缓解现状道路积水问题。

2. 汇水分区划分[图2.1.2（1）]

根据道路中心线和建筑屋顶脊线来划分。北部区域北高南低，北侧雨水均向至善路和西北门南侧区域排放。西侧道路坡度坡向西北门区域，但周边绿地较为丰富，建筑屋顶排水基本排至绿地，硬质铺装较少，一般雨量情况下可以内部解决自身径流，所以设计中未考虑这部分水量。理科楼屋顶可视为一个独立汇水区，其中心有大片绿地，可以满足雨水向该区域中心部位的汇集与调蓄。下沉绿地广场周边有较高墙垣和绿篱，将其划分为一个单独的汇水区域。

图 2.1.1　设计地段：（1）场地照片；（2）设计范围及周边环境；（3）～（6）场地中的积水点（图片拍摄：于洋、张隽成、杨希、彭飞）

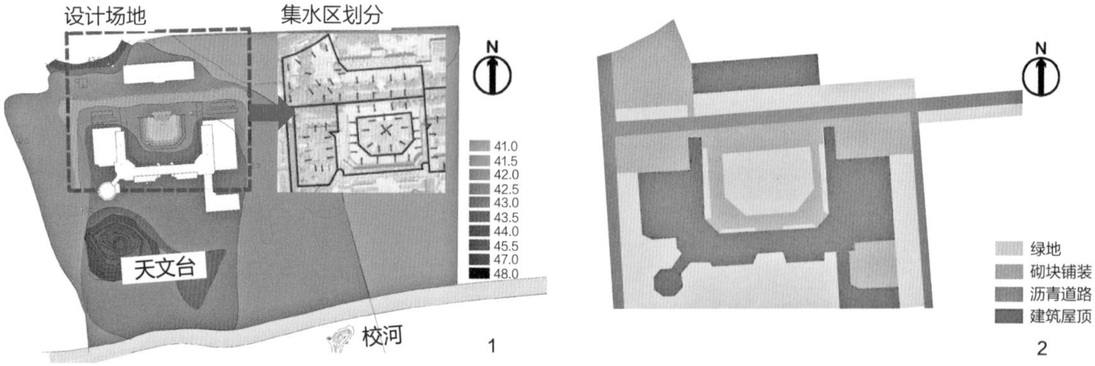

图 2.1.2　现状分析图：
（1）场地竖向高程及集
水区划分；（2）场地下
垫面分布

3. 下垫面分析

场地中下垫面以硬质铺装为主［图 2.1.2（2）］，如道路路面为沥青，广场材质为硬质铺装，径流系数较大，降雨产流量大，是道路积水产生的重要原因。场地内建筑屋顶均为硬质，无种植屋面设计，雨水顺雨水管排放至地面（化学系和理科楼部分雨水顺管道排至建筑周边小型绿地）。道路北侧除理科楼下沉广场之外均为硬质铺装，径流系数较大，下雨时也有积水的隐患。场地内绿地径流系数小，一般降雨条件下可认为无径流产生。但在现状调查中发现，除中心下沉广场之外，其他小块绿化均高于道路和周边铺装，下雨时只能解决绿地自身产生径流，在北京雨季如降雨较急，还会产生径流通过周边铺装最终排至道路。因此，设计中考虑充分利用径流系数低的绿地来处理道路和铺地产生的径流。

设计策略

1. 嵌草铺装和下凹绿地作为初期径流削减措施，浅草沟作为导水措施

除主要车行道仍采用透水率较低的硬质材质外，将自行车停车场改换嵌草砖，增大场地雨水渗透量；局部绿地进行下沉化改造；设置路侧草沟，路面径流流入后引导至中央下沉广场，形成雨水湿地。

2. 台地式雨水湿地和蓄水箱作为末端收集措施

台地式湿地是雨水净化处理的一种手段，其主要原理是让水流过设置合理高差的台地，每层台地是雨水处理的一个单元，通过使水流速度减缓，进行沉淀和曝气，同时通过每层台地的湿地植物来净化水质。设计中根据雨水的污染程度和最终排放水质要求来决定需要多少级雨水处理单元，并将处理单元串联起来形成完整的系统。最终既通过层层跌落和植物作用实现对雨水的净化，又利用高差形成具有丰富层次的景观。对于地下水位不

断下降的北京而言，利用雨水渗透补充地下水越发重要，但城区地面大多被不透水的建筑物、街道和停车场所覆盖，雨水很难渗透到地下。雨水湿地能够把道路及屋顶雨水收集、过滤、下渗，最终汇入地下，同时还可通过地下蓄水池收集超标雨水，作为清华大学校内雨水生态处理和收集的试验点。

3. 基于汇水分区与下垫面类型计算场地径流

通过计算每个下垫面类型的径流量，将每个汇水分区内的雨水利用绿地就近处理，超标径流通过管道输送到下沉广场的雨水湿地中进行处理，根据湿地的面积计算其下凹深度。

首先，选取清华大学所在区域的北京暴雨强度计算公式 $q = \dfrac{2001(1+0.811\times\lg P)}{(t+8)^{0.711}}$（L/s·ha），式中重现期 P 为 2 年，降雨历时 t 为 30min，计算得出设计暴雨强度 q 为 150.67L/s·ha。

其次，场地总面积 F 为 16336m²，根据雨水系统设计流量公式 $Q_s = q\times F$（L/s）分别计算各个下垫面类型的产流量（表 2.1.1）。30min 暴雨场地径流总量求和换算后为 298m³。

表 2.1.1　场地各下垫面类型面积、径流系数、设计流量及产流量

设计降雨	两年一遇 30min 降雨			
下垫面类型	面积（F，m²）	径流系数（ψ）	雨水设计流量（L/s）	产流量（L）
屋面、沥青路面	6159	0.9	83.52	150336
人行道	3172	0.6	28.68	52624
嵌草砖块	2259	0.4	13.61	24498
绿地	4746	0.15	10.73	19314

最后，绿地面积 4746m² 中，设计拟将 2000m² 作下凹改造，下凹深度 80mm，可调蓄径流总量为 177.32m³。余下 120.68m³ 的径流由下沉广场、湿地及地下蓄水箱共同解决，各解决约 60m³ 的径流。湿地面积拟设计约 200m²，由此计算得到其深度应为 220mm。雨洪管理相关设计如图 2.1.3。

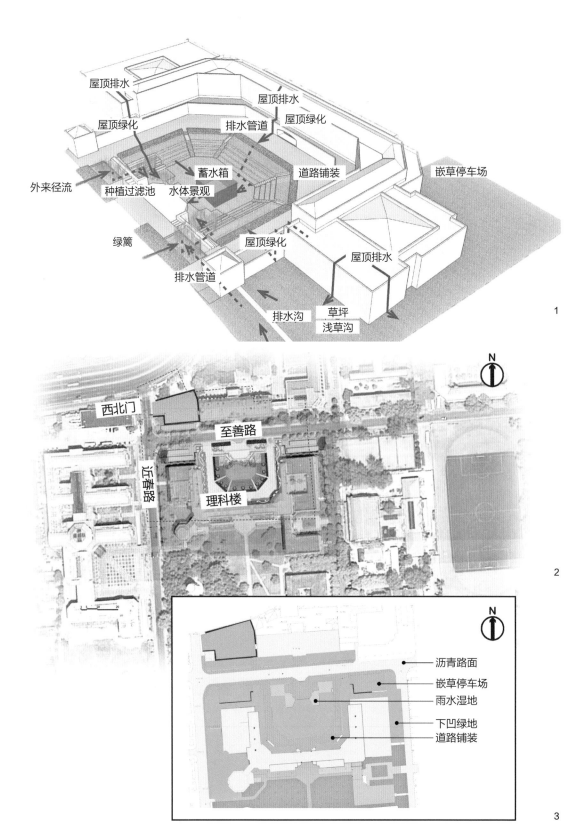

图 2.1.3　雨洪管理设计：（1）设计策略布局图；（2）总平面图；（3）设计后下垫面类型分布

设计细节

1. 北侧自行车停车场区

雨水先由铺设嵌草砖的场地自吸收，过多的水流入汇水槽，导入浅草沟自然下渗。如遇特大暴雨，超出设计水量的水被导入中央下沉广场。另外可在道路转角处设计一块汇水绿化湿地，路侧积水由人行道之下的导流槽流入绿地。如绿地容纳的水过多，可由自行车停车场南侧沟槽流入中央下沉广场。

2. 理科楼前下沉绿地及雨水湿地

在不改变下沉广场基本格局及高差的情况下，选择舞台东西两侧对称的两块场地改造为雨水湿地。依然保留舞台的表演功能，并且通过湿地植物的配置和水景观的重新设计，丰富下沉广场景观，达到吸引人气和环境教育的作用。主要的雨水来源除去场地自身接收雨水外，周边铺地径流流入雨水箅子后通过人工管道引入雨水花园。

北侧主要道路上的雨水，通过道路豁口和暗沟进入雨水花园的层级处理台地中。西侧和东侧铺装形成的雨水径流通过暗沟和管道进入中心雨水处理湿地进行处理 [图 2.1.4（1）]。主要技术手段是与地段高差结合的台地式雨水处理模式，包括雨水收集沉淀池和三级雨水处理湿地及中心水景。植物主要选择芦苇和香蒲作为净化植物，并配置乡土植物绣线菊、金银木等，衬托下沉广场的舞台，丰富景观层次。为创造宜人活动空间并增加景观层次，在最上层台地选择北京常见同时具有清华文化气息的落叶乔木银杏；树丛中放置座椅、路灯等小品，便于人的活动 [图 2.1.4（2），图 2.1.4（3）]。

图 2.1.4　理科楼前下沉绿地及雨水湿地设计：（1）雨水收集处理示意图；（2）、（3）效果图

2.2 清华大学美术学院广场及停车场周边雨洪管理景观设计（2012 年）[①]

美术学院作为清华大学校园东区主楼附近重要建筑，其建筑形式特征明显。通过分析场地内现状条件，提出系统化的雨洪管理改进措施，优化场地内雨洪处理及利用。在此基础上结合美术学院建筑及周边环境的整体气氛，形成针对雨洪管理的景观干预方案，进而探索雨洪管理技术通过景观化手段进行艺术性表达的途径和方式。重点思考如何将典型的城市雨洪问题通过景观的手段加以处理，一定程度上减少对于市政管线的压力，并在可操作的雨洪利用工程技术基础上，探索雨洪管理设施的景观化方法。

场地现状及积水问题

清华大学美术学院建筑形式的灵感来自一块"打开的璞玉"［图2.2.1（1）］。"璞玉"坚实的外壳契合主楼及其周边建筑的肌理特征，也体现了其文化特色与内涵。同时该场地具有典型的公共建筑特征，包含了城市界面的各项关键元素。设计场地范围内包括美术学院主体建筑、建筑前广场、行车主干道、建筑前绿地、机动车停车场及自行车停车场等要素。其中美术学院建筑前广场、自行车及机动车停车场紧邻教学楼主体建筑，其大面积硬质铺装及道路系统，从雨洪管理目标出发是最需处理的下垫面；其屋顶雨水可以进行有组织排水和管理调控；该区域的不同类型绿地则为雨洪管理及基础设施景观化处理提供了可能性。

而美术学院建筑的自身特色也是雨洪管理必须考虑的重要因素，即要求该场地的雨洪处理设施必须要考虑与建筑及广场雕塑的协调和统一，必须要强调设施的景观化效果，也为研究探索雨洪处理技术与景观艺术的结合创造了可能性［图2.2.1（2），图2.2.1（3）］。

① 本节展示的为 2011 级硕士研究生梁斯佳、罗茜、杨永亮、孙艳艳的《景观水文》课程研究成果。

图 2.2.1 设计地段：（1）设计师李卫手绘设计图；（2）设计场地平面；（3）场地现状照片（图片拍摄：梁思佳、罗茜、杨永亮、孙艳艳）

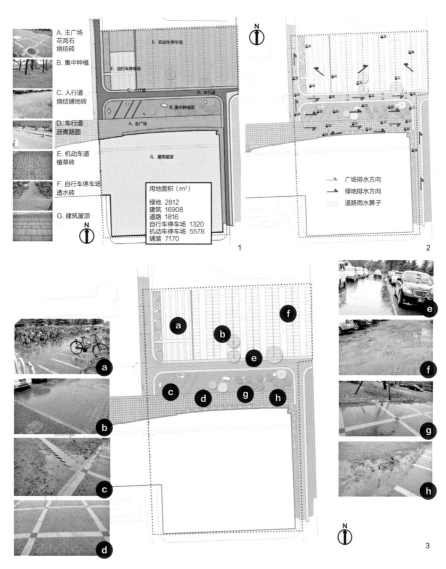

图 2.2.2　场地现状分析：（1）下垫面类型；（2）排水方向及设施分布；（3）积水点分布

　　场地主要下垫面类型为烧结砖不透水广场；绿地种植油松、雪松、大叶黄杨等植物，但配置较为简单，景观层次相对单一［图 2.2.2（1）］。场地西侧现有一条市政排水管线，是场地中唯一可利用的雨水排洪管道［图 2.2.2（2）］。该场地主要雨洪管理问题包括场地积水、水土流失及雨水对建筑基础的侵蚀。场地积水主要原因是铺装的渗透性差及局部区域施工不到位。场地勘察识别的八个积水点中，停车场植草砖区域出现了三处［图 2.2.2（3）］。可以推断停车场区域的植草砖下部垫层基础可能为混凝土等不透水材料。在进一步设计中考虑对场地的下垫面进行积极调整，以增加场地内的雨水下渗量，避免场地积水，减缓雨洪设施压力。水土流失区域主要出现在建筑前广场和绿地的交接部位。由于绿地竖向高于建筑前广场，因此当雨季出现时，绿地内的泥土被雨水冲刷到场地中，影响了整个场地的景观效果。另外雨水下落在建筑外立面上形成墙面径流。由于建筑下部没有硬质散水保护，因此雨水向下冲刷绿地并下渗，易对建筑基础形成侵蚀。

设计策略

针对设计区域选择合理的雨洪利用技术路线是首要的考虑。基于场地功能、降雨与产汇流过程及排水等要求，选择雨水收集、调蓄并利用作为该场地的技术策略与流程。首先，在美术学院建筑屋顶建设屋顶花园，以草本花卉作为植物材料；其次，将场地中部绿地改造为雨水花园，增补一系列植物种类以净化水质，并提供良好的植物景观效果；再次，场地内的雨水经有组织疏导后汇入雨水花园中进行蓄积，多余部分排入现有市政管道之中，将原有因水土流失所造成的模糊边界加以形式化，并将这种形式语言应用于处理广场及其两侧雨水花园的边界关系；最后，重新梳理停车场并设置小型雨水花园，以收集、利用停车场的雨水。

基于以上技术流程，将整个区域分为三个汇水分区和景观单元（图2.2.3）：

（1）美术学院建筑及建筑边缘草地，经计算该场地综合径流系数为 0.72，径流总量为 $178m^3$；绿地设计下凹深度为 0.2m，留蓄雨水 $42m^3$，剩余部分溢流；

（2）北广场、广场集中绿地及半幅机动车道路，经计算场地综合径流系数为 0.55，径流总量为 $266m^3$；雨水花园面积 $662m^2$，设计深度 0.5m，其中水渠面积 $295m^2$，水渠深度为 0.3m；

（3）机动车及自行车停车场，连带半幅机动车道，经计算场地综合径流系数为 0.76，径流总量为 $382m^3$；雨水花园面积为 $900m^2$；雨水花园设计深度为 0.51m。

上面（2）、（3）两部分设计的调蓄设施深度基本能达到解决两年一遇24h暴雨量的调蓄目标。如有多余雨水则可通过溢水口流入市政雨水管道。

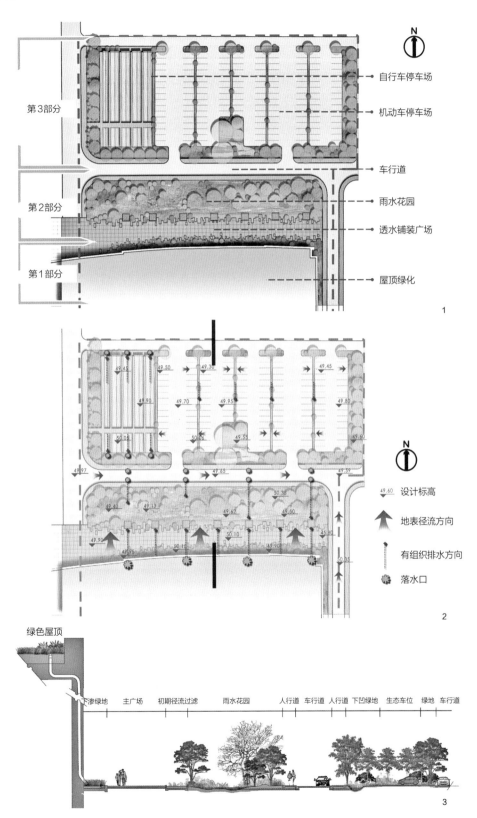

图 2.2.3　设计策略：（1）下垫面类型；（2）排水方向及设施分布；（3）总剖面示意图

设计细节

1. 建筑边缘的下凹绿地［图2.2.4（1）］

通过设置紧邻建筑的楼前下凹绿地，对建筑外表皮的雨水径流进行有组织疏导，改变现有建筑与绿地直接相交的关系，妥善处理建筑基础被雨水腐蚀的问题。雨水组织流向：建筑下小型下凹绿地（经过滤网）→地下小型涵洞（经过滤网）→通过溢流口流入市政雨水井。

2. 建筑广场

建筑前广场的地表径流经过不规则的场地种植缓冲带边界时会过滤杂质和污物，最大限度保证进入雨水花园中的水质。同时建筑屋顶雨水在通过地下涵管进入雨水花园之前，会先汇入沉淀池沉淀杂质与泥沙［图2.2.4（2）］。

雨水组织流向：建筑前广场雨水（透水铺装下渗）→余下部分通过地表径流汇入缓冲带→广场北侧雨水花园→通过溢流口流入市政雨水井。

3. 雨水花园

雨水花园可调蓄雨季中多余的地表径流，遇短时暴雨时多余水量将通过溢流管流入市政管道中排走。雨水花园的形式采用自然式种植形式，力图与美术学院"璞玉"的设计理念相融合［图2.2.4（3）］。雨水组织流向为：雨水花园雨水（自然下渗）→余下部分储存于雨水花园中→暴雨时多余雨水通过溢流口流入市政雨水井。

4. 道路

设计将道路做双向排水，所排雨水均汇入两侧雨水花园中加以利用［图2.2.4（4）］。雨水组织流向：道路径流→通过人行道下涵管通入两侧雨水花园→多出部分溢流口流出。

5. 机动车停车场

机动车停车场改造是这次设计的重点。由于在现有竖向条件下很难将雨水进行有组织利用，因此重新梳理了停车场竖向关系，分区将雨水汇入场地南侧的雨水花园中［图2.2.4（5）］。雨水组织流向：机动车停车场（透水铺装下渗）→雨水通过地表径流疏导到绿地（小型雨水花园）→多余雨水通过溢流口流入市政雨水井。

6. 自行车停车场［图2.2.4（6）］

为保证舒适使用，自行车停车场设置雨棚，对该区域的雨水进行有组织疏导［图2.2.4（7）］。雨水组织流向：自行车停车场（透水铺装下渗）→雨棚雨水有组织疏导到绿地（小型雨水花园）→多余雨水通过溢流口流入市政雨水井。

图 2.2.4　设计细节（一）：（1）建筑边缘下凹绿地；（2）建筑广场；（3）雨水花园；（4）道路

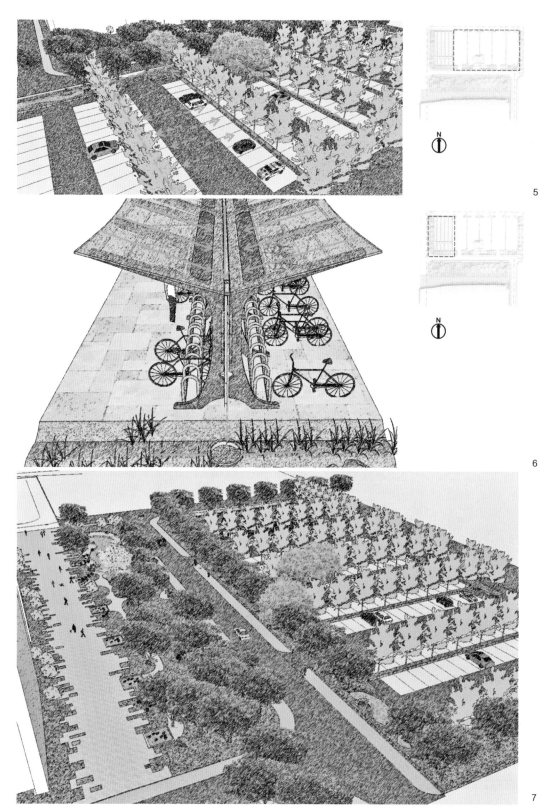

5

6

7

图 2.2.4 设计细节（二）：（5）机动车停车场；（6）自行车停车场；（7）设计总体鸟瞰图

2.3　清华大学近春园东北角园林区域雨洪管理景观设计（2012 年）[①]

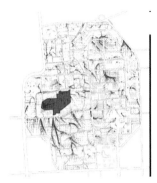

场地位于清华大学校园中最具有历史代表性的近春园园林区域的东北角，具有丰富的园林山体、水体、植被等下垫面类型及多样的高差变化，使场地和雨洪管理有了多维度的关系，包括历史与当代、技术与文化、生态与功能等。设计改造在尊重历史景观风貌的基础上，研究在低成本、低技术情况下的雨洪管理与最佳管理实践措施的应用可能性，设计具有科普展示意义的雨洪管理景观，也塑造满足舒适漫步、休闲赏荷的宜人场所，并为区域的水文生态可持续发展寻找可行的途径。

场地现状及积水问题

场地近春园在清朝康熙年间称为"熙春园"，道光年间作为赐园供两位皇子居住使用。咸丰年间分为东、西两部分，东园改名为"清华园"，西园改名为"近春园"。两园皆为平地造园，利用地下水源丰富的优势，挖地造池，堆土筑山，但其在造景上却不完全相同。其中近春园开凿了环形水池，中央留出陆地，建筑集中于岛形陆地上，四周用挖池之土堆积成小山，环形的水池和环形的山包围着中央的建筑群［图 2.3.1（1）］。以黄石作驳岸，水中种荷莲，岸上广植槐柳，形成一幅开放式的山水景观。而清华园的布局则是住宅在前、园林居后［图 2.3.1（2）］。住宅部分为一组规整的建筑群，由大门入内，经过厅到后面的工字形厅堂，由南往北组成前后两个院落，四面都有游廊相连。在中轴线的东、西两侧还并列着两组院落，其中种植松、柏等常青树和海棠、梨、玉兰等花木；中路后院中堆筑假山，颇有园林之趣。紧邻这组建筑的北面为一个大型水池，池面曲折，黄石驳岸，四周土山林木环绕；池东岸设小亭一座；南岸为工字形月台，台面伸入池中，可以观赏水景。园林区虽不大，但四周形成封闭的环境，近处山、水也颇具自然野趣，故有"水木清华"的美称。

场地北侧［图 2.3.1（3）］为万泉河，既是城市水系，也是清华大学校河。

---

① 本节展示的是 2011 级硕士研究生谢庆、李宏丽、陆璐、冯阳的《景观水文》课程研究成果。

场地东南角为一延展小水系，与学校中水管直接相连，水质不理想，且流动性不足，自我净化能力低。近春园通过该小水系与水木清华水体相接，与万泉河却无连接，这也是为提升近春园水循环未来改造所希望打通的环节。园区西侧和北侧道路为向河道单面排水，东侧与南侧道路为向绿地汇水。近春园水域无出水口和溢流口。水量补给均来自校园中水、雨水和自来水。由于整个水体循环不畅，导致近春园水质一年中状态不定。水量充沛或补给充分时，水质清澈；天气干燥蒸发量大或补给不足就会浑浊不堪。除此以外，近春园周边道路、停车场雨水无过滤直接排放至水体。园林山体因雨水冲刷会将泥土携带至环湖园路上。

核心研究与设计范围集中于下垫面较为丰富的近春园东北角，场地东西长约112m，南北宽约125m，主要包括园林水体、山体绿地、建筑物、停车场、环湖道路等［图2.3.1（3）］。其中近春园水体为自然池底，周边为人工叠石驳岸。场地周边建筑分布较多，生物楼、熙春园餐厅等与场地之间均有绿地相隔，荷园餐厅及工会俱乐部与场地停车场相接，其屋面径流是场地积水及水体汇水主要来源。建筑均为平屋顶，其上屋面排水以一根或多根汇水管直接排向建筑散水面。

图 2.3.1　设计地段：
（1）近春园夏景；（2）清华园园景；（3）研究范围分析图

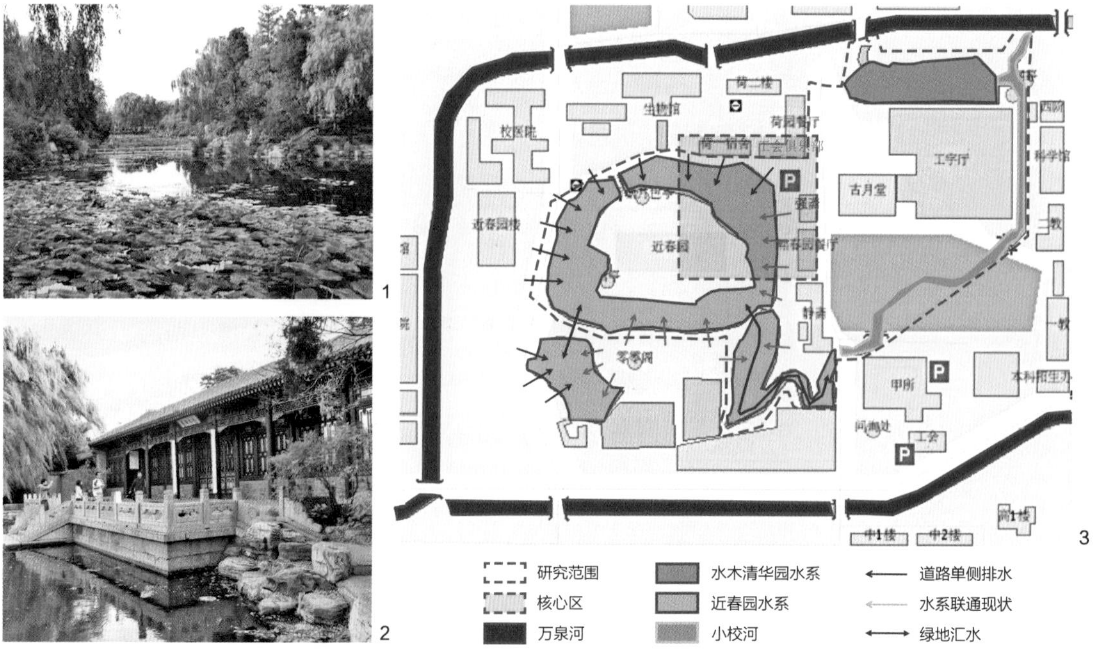

⬚ 研究范围	▨ 水木清华园水系	← 道路单侧排水
⬚ 核心区	▨ 近春园水系	← 水系联通现状
■ 万泉河	▨ 小校河	← 绿地汇水

图 2.3.2　场地现状及问题（图片拍摄：谢庆、李宏丽、陆璐、冯阳）

工会俱乐部前停车场为混凝土路面，排水方向由北向南，南侧边界处有一集水井，与校内综合雨水管相接（图 2.3.2）。水域东部环湖小路紧邻水体和山体，路面为花岗石碎拼，渗透度低，单向排水至水域中。山体为细长形，直线形分水岭与环湖道路最大高差可达 4m，坡度较陡。种植以乔木居多，中下层覆盖率较低。其中园林山体种植植物有垂柳、圆柏、连翘等，对场地空间产生方向性的围合感，但缺少稳固下层土壤植被。驳岸植被主要为垂柳及湿生草本，局部驳岸土壤裸露。场地内绿地基本都有道牙或挡墙间隔，因此硬质道路与场地上的地表径流无法排入绿地中。

设计策略

基于场地下垫面、竖向及植物分析，结合现场调研，发现场地雨洪问题集中于东侧山前道路及停车场，对山前道路及山体绿地分区、俱乐部周边建筑及停车场分区针对性提出如下雨洪管理思路（图 2.3.3）：重新设计山体坡度与坡向，使山体径流在到达底部之前可以部分下渗，再通过底部砾石浅沟汇入距离最近的集水泡中，集水泡以固定间隔设置于山体底部，净化汇入荷花池的地表径流，作为补给水源；停车场周边建筑物屋面排水部分通过暗管排往荷花池，部分排向生态过滤沟；停车场雨水经过沿边设置的生态过滤沟处理后汇入近春园水体。

图 2.3.3　场地下垫面分析及雨水收集与利用流程

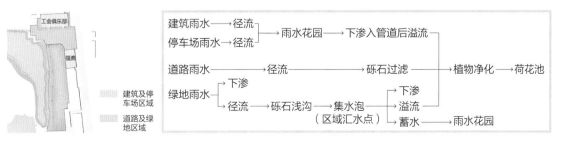

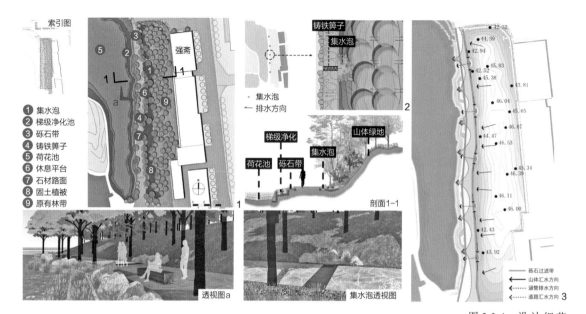

图 2.3.4　设计细节（一）：（1）道路及绿地区雨洪管理设计平面图；（2）集水泡分布图及平面图；（3）竖向排水分析图

设计细节

在山体西侧下方边缘设计一系列集水泡，对山体的雨水径流进行收集，以减弱山体水土流失对路面的影响［图 2.3.4（1）］，并且净化雨水为荷花池提供径流水源。同时增加山体下层固土植被，控制水土流失。沿路设计 5 个集水泡（面积为 3m²，深度为 0.2m）［图 2.3.4（2）］，间距为 20m。集水泡下垫面以卵石、砂壤土、砾石分层铺垫，以满足部分雨水的下渗；无法下渗的部分将存储于集水泡内，同时搭配湿地植物，形成雨水花园；当雨量较大、集水泡内储存过多水量时，雨水将溢流流入与集水泡相接的路面明沟，明沟下铺砾石可粗略过滤水体；路面上设置雨水箅子，收集路面雨水，以解决道路硬质雨水无法下渗收集的问题。雨水径流通过箅子的集中收集，流入道路与水域之间的植物净化池，最终汇入荷花池内。而道路与植物净化池之间还设置了一条砾石沟，使无法汇入明沟的路面径流得到初步过滤以后再进入净化池［图 2.3.4（3）］。

场地与荷花池相接区域设计砾石过滤带、梯级湿地对水质进行过滤及净化，之后供给荷花池。集水泡调蓄能力的设计目标定位于调蓄两年一遇 24h 暴雨（日暴雨）。根据有关资料，北京市两年一遇日暴雨雨量 70mm。北京年平均降水量 571.9mm。根据雨水径流总量公式 $W = 10\psi hF$ 计算绿地山体部分 24h 雨水径流总量为 16.07m³，年雨水径流总量为 131.25m³。

由于集水泡及净化区域径流来源于山体及人行道路，可能含有一定污染物，植物选择既要具去污性又要兼顾观赏性，考虑：（1）优先选用本土植被，适当搭配外来物种；（2）选用根系发达、茎叶繁茂、净化能力强的植物；（3）应与原有池塘植物景观相协调，基于以上原则选择芦苇、千屈菜、香蒲、菖蒲等植物；（4）山体区域增加下层地被，考虑根系发达、固土护坡能力强的本地植被，与原有山体植物景观相协调，在丰富景观效果的同时，达到良好的固土护坡作用，具体选择连翘、迎春、沙地柏、白三叶等。

针对工会俱乐部等建筑的周边空间［图 2.3.5（1）］，在距离建筑基础 3m 处，结合现有绿地设计雨水花园。具体重新组织工会俱乐部的屋面雨水，通过设计减速滞留环节设施，逐级引导至雨水花园中。与此同时在绿化带南侧组织停车场雨水排除设施，打开豁口将其雨水也汇至雨水花园中。汇入雨水花园的大部分径流通过土壤下渗补给地下，多余的径流通过暗管逐级净化处理集中排入近春园，补给近春园之用水。

通过场地设计重新组织雨水的排水方向［图 2.3.5（2）］。位于北侧建筑周边的雨水花园，解决工会俱乐部屋面雨水和停车场部分雨水排放问题。南侧的综合梯级生态雨水沟，收集强斋屋面雨水有组织排水，部分停车场雨水及部分微地形绿地雨水通过层级进化排入近春园水体中。在现状微地形绿地上设置卵石生态沟，一方面起阻隔作用，防止泥沙被雨水冲刷走；另一方面组织绿地的雨水下渗，并通过导管排入下一级生态沟。此生态沟不仅收集绿地雨水，同时也发挥收集强斋建筑屋面雨水和停车场雨水的功能。雨水通过层级净化，部分下渗，多余的部分通过暗管集中排入近春园水体，发挥水源补给的作用。

图 2.3.5　设计细节（二）：（1）建筑及停车场雨洪管理设计平面图；（2）竖向排水分析图

1 雨水花园
2 现有植被
3 周边建筑
4 亲水台阶
5 梯级湿地
6 生态沟及挡土墙
7 生态过滤沟
8 停车场
9 荷花池

透视图a

透视图b

剖面2-2

2.4 清华大学主楼前区雨洪管理景观设计（2012 年）[①]

地段［图 2.4.1（1）］为清华大学东门到中央主楼的景观绿轴［图 2.4.1（2）］，其中详细设计选取梁铢琚楼（建筑学院）和伟伦楼（经管学院）之间的一段草坪。由于场地处于清华大学主楼前轴线这一具有强烈仪式感的场所位置，希望用影响最小的改造方式实现雨洪管理目标的有效实施，并且用景观与场所营造手法，使雨洪管理设施兼具视觉性和实用性，实现最大的空间效益。

场地现状及积水问题

从清华大学主楼到东门外形成了序列感强烈的一条景观绿轴。其设计思想为该轴线中段地区为准步行区，仅允许通行非机动车与行人，形成一个以草坪绿地为核心，配以硬质步行区，机动车辆在外围绕行的布局。景观绿轴的序列营建出一种既庄重典雅又亲切宜人的校园仪式空间环境。从北至南按视觉递进关系分析主楼前广场景观绿轴共由六部分组成，最北侧为中央主楼建筑，向南依次为主楼前广场、松树景观、草坪景观、东南门入口景观区。其中景观草坪位于轴线的中间部分，在整条绿轴中起着过渡作用。

设计场地排水主要靠草坪两侧的雨箅，建筑物排水及硬质铺装地表径流直接流入市政管道，整块草坪上并未设计排水装置，由此判断草坪上的雨水径流主要通过土壤下渗。根据场地标高，找出雨水径流的主要方向，将整个场地划分为四个集水区，并对场地下垫面要素进行归类统计（图 2.4.2）。

虽然主楼前广场景观绿轴两侧为步行道，只允许非机动车和行人通过，但步行道在上下课高峰时期和周末游园高峰期的交通量还是很大，人车混杂，存在一定的安全隐患。自行车停车常常不规范且停车位严重不足，影响了系馆门口的整体效果。

[①] 本节展示的为 2011、2012 级风景园林硕士生牛振、韩丽和高志红的《景观水文》课程研究成果。

图 2.4.1 设计地段:(1)场地照片;(2)中央主楼前景观绿轴分析

　　总结场地现状问题［参见图 2.4.1(1)］:(1)草坪尺度较大,气质符合主楼前空间序列要求,设计考虑保留其主要形式,但需改善纯观赏空间视觉效果单一、生态效益较低等不足;(2)自行车停放杂乱,影响视觉景观及系馆入口交通,并且占用消防通道停车,产生了一定安全隐患;(3)场地周围没有雨水过滤装置,雨水直接排入雨算子,设计考虑增加雨水过滤净化和消能的设施,将雨水处理后排放;(4)建筑与草坪间的硬质铺装地面容易导致雨水滞留、排水不畅,且硬质铺装场地和草地之间没有接口,铺装场地径流无法经由草坪吸收,设计重新考虑两者关系,充分利用草地下垫面进行雨水地表下渗;(5)草坪两侧绿篱池比相应路面稍低,但因其呈点状分布,产生枯枝败叶后难以清洁,遇暴雨会加剧地表径流污染。

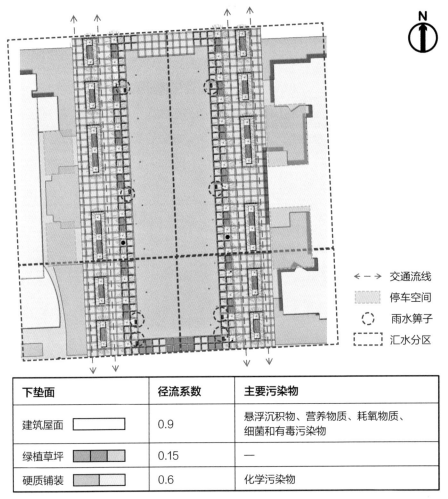

下垫面	径流系数	主要污染物
建筑屋面 ▭	0.9	悬浮沉积物、营养物质、耗氧物质、细菌和有毒污染物
绿植草坪 ▦▭	0.15	—
硬质铺装 ▭▭	0.6	化学污染物

图 2.4.2　现状集水区分析及下垫面分析

设计策略

　　基于以上分析提出雨洪管理设计指导原则：（1）用最小化的改动实现最大化的雨水收集和地表下渗；（2）需保证主楼前广场仪式空间序列的完整性；（3）以景观方式减缓自行车与人流交通速度；（4）创造出适宜停留的交往空间，使游客和学生可以更好欣赏主楼前空间。

　　围绕雨洪控制利用措施与技术，根据该场地现状情况和未来可改造前景，基于最小化改动考虑，选择下凹式绿地、高位植坛、植被浅沟、渗透铺装、多功能调蓄设施等方式。下凹式绿地适用于道路旁绿地，能滞留、净化雨水，补充地下水；高位植坛可连接建筑雨水管，实现雨水消能与净化水质；植被浅沟常用于道旁绿地、建筑旁侧绿地，能传输、渗透雨水，净化水质；渗透铺装能下渗雨水；多功能调蓄设施可滞留雨洪，减少洪涝灾害，改善环境。

一般情况下，降水首先接触到建筑屋面，会携带一定面源污染，因此场地设计中选择径流净化措施（图 2.4.3）。使屋面径流经过有组织排水后，先进入高位植坛进行初步过滤净化和消能，再排至硬质铺装地面。硬质铺装上的雨水径流来源有两部分，一是直接降到场地上的雨水径流，二是经过高位植坛初步过滤净化的雨水。两部分雨水径流都会通过新设计的雨水花园实现更进一步的过滤净化和消能，保证渗入地下的水质。另外一部分雨水径流会直接被草地收集，作为多功能调蓄净化和入渗地下的最后一道环节。

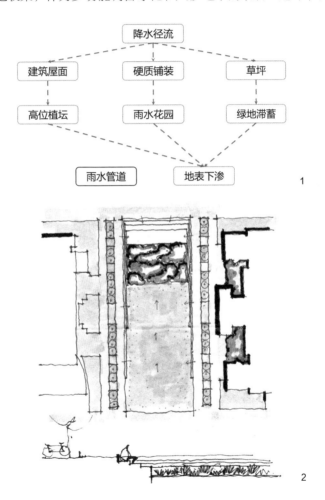

图 2.4.3　设计策略：
（1）场地改造后径流方式；（2）设计手稿

本次设计对雨水花园调蓄能力的设计目标定为调蓄 1～2 年一遇的 24h 暴雨。根据北京市水文资料得知，一年一遇的日暴雨雨量为 45mm，两年一遇的日暴雨雨量为 70mm；同时根据径流系数表选择不同下垫面组合，具体包括三种：屋面、块石铺砌路面和草地。选取 70mm 和计算后的下垫面综合径流系数，代入雨水设计径流总量计算公式 $W = 10\psi_c h_y F$［式中 W 代表雨水设计径流总量（m^3），ψ_c 代表雨水径流系数，h_y 代表设计降雨厚度（mm），F

代表汇水面积（hm²）]，计算得出 24h 暴雨的雨水设计径流总量。

进一步计算高位植坛所能处理的雨水量，具体包括土壤空气储水量和土壤上部至溢水口之间的储水量。后者仅需计算储水体积便可得出储水量结果，而前者则需要用空隙储水量计算公式 $G=nA_fd_f$ 计算（式中 n——种植土和填料层的平均空隙率，一般取 0.3）。高位植坛总长 12m，宽 1.5m，土壤深度约为 0.6m，取平均空隙率为 0.3 代入公式，得出高位植坛的土壤空隙储水量；其土壤上部至溢水口之间高约 0.1m，从而得出这一部分的储水量。从设计屋面雨水径流总量中减去这两项储水量，便得出从高位植坛外排的雨水量。

最后综合计算得出 24h 排入中央绿地的总雨水量为 259.77m³，代入下凹式绿地雨水渗蓄能力计算公式来推算 Δh，即需要设计的下凹绿地深度。

$$N=\frac{S+U_1}{(P_zF_1C_n+P_zF_2)/1000}\times100\%$$

式中：

　　P_z——降水量，mm；

　　F_1——集水区面积，m²；

　　F_2——下凹式绿地面积，m²；

　　C_n——集水区径流系数；

　　S——下渗量，$S=60KJF_2T$，mm；

　　U_1——下凹式绿地蓄水量，$U_1=F_2\Delta h$，mm；

　　K——土壤稳定入渗率，绿地 $K=215\times10^{-7}$m/s；

　　J——水力坡度，垂直下渗时 $J=1$；

　　T——渗蓄计算时段，min；

　　Δh——下凹深度，即下凹式绿地与溢流口或路面之间的高差，m。

设计细节

设计场地现状下垫面主要为建筑屋面、硬质铺装路面、草坪，新的设计并没有对场地进行大改动，而是侧重实现雨洪管理及空间优化目标。设计中首先在不影响现状轴线空间序列前提下将景观草坪空间整体下沉，创造出两侧的边界空间，在边界上设三级踏步，形成一个停留空间，师生可以坐下休息交流，游客亦可以停下观赏主楼前校园空间（图 2.4.4）。草坪边缘设浅草沟，收集过量雨水；踏步上将原有雨水箅子位置改为微型雨水花园，用来过滤道路雨水径流；雨水花园与邻近建筑的高位植坛间设暗管，导流来自屋顶的雨水径流。具体共设计三条雨水收集路径：

1）屋顶雨水，先经雨水管收集至高位植坛，初步过滤净化和消能，溢流雨水经暗管导流至台阶上的雨水花园进一步过滤净化，最后雨水通过台阶上的导流槽流入浅草沟；

2）周围硬质铺装上的地表径流，直接流入临近雨水花园里，进行过滤净化和消能，再流入浅草沟通过地表下渗；

3）草坪地表径流，直接流入浅草沟下渗，如有超过浅草沟容量及下渗能力的多余雨水，在浅草沟地势最低的末端随溢流口流入草坪底下的市政管网。

图 2.4.4　设 计 细 节：
（1）总平面图；（2）雨
洪管理系统图；（3）节
点详图；（4）场景图

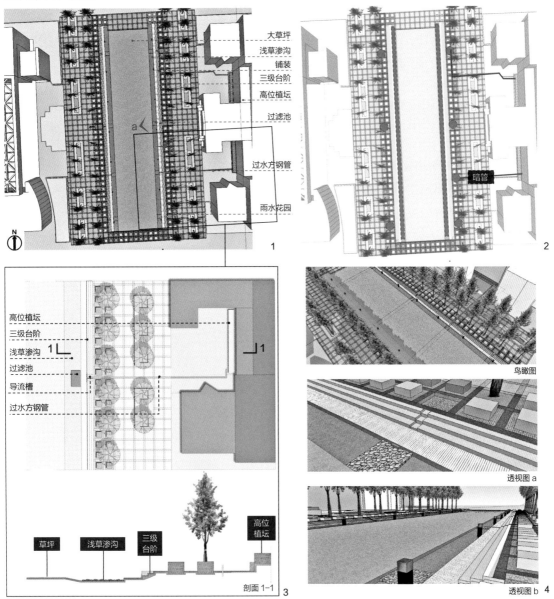

2.5 清华大学校河岔口广播站周边雨洪管理景观设计（2013年）①

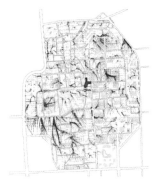

　　场地位于清华大学社科楼北侧、校广播台西南侧，与水污染控制实验室隔校河相望。经过仔细梳理校河的变迁历史，发现目前的校河相对封闭，河道缺乏与周边场地的联系。同时周边场地存在道路无组织排水、部分位置易积水、绿地空间缺乏人气、使用率不高等问题。对此小组针对校河岔口东侧地块进行了细致的产流、汇流分析和计算，通过过滤阶梯、下沉绿地、雨水花园及雨水收集等手段，在解决地表径流排泄不畅、积水问题的同时，增强校河与周边场地在生态、水文、视线及人群使用上的联系。

场地信息

　　清华大学校河属北京万泉河的下游段，全长约3km，贯穿学校西北片区。南部东西向河段流经学校主要历史建筑及古典园林区；北部南北向河段主要贯穿学生宿舍区。历史上随着清华大学校园的扩大，校河经历了多次变迁。1982年，北京市对万泉河进行治理，自然河道改成矩形断面混凝土河道；1998年，清华大学提出校河整治，2000年开始动工，其主要工程措施为建扬水站一座、控制闸一座、打线层水井二眼，采取循环流动的方式加强校河水的净化。截至目前，校河形成了连续硬质驳岸、相对封闭的校园河道。

　　区位分析：场地位于北校河（万泉河）与南校河交叉口，场地面积约为 $0.8hm^2$，从景观和功能上位处河、路、视线交叉口，极具特点 [图2.5.1（1）]，天气晴朗时可望见西山，有一定借景潜力。但现状未能合理组织场地人流、活动和景观视线，缺乏人气，使用率不高。

　　交通分析：场地东侧为校园南北主干道——学堂路的机动车可通行段。广播站南侧有机动车泊车位 [图2.5.1（2）]。沿校河东岸以自行车交通为主，场地内的校河桥机动车不可通过，场地内有亲水平台，但使用的学生和游人较少。

　　植物景观分析：校河西侧植被覆盖率小 [图2.5.1（3）]，沿河植物带为

---

① 本节展示的为2012级风景园林硕士生生朱一君、廖凌云、刘畅、张硕、张艳杰完成的《景观水文》课程研究成果。

绦柳、大叶黄杨和丁香。校河东侧狭长三角台地以圆柏、杜仲、龙爪槐镶边，内部为丛植的碧桃，整体植物群落的乔—灌—草层次感较差。广播站北部场地片植油松和毛白杨林，南侧为三棵悬铃木。社科楼与粮库周边植物种植在较高台地上。总体地段种植层次单一，多为高台绿地，亲人性不足。

场地排水分析：场地内雨水排放无序，地表径流由各方向最终流进校河。道路坡度变化大，局部排水不畅（图 2.5.2）。沿校河自行车道中段遇大雨时排水能力有限，有积水。

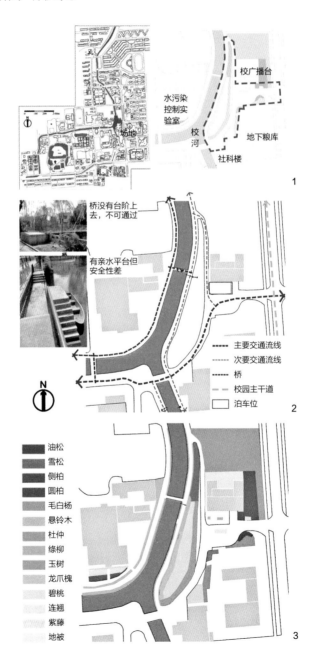

图 2.5.1　场地区位及现状分析：（1）场地区位；（2）场地交通分析；（3）场地植被分析

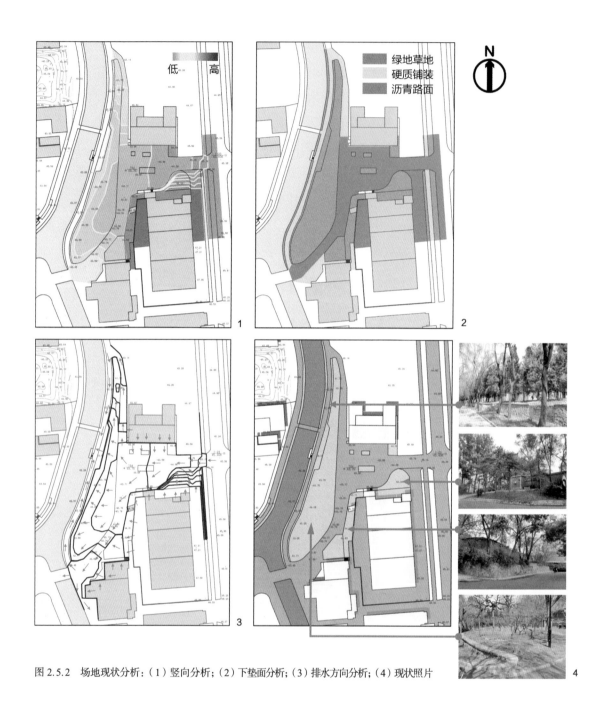

图 2.5.2　场地现状分析：（1）竖向分析；（2）下垫面分析；（3）排水方向分析；（4）现状照片

设计策略

　　从校河东西岸线的整体景观效果考虑，源头段主要采用拦截式下沉绿地、生态停车场，中间段采用过滤型的阶梯绿地，末端组织雨水花园进行最终消纳，整体提升场地的空间层次，增加绿地的可达性。根据汇水分区进行具体容量计算，形成设计方案（图 2.5.3）。

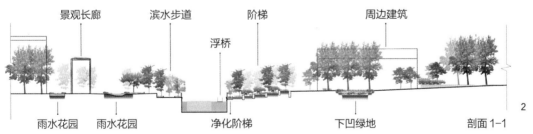

图 2.5.3　方案设计：
（1）总平面图；（2）剖
面 1-1

场地汇水分区 1 为广播台南侧较小的地块［图 2.5.4（1）黄色部分］，分区 2 为西侧及西南侧的道路及河岸地块［图 2.5.4（1）绿色部分］，分区 3 为地下粮库及社科楼北侧的高台绿地［图 2.5.4（1）蓝色部分］。

选取清华大学所在区域的北京暴雨强度计算公式计算得出用于计算的两年一遇 24h 86mm 降雨和五年一遇 24h 144mm 降雨。场地调蓄容积计算采用容积法，依据公式 $W = 10\psi hF$。公式中 W 代表雨水设计径流总量（m^3），ψ 代表雨量径流系数，h 代表设计降雨量（mm），F 指代汇水面积（hm^2）。进一步根据计算出的调蓄容积形成雨水花园设计（图 2.5.4，表 2.5.1）。

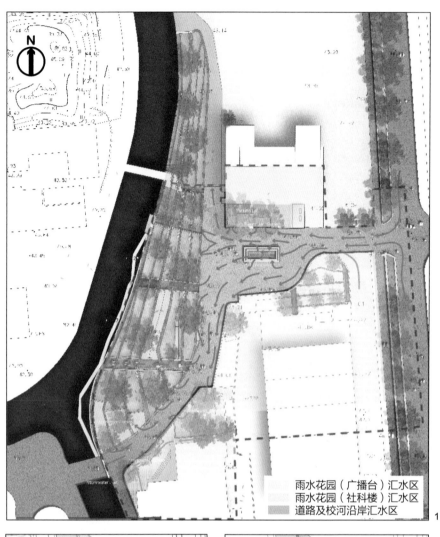

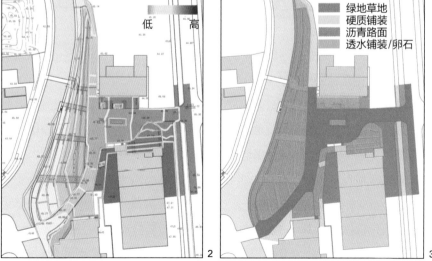

图 2.5.4 技术策略图：（1）排水路径设计；（2）竖向设计；（3）下垫面设计

表2.5.1　各汇水区汇水面积、径流系数和雨水花园数据统计表

汇水区	各类下垫面的汇水面积（F, m²）与其径流系数（ψ）					
	屋面、路面	径流系数	绿地和草地	径流系数	透水铺装/卵石	径流系数
广播台南侧	166.8	0.9	18.75	0.15	172.35	0.5
社科楼及粮仓北侧地块	1327.1	0.9	574.3	0.15	35	0.5
道路及校河沿岸	2654	0.9	2300.6	0.15	180	0.5
汇水区	雨水设计径流总量（W, m³）$W=10F\psi h$		雨水花园设计面积（A, m²）$A=W/(24\times5)$			
	24h（两年一遇）	24h（五年一遇）	24h（两年一遇）	24h（五年一遇）		
广播台南侧	131.521	220.22	1.09	1.83		
社科楼及粮仓北侧地块	1101.26	1843.97	9.17	15.3		
道路及校河沿岸	2350.97	3936.51	19.59	32.8		

广播台南侧较小的地块相对封闭，主要为停车之用，拟设计成可透水的生态停车场，将种植池进行换土处理，增强其下渗性，同时将停车场下换为透水铺装，解决停车场的局部积水问题［图2.5.5（1），图2.5.5（2）］。

广播台东侧来向的道路径流整体向西侧漫流入校河。在其路径上，广播站南侧空地是径流必经之地，拟在此设计一处下沉式绿地进行初步拦截。校河东岸拟设计一段连贯的雨水过滤净化阶梯，用于承接、滞蓄和净化来自场地东侧硬质铺装和道路的道路径流。过滤阶梯这一方式能够更为清晰地组织校河东岸场地，配合道路的划分，使得校河东岸的亲人性、可达性大大提升，师生可以在过滤阶梯上散步和休息。在剖面及构造上，当一级过滤阶梯蓄满雨水后再向下一级溢流，并在最低点处设置一处雨水花园，进而确保最大限度的雨水消纳［图2.5.5（1），图2.5.5（3）］。为进一步增强亲水性，设计增设一条浮桥连接场地南北，使得师生、游人可以近距离地欣赏和体验校河交叉口的景观。

地下粮库及社科楼北侧的高台绿地主要承接屋面径流。地下粮库北侧因为挡土墙的围挡，降雨时径流会就地滞留，不会直接流向地面。竖向设计拟在下垫面布局中强化这一排水方式，通过设计阶梯雨水花园，进一步阻滞径流向外冲刷泥土及溢流外排。另外，社科楼北侧设计一处雨水花园，收集消纳社科楼的屋面径流，最终实现这一汇水分区内径流的自我消纳。上述相关改造的设计效果图及意向图参见图2.5.5（1）。

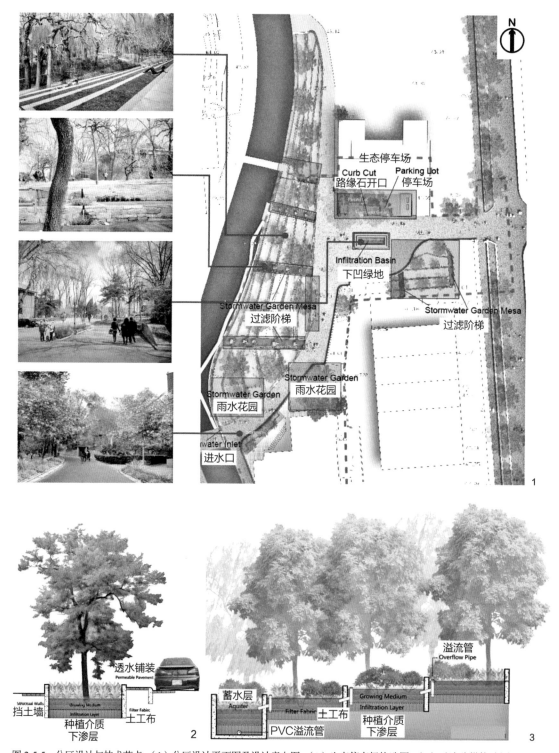

生态停车场
Curb Cut　Parking Lot
路缘石开口　停车场

Infiltration Basin
下凹绿地

Stormwater Garden Mesa
过滤阶梯

Stormwater Garden Mesa
过滤阶梯

Stormwater Garden
雨水花园

Stormwater Garden
雨水花园

water Inlet
进水口

N

1

透水铺装
Permeable Pavement

Growing Medium

Structual Walls
挡土墙

Infiltration Layer

Filter Fabric

种植介质
下渗层

土工布

2

溢流管
Overflow Pipe

蓄水层
Aquifer

Growing Medium

Infiltration Layer

Filter Fabric
土工布

PVC溢流管

种植介质
下渗层

3

图2.5.5　分区设计与技术节点：（1）分区设计平面图及设计意向图；（2）生态停车场构造图；（3）过滤阶梯构造图

2.6 清华大学大礼堂周边雨洪管理景观设计（2016 年）①

清华大学大礼堂位于校园中心位置，是早期"四大建筑"之一，具有重要的历史意义，也是学校重要的纪念建筑和标志景观节点。但大礼堂位于高起台地上，其东西两侧为硬质广场与车行道，存在一定积水问题，会对人员通行形成干扰。通过模型量化分析现状场地雨洪问题，划分汇水分区及单元，针对小汇水单元分别制定雨洪管理设计策略。

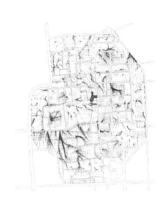

场地现状及积水问题

场地位于清华大学大礼堂周边，包括西侧闻一多雕塑广场、北部停车场、南侧铺装广场，总面积为 7822m² (图 2.6.1)。其南侧积水情况主要发生在广场西侧紧邻台地的角落位置；其北侧停车场紧邻校河，建筑屋顶雨水通过排水沟排至校河；西侧有高起的地形，与大礼堂西侧水木清华绿地相呼应，但因中间被道路切开，形成陡坎，雨水冲刷会将泥土带到车行道上。场地西侧山脚下的闻一多广场因略微下沉，且紧邻的车行道排水不善，积水较为严重。场地东北角的停车场，现状排水不畅，在山脚下也易形成积水。

场地内东西两侧为混凝土车行道路，南北两侧广场及西南角闻一多广场均为石材铺装，西北角为混凝土砖停车场，以上皆为不透水面，总不透水率为 69.7% [图 2.6.2 (1)]。场地内两侧道路有三个雨水井，经雨水管道连接至北侧校河。建筑四角分布八个雨水管。建筑北侧广场有四条排水沟连接至北侧校河 [图 2.6.2 (2)]。现状排水路径相对比较分散，没有形成完整的排水体系 [图 2.6.2 (3)]。

进一步通过模型量化分析现状场地在一年一遇 1h 小型降雨事件下的表现。选用城市降雨径流控制的模拟与分析集成系统 SUSTAIN (System for Urban Stormwater Treatment and Analysis INtegration) 进行场地现状与后续设计方案的模拟。该模型由美国环保署 (USEPA) 于 2009 年发布，可用于城市开发区内 LID–BMPs 选址、布局、模拟和优化的决策支持系统。

---

① 本节展示的是 2015 级硕士研究生许鲁萍、刘哲与环境学院硕士研究生毛旭辉完成的《景观水文》课程研究成果。详见毛旭辉、许鲁萍、刘哲、刘海龙、贾海峰所著《基于 LID-BMPs 的历史文化区降雨径流管理方案及模拟评估》。

SUSTAIN 中将 LID-BMPs 设施分为点状、线状、面状和集成式四大类，支持模拟生物滞留设施、干塘、湿塘、雨水罐、蓄水池等十余种 LID-BMPs 设施。SUSTAIN 采用 ArcGIS 作为基础平台，支持基本的数据管理、BMPs 选址、各模块构件的连接以及与外部模型数据的交互等。除 ArcGIS 平台之外，SUSTAIN 系统还包括 5 大功能模块：用地产流模块、BMPs 模拟模块、径流输送模块、优化模块和后处理模块。

2014 年住房和城乡建设部《海绵城市建设技术指南》中将年径流总量控制率作为海绵城市建设的一个推荐控制目标，并将我国大陆划分为五个区域，对应于不同的控制目标：其中北京市所在区域年径流控制率建议为75%～85%，本次设计中采取 85% 的年径流总量控制率作为控制目标，对应于一年一遇的 1h 降雨量［图 2.6.3（1）］，设计降雨量为 33.6mm（采取 Pilgrim & Cordery 法进行雨量分配，步长取 5min），蒸发数据选取北京多年月平均蒸发数据［图 2.6.3（2）］。针对模型中部分水文参数与水质参数，本次设计中设置 COD 与 SS 两种污染物，下垫面类型设置路面、屋面、绿地三类（表 2.6.1）。

图 2.6.1　清华大学大礼堂场地背景条件：（1）清华大学大礼堂；（2）场地区位及积水点（图片拍摄：毛旭辉、许鲁萍、刘哲）

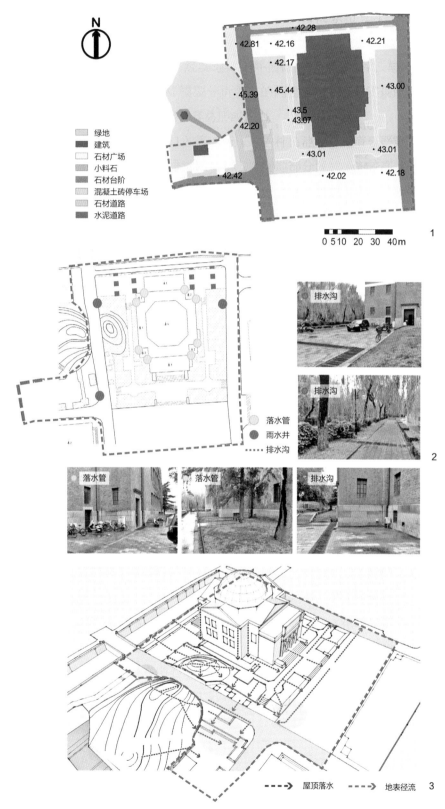

图 2.6.2　大礼堂场地现状分析：（1）下垫面类型；（2）场地排水设施；（3）排水路径

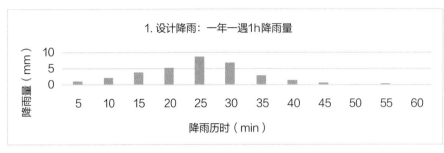

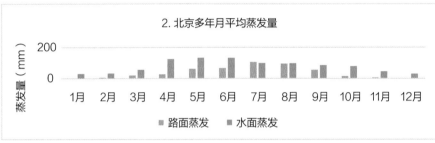

图 2.6.3 模拟分析采用的降雨与蒸发数据：（1）一年一遇 1h 降雨量；（2）北京多年月平均蒸发量

表 2.6.1 SUSTAIN 模型中部分水文参数与水质参数

参数		取值					
水文参数	透水地表洼蓄量	12mm					
	不透水地表洼蓄量	2mm					
	透水地表曼宁系数	0.01					
	不透水地表曼宁系数	0.002					
水质参数	污染物	COD			SS		
	雨水浓度（mg/L）	20			10		
	降解速率常数	0.15			0.15		
	清扫去除效率	0.3			0.3		
	下垫面类型	路面	屋面	绿地	路面	屋面	绿地
	最大累积量（kg/hm²）	150	70	30	250	130	50
	累计速率常数	0.5	0.5	0.5	0.5	0.5	0.5
	半饱和时间（d）	4	4	4	4	4	4
	冲刷系数	0.007	0.006	0.003	0.008	0.007	0.005
	冲刷指数	0.4	0.6	0.4	1.6	1.7	1.4
	清洁效率	70%	0	0	70%	0	0
	BMP 效率	0	0	50%	0	0	50%

根据现状积水状况及现有雨水管、雨水井等设施分布，将研究区域划分为三个大的汇水分区，含 14 个汇水单元［图 2.6.4（1）］。模型中设置汇水单元间的排水路径，汇水单元内按现状布置雨水节点，没有雨水口则设虚拟节点，按照流向设置径流路径，雨水出口为径流最终入河处［图 2.6.4（2）］。设计降雨历时 1h，考虑到产汇流时间及蒸发等，模型中实际模拟历时两天，模拟时间步长为 5min，并最终选取雨水流入校河的出口，分析区域内降雨 – 出流响应关系（图 2.6.5）。

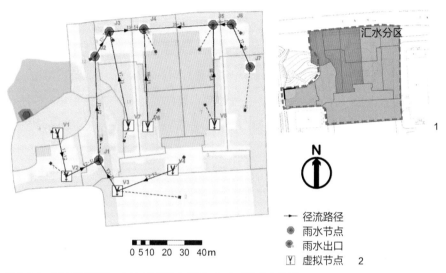

图 2.6.4　场地基础信息：（1）现状汇水分区；（2）现状排水路径

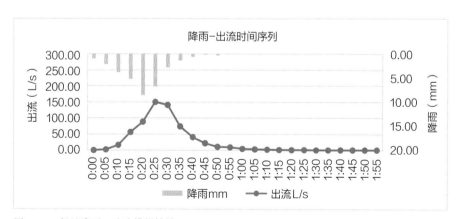

图 2.6.5　场地降雨 – 出流模拟结果

模拟结果显示，大礼堂区域总的径流系数为 0.71，即在北京一年一遇 1h 降雨事件中，有 71% 的雨水转化为径流，出流的 COD 和 SS 污染负荷分别为 4.31kg 和 3.81kg。区域内现状无法满足 85% 的年径流总量控制率要求，需进行降雨径流控制设施的规划设计。

设计策略

　　场地内包含建筑、路面、绿地三种下垫面类型。由于大礼堂为清华大学早期建筑，其景观格局与文化底蕴密切相关，不能随意改变。因此本次设计仅针对路面和绿地选择 LID-BMPs 设施布局，见总平面图［图2.6.6（1）］。设计方案中，对原先的汇水分区进行部分修改，得到 A～D 四个汇水分区和15 个汇水单元；雨洪管理设计细节分别针对小汇水单元制定，设计重点在 A、B 汇水分区［图2.6.6（2）］。

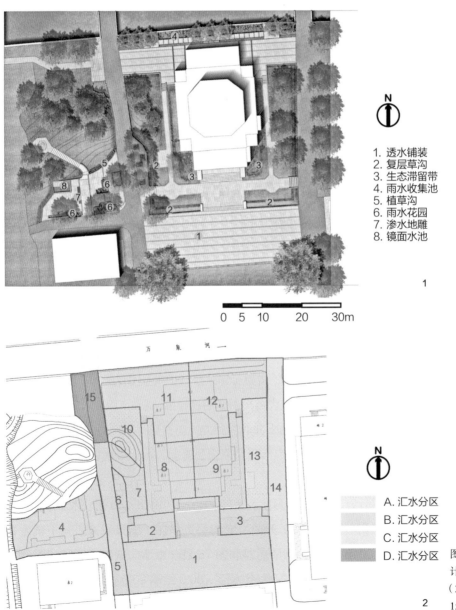

N

1. 透水铺装
2. 复层草沟
3. 生态滞留带
4. 雨水收集池
5. 植草沟
6. 雨水花园
7. 渗水地雕
8. 镜面水池

1

0　5　10　　20　　30m

万　泉　河

N

A. 汇水分区
B. 汇水分区
C. 汇水分区
D. 汇水分区

图2.6.6　雨洪管理设计：（1）总平面图；（2）设计汇水分区与15个汇水单元

2

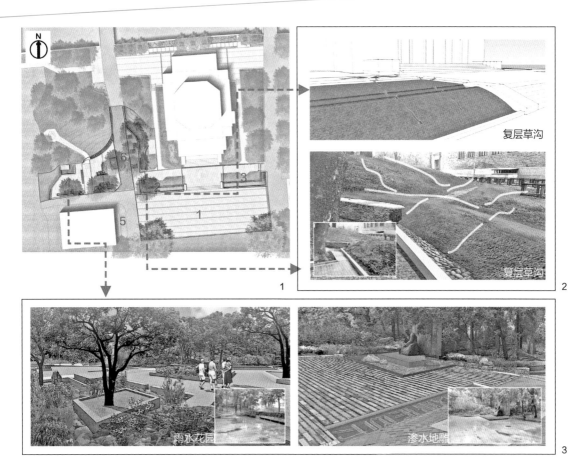

图 2.6.7　A 汇水分区
雨洪管理设计策略图

　　A 汇水分区包含 1~7 号汇水单元。通过重新设计汇水路径，在各汇水单元设计雨水处理设施，实现雨水径流排放合理有序，实现一年一遇不外排。具体设计策略如下（图 2.6.7）：1 号汇水单元设计透水铺装；2 号、3 号汇水单元设计复层草沟，对即时雨水径流进行滞缓和蓄存，在保证整体景观风貌的基础上不破坏整体的绿地草坡形式；4 号汇水单元设计雨水花园，就地解决场地内雨水；5 号汇水单元为车行道，雨水排入 4 号汇水单元解决；6 号汇水单元设计树池和透水铺装，解决自身雨水径流；7 号汇水单元为绿地，设计草沟、绿地自身下渗解决场地的径流。

　　其中 4 号汇水单元为闻一多广场，有较强的景观塑造需求。现状场地是用树池围合成的一个较封闭的广场，铺装采用不透水材质，积水严重。将场地设计成雨水花园的形式，雨水进入场地进行净化过滤，再排入地下蓄水池。同时在闻一多雕塑前设计一个镜面水池，在滞蓄雨水的同时形成光影效果。结合雕塑设计地面下沉浮雕，突出广场特色。地面材质采用透水铺装。

　　B 汇水分区（图 2.6.8）包含 8~12 号汇水单元：8 号汇水单元包括大礼

堂建筑西南角及周边绿地；9号汇水单元包括大礼堂建筑东南角及周边绿地，均设计为植草沟与生物滞留带；10号汇水单元包括大礼堂西侧绿地的北坡，设计为缓坡草沟；11号汇水单元包括大礼堂建筑西北角及周边广场；12号汇水单元包括大礼堂建筑东北角及周边广场，两者北侧均至校河，均设计植物过滤池及雨水收集池。

C汇水分区包含13号、14号汇水单元：13号汇水单元包括大礼堂建筑东侧绿地，设计为植草沟；14号汇水单元为场地东侧车行道，雨水导入12号汇水单元。

D汇水分区包含15号汇水单元，具体包括场地西北角停车位，设计为生物滞留池，多余雨水设置盲管导入11号汇水单元。

具体计算结果如下：

（1）8号、9号汇水单元分别利用植草沟将建筑南侧两个雨水管雨水及周边绿地雨水导入南侧生物滞留带。生物滞留带平面面积35.5m²，深0.48m，为缓坡低势绿地，可调蓄雨水9.2m³。绿地下埋穿孔管及溢流管，将多余雨水导入11号、12号汇水单元。

（2）11号、12号汇水单元分为广场、植物过滤池、雨水收集池三部分。首先，广场部分要承接建筑屋面雨水，12号单元还将承接14号单元雨水径流。通过改造原有铺装做法，沿用原有石材面砖，但垫层铺设粗砂，基层为级配碎石，增加广场透水性。广场中根据建筑雨水管位置设置排水沟，将雨水导入植物过滤池内。根据11号、12号单元峰值产流18.12L/s，14号单元汇入峰值雨水流量15.57L/s，排水沟截面0.06m²，纵坡1%。其次，植物过滤池位于广场北侧，连接广场与雨水收集池，面积为21m²，深度0.3m，可收纳雨水6.3m³，种植灯芯草、千屈菜。过滤池内设置溢流管和穿孔盲管接入雨水收集池内，主要功能为初步过滤、净化屋面及广场雨水，调蓄小型雨量。最后，雨水收集池位于校河南侧，面积70m²，下层铺设模块化雨水收集箱（深度0.5m），可容纳雨水35m³。雨水收集池内设置雨水井，内设抽水泵坑，定期将收集雨水用作周边绿地喷灌。最终计算结果为：11号、12号汇水单元将承纳自身雨水21.7m³、8号、9号汇水单元汇入3.36m³、14号汇水单元汇入18.39m³且15号汇水单元汇入3.1m³。

（3）10号、13号汇水单元为原有草坡改造，设计利用原绿地边缘，设置0.5m宽，0.1m深植草沟。因此10号单元植草沟面积14m²，容积1.4m³（需要容纳雨水1.24m³）；13号单元植草沟面积25m²，容积2.5m³（需要容纳雨水1.83m³）。

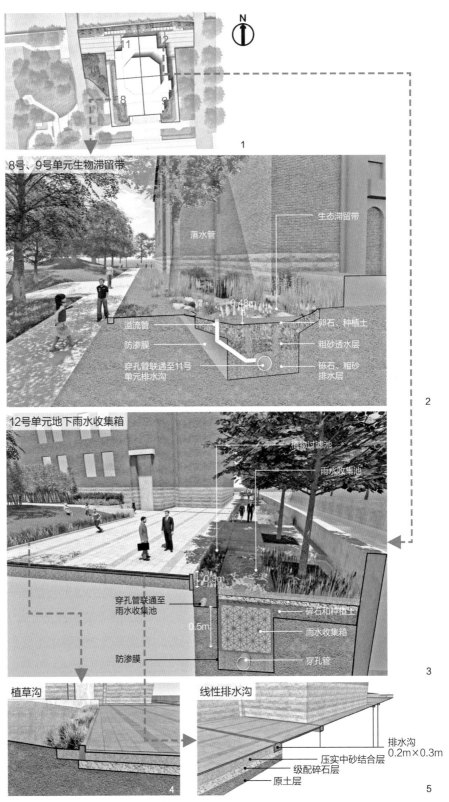

图 2.6.8 B 汇水分区雨洪管理设计策略图

（4）15号汇水单元设计沿南侧草坡设置植物滞留塘，收集停车位雨水，滞留塘面积 20m^2，深度 0.3m，合计 6m^3（需要容纳雨水 9.1m^3）。多余雨量沿盲管导入 11 号单元植物过滤池内。

雨洪管理设计方案中的 LID-BMPs 设施概化为蓄水池、雨水花园、透水铺装、植草沟四种，据此设计汇水路径［图 2.6.9（1），图 2.6.9（2）］，在 SUSTAIN 模型中进行 LID-BMPs 设施的布局［图 2.6.9（3）］；选取南北两个最终收水的蓄水池作为评价点，模拟其出流流量和 COD、SS 污染负荷（图 2.6.10）。LID-BMPs 情景在设计降雨条件下，南北两个蓄水池都无出流，外排 COD、SS 负荷为 0。

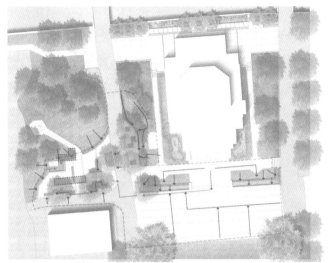

集水区
地表径流路径
明渠
暗渠
地下蓄水池

1

集水区
地表径流路径
明渠

2

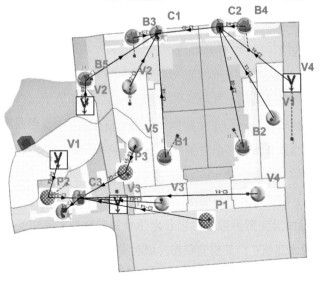

传输路径
汇水路径
评价点
蓄水池
雨水花园
透水铺装
植草沟
虚拟节点

3

图 2.6.9　设计成果：
（1）A 汇水分区设计汇
水路径；（2）B、C、D
汇水分区设计汇水路
径；（3）设计 SUSTAIN
模型

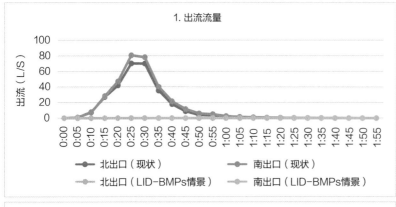

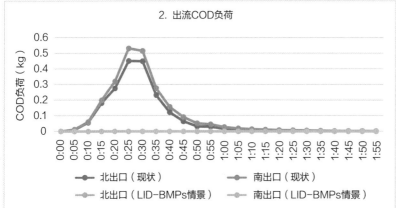

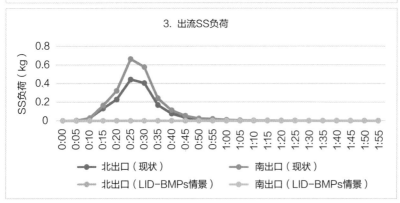

图 2.6.10 设计后模拟结果:(1)出流流量;(2)出流 COD 负荷;(3)出流 SS 负荷

2.7　清华大学31~37号宿舍楼中庭空间改造设计（2016年）[①]

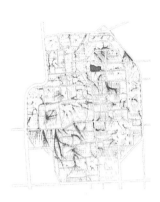

　　针对学生公寓区一块约 1.1hm² 的场地进行雨洪管理研究与设计，是对于绿色校园生活景观与雨洪管理之间关系的一次探讨。通过水文模块的组合设计，选择合适的绿色雨水设施，以期解决这块地段内两年一遇强度的暴雨积水问题，并通过景观设计，激活学生宿舍周边场地，提高其空间使用效率，使得在较低成本的维护水平上达到良好的景观视觉效果与使用功能。

场地现状及积水问题

　　地段位于清华大学北侧学生宿舍区，是由 31 号、32 号、33 号、36 号及 37 号研究生公寓围合出的内院空间［图 2.7.1（1）］。场地以北为紫荆路，西为学堂路，东靠近新民路。场地面积约 11976m²。经过入夏几次降水实地观察，发现场地排水存在较为严重的问题：道路低洼处常有局部积水，绿地与硬质铺装处也产生较大面积积水，积水深度最大可达行人脚踝处［图 2.7.1（2）~图 2.7.1（6）］。该场地的道路及广场承担学生及职工通行的功能，积水造成一定通行困难，并影响场地其他功能使用，是本次设计需重点解决的问题。

　　造成积水的原因为低洼处的硬质铺装雨水无法渗透，同时路缘石隔断雨水向绿地流动。除此之外该区域的收水算子位于主要道路——学堂路与紫荆路上，因此场地的设计排水是排向道路。但由于道路局部沉降造成雨水在外流到机动车道的过程中路径受阻形成积水。同时在算子附近也因为竖向处理不当易造成积水。另外，场地与西侧学堂路相接处存在约 80cm 的高差，草地与人行道的过渡区域是一段护坡，使用人工砌块防止土壤流失。但由于坡度较陡且缺少植被的覆盖，降雨时场地内部超标雨水流到外部过程中仍导致部分泥土随径流冲刷到道路上。

[①] 本节展示的是 2015 级硕士研究生刘伟、李燕艳、向鹏天完成的《景观水文》课程研究成果。

图 2.7.1　研究场地：（1）研究范围卫星图；（2）～（6）场地主要的积水点（图片拍摄：刘伟、李燕艳、向鹏天）

从竖向［图 2.7.2（1）］上来看，场地现状基本为东高西低，整体高差1m 左右。图中第一级橙色表示为最高部分，由两个中心圆形植物种植池组成。第二级橘黄色为次高部分，比橘色低 0.5m 左右。第三级黄色为人行道及绿地的过渡部分，整体比第二级低 0.5m 左右，为向场地外部延伸的缓坡。第四级黄绿色为绿色机动车道。

下垫面总体包括建筑硬化屋顶、砖铺地、片石铺装及绿地等，径流系数各自不同［图 2.7.2（2）］。该场地砂壤土、壤土、黏土等都有分布，另外由于比周围建筑建成晚，又经近年重新改造，还可能有建筑垃圾、回填土等，说明该地段土壤质地构成较为复杂，已非完全自然土壤。经过对现场雨水冲刷现状的观察，场地土壤基本满足设计雨水入渗系统的要求，但渗透性不高，可以考虑通过局部换土来提高土壤渗透性能，且换后的入渗层厚度应能保证蓄渗设计的要求。同时对场地整体交通流线及道路等级也进行了梳理［图 2.7.2（3）］。

场地建筑为研究生宿舍，为折线组合形式，围合内部绿地。场地景观构筑物包括自行车棚、健身器材、风井、热水泵房、简易木质座椅等，分散布置，使用情况不佳［图 2.7.3（1）］，设计考虑部分拆除和提升。现状场地范围内有 20 个建筑雨水管、2 个雨水井，无雨水箅子，整体雨水管网流向为自东向西、自南向北。场地内雨水向四周汇流，外部雨水均通过硬质铺装汇流到场地外部机动车道上［图 2.7.3（2）］。因周边道路及场地内竖向施工不到位，导致场地及道路局部低洼，排水不畅，加之缺乏市政排水设施，每逢暴雨便极易产生多个积水点。

场地现状植物主要包括乔木、灌木、草本三种类型［图 2.7.3（3）］。整体长势繁茂，生机盎然，但底层灌木与草本种植较杂乱。典型植物包括皂角、朴树、油松、银杏、悬铃木等乔木，碧桃、紫荆、海棠、玉兰、大叶黄杨、紫叶小檗、月季等乔灌木，以及早熟禾等草本植物。

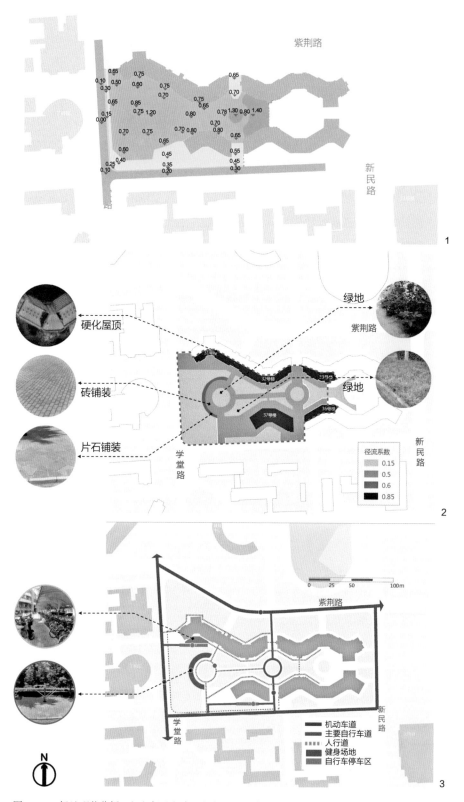

图 2.7.2 场地现状分析：（1）场地竖向；（2）下垫面类型及径流系数；（3）场地交通分析

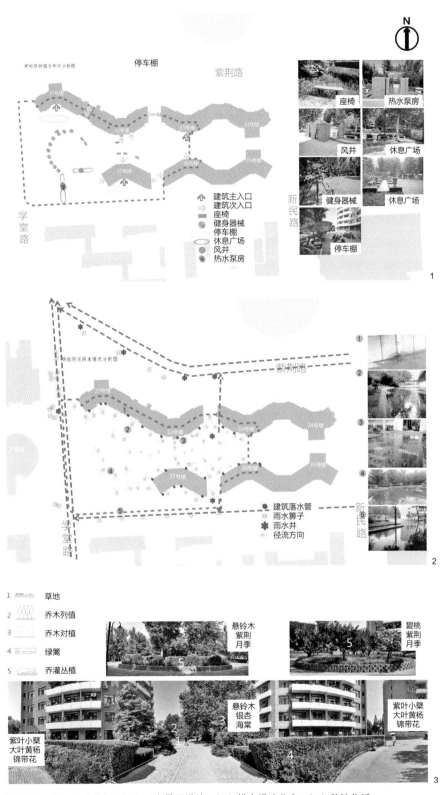

图 2.7.3　场地现状分析：（1）现有景观设施；（2）排水设施分布；（3）种植分析

设计策略

基于场地现状竖向高程信息，划分四个汇水分区，进行水文计算 [图 2.7.4（1）]。汇水分区 1～4 的面积分别为：4675m²、4097m²、1066m² 和 2136m²。分区 1 是整个场地最主要的雨水收集和下渗区域，不仅收集产自其内部的雨水及径流，同时也容纳分区 2 和分区 3 中生物滞留地的超标溢流雨水；分区 2 主要收集产自硬质屋顶的大量径流、渗透性铺装的有组织排出径流及少量绿地径流；分区 3 是场地最高之处，主要收集硬质屋顶、渗透性铺装、绿地等径流；分区 4 主要收集原硬质铺装广场和硬质屋顶的径流，以减轻大量地表径流对南侧市政排水设施的压力，减少道路积水事件的发生。

场地改造重新整理地形 [图 2.7.4（2）]，按照低影响开发模式（Low Impact Development，LID）进行设计 [图 2.7.4（3），图 2.7.5]。基于经济性原则采用一系列较低成本的雨洪管理设施，并考虑处理场地径流产生的面源污染。因此设施选择考虑下渗和过滤需要，侧重渗透和传输技术，包括渗透性铺装（全渗透性和半渗透型）、生物滞留地（包括简单型和复杂型）、干支砾石沟等，并结合雨水管、地下暗管、雨水算子、市政雨水管网、市政雨水井等其他设施，共同完成场地内径流总量控制、雨水径流过滤和超标雨水排放目标。在保证良好景观的前提下，设计简洁、实用、易施工的体现场地特质的景观小品。尽量保留场地原有植物景观，在草本上选择易管理、易养护的乡土植物。

设计根据每一个汇水分区的下垫面类型、汇水面积、雨量径流系数（参考《海绵城市建设技术指南——低影响开发雨水系统构建》规范第 50 页相关数据）和设计降雨量（两年一遇 24h 降雨量 70mm 标准）计算出分区 1、2、3、4 的产流量分别为：80.19m³、93.13m³、52.25m³ 和 34.59m³，总汇水量为 260.2m³，设计后的汇水量相比设计前减少 100m³ 左右（以 70mm 的设计降雨量为参考）。同时，根据每一个汇水分区的汇水量，结合场地现状条件设计生物滞留地的面积和深度分别为：分区 1 面积为 622.33m²，深 0.3m；分区 2 面积为 107.49m²，深 0.25m；分区 3 面积为 77.44m²，深 0.35m；分区 4 面积为 54.1m²，深 0.25m。其中，分区 1 的生物滞留地除容纳本身 80.19m³ 的雨水外，还容纳分区 2 和分区 4 的 66.26m³、21.06m³ 的溢流雨水；分区 2 和分区 4 的实际容量为 26.87m³、13.53m³；分区 3 实际容量为 27.10m³，有 25.15m³ 左右的雨水就近排入市政雨水井。根据水文计算（表 2.7.1），设计后整个场地的雨水径流量控制率超过 90%。

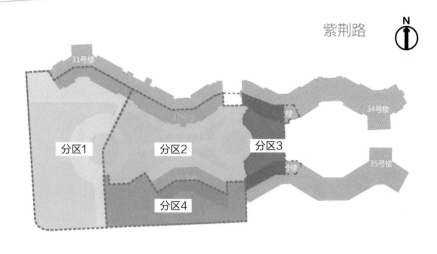

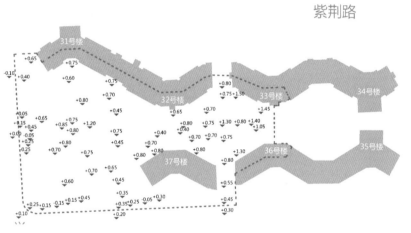

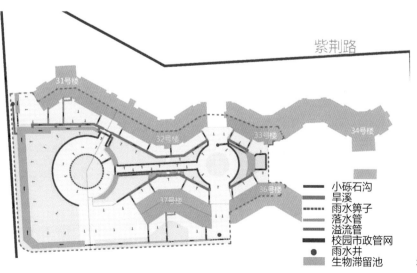

图 2.7.4 场地设计:(1)设计汇水分区;(2)竖向设计;(3)雨洪管理设施分布

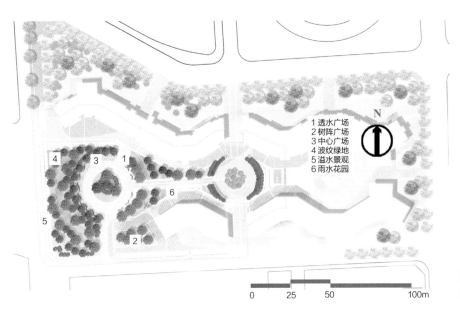

1 透水广场
2 树阵广场
3 中心广场
4 波纹绿地
5 溢水景观
6 雨水花园

N

0 25 50 100m

图 2.7.5 设计总平面图

表 2.7.1 设计汇水区水文数据

分区编号	下垫面类型	汇水面积 (F, m²)	雨量径流系数 (ψ)	设计降雨量 (H, mm)	汇水量 (V, m³)	实际蓄水和下渗量 (m³)	设计中生物滞留地面积 (m²)	需要生物滞留地面积 (m²)	生物滞留地深度 (m)
1	硬化屋顶	347.7	0.85	70	20.69				
	绿地	2632.8	0.15	70	27.64				
	渗透铺装	1314.3	0.3	70	27.60				
	硬质铺装(原有)	67.6	0.9	70	4.26				
	分区量				80.19	167.52	622.33	558.39	0.3
2	硬化屋顶	855.1	0.85	70	50.88				
	绿地	1280.5	0.15	70	13.45				
	渗透铺装	1934.6	0.2	70	27.08				
	硬质铺装(原有)	27.4	0.9	70	1.73				
	分区量				93.13	26.87	107.49	372.54	0.25
3	草地、砖和卵石混合铺装	261.9	0.2	70	3.67				
	硬化屋顶	322.2	0.85	70	19.17				
	绿地	299.7	0.15	70	3.15				
	渗透铺装	1250.9	0.3	70	26.27				
	分区量				52.25	27.10	77.44	149.30	0.35

续表

分区编号	下垫面类型	汇水面积 (F, m^2)	雨量径流系数 (ψ)	设计降雨量 (H, mm)	汇水量 (V, m^3)	实际蓄水和下渗量 (m^3)	设计中生物滞留地面积 (m^2)	需要生物滞留地面积 (m^2)	生物滞留地深度 (m)
4	硬化屋顶	405.7	0.85	70	24.14				
	绿地	326	0.15	70	3.42				
	渗透铺装	334.6	0.3	70	7.03				
	分区量				34.59	13.53	54.10	138.36	0.25
总汇水量					260.2				

场地雨水花园的设计目标定为调蓄两年一遇 24h 暴雨（日暴雨）。据资料，北京市一年一遇的日暴雨量 45mm，两年一遇的为 70mm。基于此规模，总体设计 4 处雨水花园。在西侧最低洼处所在汇水分区内设较大规模雨水花园，处理中心道路两侧地块内不能调蓄的雨水以及整个西侧场地的雨水，过量雨水外排。其他分区根据径流总量分别设置相应调蓄规模的雨水花园。

环形广场节点的雨水处理，利用渗透性铺装结合地下暗管与周边的生物滞留地相连 [图 2.7.6（1）]。建筑屋顶雨水经雨水管排至可渗透铺装，再通过地下导管进入生物滞留地，同时地面径流先进入砾石沟再传输至生物滞留地，超量雨水将进入下一级滞留地 [图 2.7.6（2）]。台阶式生物滞留地有助于解决西侧土壤冲刷问题。通过台阶与 S 形沟渠减缓雨洪峰值的到来并降低其强度，同时减小坡度并通过植物加强对土壤的固定作用。雨水在传输过程中进一步下渗，超量雨水可通过暗管排入学堂路上的市政管网中 [图 2.7.6（3）]。因现状健身器材利用率很低，选择去除，而设计简洁、实用、易施工的景观座椅 [图 2.7.6（4）]。

图 2.7.6 设计细节：（1）环形广场节点雨水处理策略；（2）建筑屋面雨水处理与雨水花园景观；（3）台地式生物滞留地景观设计策略；（4）景观小品座椅

2.8 清华大学明德路世纪林段雨洪管理景观设计（2016 年）[①]

明德路是清华大学校园东部交通主干道，也是东北部宿舍区与东部教学区的主要联系通道，因此人车流量大，存在一定道路径流污染及路面积水等问题。其中世纪林地段地形复杂，场地范围内有建筑屋面汇水与道路汇水，也拥有较为集中的绿地可供利用，包含源头、中途和末端环节，有潜力应用多种雨洪管理设施类型，具有典型研究价值。通过模型模拟，并采用雨水花园等

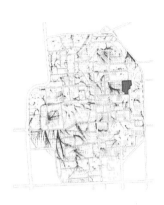

一系列相关技术措施，使区域能够缓解两年一遇以下的暴雨内涝问题，并使雨洪管理与景观功能融为一体，实现雨水可持续利用等目标。

场地现状及积水问题

根据地形与竖向高程［图 2.8.1（1）］可将场地分为三个区域：东侧区域地形最高，与道路之间以挡墙相接，中部道路区域由南向北骤降，西侧区域由东南向西北也逐渐降低。场地下垫面类型［图 2.8.1（2）］主要有绿地、植草砖铺地、铺装广场、道路、停车场、建构筑物等，其中绿地占比 64.4%，为区域内占比最大的下垫面类型。铺装广场、人行道等硬质铺装透水性差，绿地多为粉砂壤，透水性较好［图 2.8.1（3）］。

场地现状种植方式包括乔灌草、乔草和草坪［图 2.8.1（4）］。主要落叶乔木有毛白杨、国槐、绦柳、白蜡、银杏；常绿乔木有油松、圆柏、白皮松、雪松；小乔木有碧桃、紫叶李；灌木主要为丁香、金银木；地被植物主要为月季、绣线菊、甘野菊及冷季型草坪。

场地主要建筑物集中于东侧台地，为平屋顶建筑。现状雨水设施主要包括建筑雨水管、地下雨水沟、台地出水口、道路雨箅子和地下雨水管网［图 2.8.1（5）］。场地功能主要分为三个区域［图 2.8.1（6）］：绿地、教学科研区、停车区。场地现状在机动车道和人行道之间无非机动车道，存在人车混行的状况。

[①] 本节展示的是 2016 级硕士研究生刘一瑶、谢辛、赵柳、张旭东完成的《景观水文》课程研究成果。

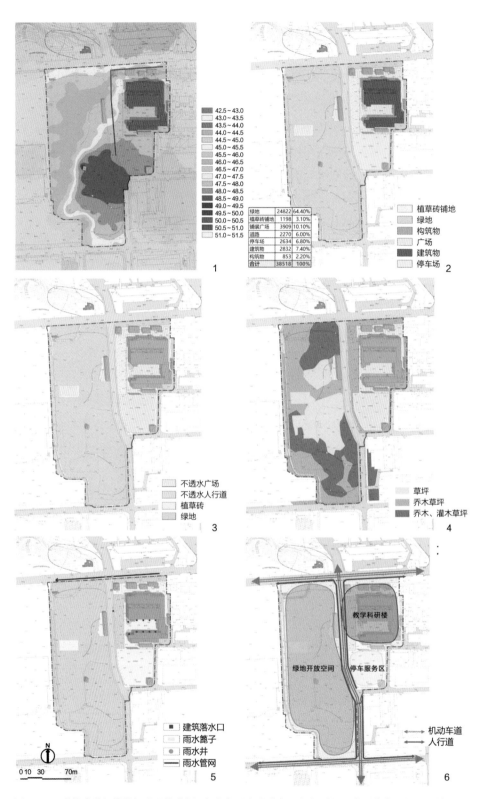

图 2.8.1　明德路世纪林段场地现状分析：（1）场地竖向分析；（2）下垫面类型分布；（3）室外地表
类型及渗透性；（4）现状种植分区；（5）灰色雨水设施布局；（6）场地功能分区及交通流线

基于场地数据的收集和处理、SWMM 模型构建和评价，确定初步方案，通过调整优化得出最终方案。根据地形竖向划分为 8 个子汇水分区，结合现场考察得出地表汇水方向［图 2.8.2（1）］。由于下垫面类型及各子汇水区特点不同，其面积和渗透性百分比也不同。结合清华大学校园现状，模拟采用两年一遇设计暴雨标准，总降雨量为 70.9mm［图 2.8.2（2）］。模拟得到现状该区域的径流量连续性数据，可以看出由于本区域绿地面积较大，雨水可以自然入渗，径流系数低，地表蓄存的雨水量极少。

名称	面积（m²）	不渗透性百分比（%）
S1	1371	10
S2	3127	90
S3	2426	75
S4	5843	80
S5	357	10
S6	3713	20
S7	597	15
S8	6296	20
合计	23730	

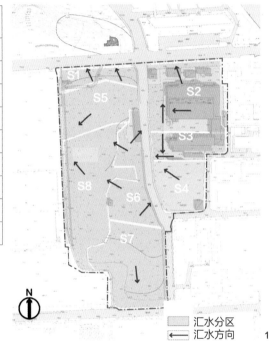

现状径流量连续性	
总降水（mm）	70.9
蒸发损失（mm）	0.00
渗入损失（mm）	38.477
地表径流（mm）	31.977
最终地表蓄水（mm）	0.808
综合径流系数	0.451

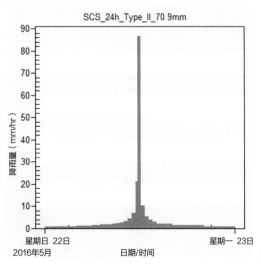

图 2.8.2　现状模拟：
（1）现状汇水分区划分；
（2）两年一遇 24h 降雨曲线及场地径流流量模拟结果

通过计算调蓄容积与渗透面积，得出雨洪管理目标。调蓄容积计算采用容积法，依据公式 $W=10\psi hF$。公式中 W 代表雨水设计径流总量（m^3），ψ 代表雨量径流系数，h 代表设计降雨量（mm），F 指代汇水面积（hm^2）。渗透面积计算依据公式 $W_s=akJ\times A_s t_s\geqslant W$。式中，$A_s$ 指需要配置的有效渗透面积（m^2），设计雨水入渗量 W_s 取 70.9mm，设计暴雨最大日雨水径流量 W，渗透时间 t_s 取 24h（24h×3600s），结合清华大学校园主要为粉砂的土壤类型，渗透系数 k 取 8×10^{-6}m/s，综合安全系数 a 取 0.65，水力坡降 J 取 1。

综上在模型中得出两年一遇约 70.9mm 的设计暴雨下各子汇水分区的径流深和径流系数。场地改造按照低影响开发模式（Low Impact Development，LID）进行设计，利用上述公式计算出各个分区相对应的调蓄容积和渗透面积（表 2.8.1），从而指导下一步 LID 设施类型的选择和面积及深度的确定。

表 2.8.1　两年一遇暴雨下各子汇水分区水文数据

名称	面积（m^2）	不渗透性百分比（%）	70.9mm 设计暴雨总径流深（mm）	各分区径流系数	各分区调蓄容积（m^3）	渗透面积设置（m^2）
S1	1371	10	15.39	0.217	21.09	46.95
S2	3127	90	63.17	0.891	197.54	439.68
S3	2426	75	54.24	0.765	131.58	292.87
S4	5843	80	57.07	0.805	333.49	742.27
S5	357	10	14.18	0.2	5.06	11.27
S6	3713	20	20.35	0.287	75.55	168.17
S7	597	15	16.59	0.234	9.90	22.05
S8	6296	20	19.71	0.278	124.10	276.21
合计	23730				898.32	1999.46

设计策略

总体设计策略为挖掘场地特性，满足场地功能，充分利用雨水资源，使景观设计与水文过程有机融合，同时充分考虑人的活动需求。

明德路东侧结合现状地形拆除原有挡墙、围栏，设计为台地式种植池；明德路西侧绿地结合现状地形以雨水湿塘和下凹式绿地为中心，东部设计为适合活动的慢行系统和小型集散广场，西部设计为适合休闲散步、静坐休憩的木平台和木栈道，形成动静结合的两大活动区域。设计利用障景、对景、框景等手法，充分考虑人的活动需求及游览体验，塑造可游、可憩、可观、可赏的校园环境（图 2.8.3）。

　　为保证明德路与紫荆路、至善路的自然衔接，明德路竖向基本保持不变。其东侧竖向只将高差进行景观化调整处理，设计为 3 级 600mm 高的台地种植池；其西侧根据现状东南高西北低的特点，因形就势将西北侧低点设为下凹式绿地和湿塘，由此产生的土方用来塑造西侧和北侧高起的围合地形，实现土方平衡，并形成周边高中间低的地势，增加中心空间的围合感［图 2.8.4（1）］。

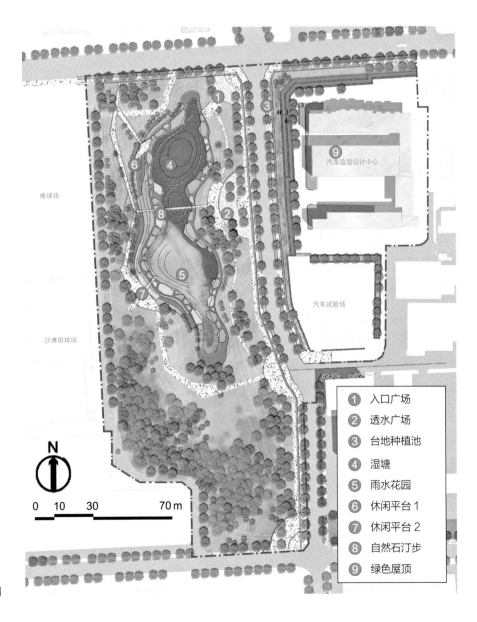

①	入口广场
②	透水广场
③	台地种植池
④	湿塘
⑤	雨水花园
⑥	休闲平台 1
⑦	休闲平台 2
⑧	自然石汀步
⑨	绿色屋顶

图 2.8.3　总平面图

通过将明德路拓宽，增加非机动车道，实现人车分流，并在道路西侧增加慢行系统，缓解交通压力［图 2.8.4（2）］。西侧绿地形成环形游览道路系统，便于游览和赏景。植物景观设计［图 2.8.4（3）］根据景观效果和场地存水情况分为：园林植物景观区、浅塘植物区、下凹草坪区、湿生植物区。园林植物区以现状植物品种为主，适当增加彩叶树种，如紫叶李、紫叶矮樱等；浅塘植物区以较为耐旱并耐短时间积水的植物为主，如马蔺、鸢尾等；湿塘区以湿生植物为主，如黄菖蒲、千屈菜等；下凹草坪区以耐践踏的冷季型草坪草为主。

明德路东侧建筑改造为绿色屋顶（图 2.8.5），雨水经过滤净化后通过雨水管汇入绿地，经再次净化进入地下管渠，通过台地种植池层层跌落进入植草沟，一部分直接汇入道路东北角的雨水花园，另一部分经净化排入地下暗渠，最终汇入明德路西侧雨水湿地。明德路地表径流通过道路排水坡度先进入隔离带进行初步滞留，再通过渗透管井下渗至地下暗渠，最终汇入雨水湿塘。明德路西侧雨水一部分从下凹式绿地汇入湿塘，另一部分直接汇入湿塘。汇入湿塘的雨水经过生物滞留和净化最终汇入雨水收集池，进行回收利用。

设计细节

明德路东侧将原有自行车棚挪至场地其他地方，拆除原有围墙，将该处改造为供人休息停留的场地，增加与西侧绿地的视线交流，改造为台地种植池，实现雨水滞留，通过种植池下的植草沟将雨水汇入东北角的雨水花园［图 2.8.6（1），图 2.8.6（2）］。世纪林西南侧入口广场位于明德路与紫荆路交叉口，距学校东北门很近，是去往学校其他区域的必经之地，要满足场地集散需求，通过设置景观墙将世纪林植树活动展示出来，起到展示宣传及教育作用，同时将场地雨水收集汇入雨水湿塘［图 2.8.6（3）］。下凹式草坪区标高相对较高，在遇强降雨时会短时间积水，在非雨季时可作为阳光草坪满足休闲活动需求［图 2.8.6（4）］。湿塘区地势最低，是雨水的主要汇集点，通过增加水生植物营造生态雨水湿塘，也创造一处可以放松身心的自然景观［图 2.8.6（5）］。

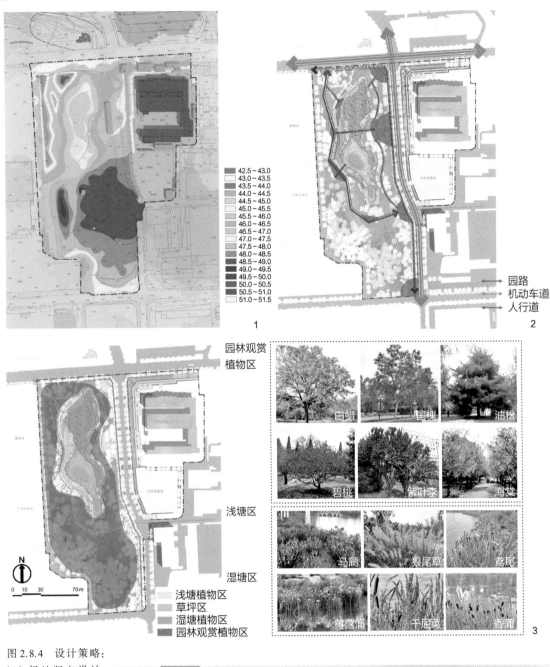

42.5 ~ 43.0
43.0 ~ 43.5
43.5 ~ 44.0
44.0 ~ 44.5
44.5 ~ 45.0
45.0 ~ 45.5
45.5 ~ 46.0
46.0 ~ 46.5
46.5 ~ 47.0
47.0 ~ 47.5
47.5 ~ 48.0
48.0 ~ 48.5
48.5 ~ 49.0
49.0 ~ 49.5
49.5 ~ 50.0
50.0 ~ 50.5
50.5 ~ 51.0
51.0 ~ 51.5

1

园路
机动车道
人行道

2

园林观赏
植物区

浅塘区

湿塘区

N

0　10　30　　70m

浅塘植物区
草坪区
湿塘植物区
园林观赏植物区

白蜡　　国槐　　油松
碧桃　　紫叶李　海棠

马蔺　　狼尾草　鸢尾
黄菖蒲　千屈菜　香蒲

3

图 2.8.4　设计策略：
（1）场地竖向设计；
（2）交通梳理；（3）种
植分区及植物选择

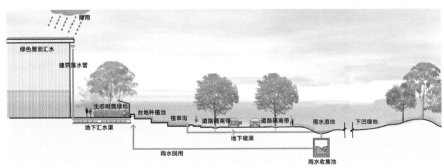

降雨
绿色屋面汇水
建筑落水管
生态附属绿地
地面汇水渠
台地种植池
植草沟
道路隔离带
道路隔离带
雨水湿地
下凹绿地
地下暗渠
雨水回用
雨水收集池

图 2.8.5　雨水管理设
计流程图

图 2.8.6 设计细节效果图：（1）、（2）明德路东侧；（3）透水入口广场；（4）下凹式草坪区；（5）湿塘区

　　对设计前后进行水文计算和对比。在 SWMM 模型中对应子汇水区布置上述 LID 措施，同样在两年一遇设计暴雨（70.9mm）标准下进行模拟，得到径流量数据［图 2.8.7（1）］。可以看出设计后场地径流系数由 0.451 变为 0.315，径流量有明显削减。同时地表蓄水量增加 406m^3，可在雨水湿地下修建一个 500m^3 的蓄水池，将地表蓄水排入，以便再利用。

　　同时，增设 LID 后对于节点的溢流量也有明显削减。模型［图 2.8.7（2）］中填充斜线的几何形即为不同的子汇水区，圆点为管道节点；黑色粗实线为管段。节点的不同颜色表示不同的边侧溢流量，左图为现状，右图为设计 LID 措施之后。左图现状节点多为黄色和红色，表明溢流量超过 0.16m^3/s。右图设计节点颜色变为蓝色，表示溢流量均有所下降，其中 J2 降幅最大，由 0.13 降为 0.04m^3/s。而设计前后，整个系统的径流量曲线也发生明显变化［图 2.8.7（3）］，现状的径流量峰值约为 0.5m^3/s，而设计后径流量峰值下降到 0.3m^3/s，说明所布置的 LID 措施对于削减径流有很好的效果。

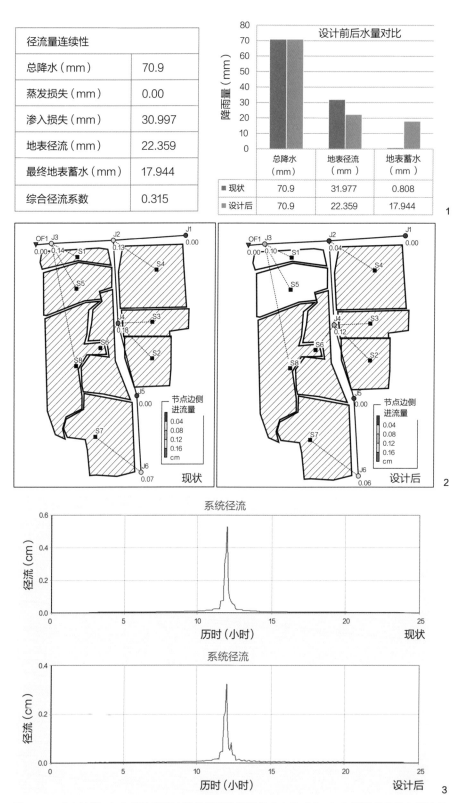

图 2.8.7 水文计算:(1)设计径流连续性模拟及设计前后水量对比;(2)设计前后节点溢流量对比;(3)设计前后系统径流量对比

2.9　清华大学新民路东体育场改造设计（2018 年）[①]

　　体育场是常见的校园景观之一。清华大学有"为祖国健康工作五十年"的传统，全校范围内有多种多样的室内外体育活动场所。但室外的足球、篮球、排球、乒乓球等体育场地硬质程度高，若排水组织不畅极易造成场地积水；同时室外体育场用地相对集中，可利用空间有限，因此对这一类型的场地进行雨洪管理设计探索尤为重要。基于"空间限制下的雨洪管理"的主题，基于模型模拟利用多种设计方式探讨清华大学新民路东体育场的雨洪管理策略，在有限的空间环境下构建了从源头滞留、过程传输到末端收集的完整雨洪管理技术体系。

场地现状及积水问题

　　场地北侧是至善路，南侧是校园道路（东接清华大学综合体育馆北门），西侧是新民路，东侧是东区体育场，总面积约 13500m² （图 2.9.1，图 2.9.2）。场地内绿地极为有限，仅占总面积的 15%（表 2.9.1）。

表 2.9.1　场地下垫面类型统计

类别	项目	面积（m²）	百分比（%）
塑胶场地面积	不透水塑胶场地面积	7200	53.33
	透水塑胶场地面积	560	4.15
硬质铺装面积	铺地砖	580	4.30
	嵌草砖	770	5.70
	花岗石	510	3.78
	沥青	980	7.26
绿地	硬化种植土	220	1.65
	绿地	2000	14.80
建筑占地面积		700	5.03
总面积		13500	100

[①] 本节展示的是 2017 级硕士研究生潭融、徐锋、林声亮完成的《景观水文》课程研究成果。

1. 主路（东侧连接综合体育馆北门）
2. 南区球场
3. 中央花坛
4. 新民路
5. 学生公寓10号楼
6. 东区体育场
7. 北区球场
8. 至善路

0 10 20   40m

N

中央花坛

南区球场

图 2.9.1　新民路东侧体育场现状总平面图及实景鸟瞰照片

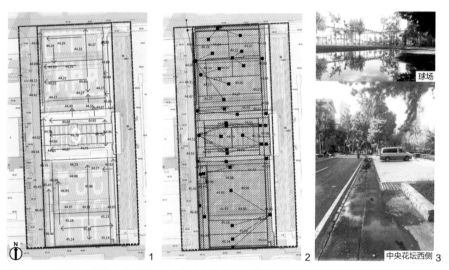

球场

中央花坛西侧

图 2.9.2　新民路东侧体育场现状：（1）场地竖向高程、排水方向分析；（2）现状汇水分区；（3）积水点实景照片（图片拍摄：潭融、徐锋、林声亮）

首先选用与季风气候相近的 SCS2 雨型，模拟北京市三年一遇 24h、105mm 的降雨，利用 SWMM 模型发现场地积水比较严重的区域为中央花坛西侧区域及其南北两侧道路。经实地调研并拍摄雨后实景照片，与 SWMM 模型测算相吻合。除 SWMM 模型分析得出的问题之外，根据实景照片还发现球场内有部分雨水难以排出，容易形成积水。

进一步分析积水原因：（1）篮球场边缘的种植池收边及道牙严重阻隔排水，径流留在球场内，导致排水不畅；（2）场地部分区域竖向较高，积水会向较低区域回灌；（3）场地内硬化程度高，现有绿地面积占比小且分散，消纳雨水能力低；（4）部分种植池的土壤压实程度过高，降雨时雨水无法很好地下渗（图 2.9.3）。

种植池、道牙阻隔排水　　　　　　　　　　　　　绿地种植土硬化程度高

图 2.9.3　体育场积水问题成因分析（图片拍摄：谭融、徐锋、林声亮）

设计策略

为解决上述问题，从源头消减、集中消解、末端雨水收集三个层次提出了系统性的雨洪管理设计策略（图 2.9.4）。源头消减策略：（1）整合现有分散的乔木种植池，在有限的条件下增加绿地面积；（2）将现有硬质压实的种植池种植土置换成下渗较好的种植土并增设下渗填料层；（3）消除球场周边现有种植池道牙阻隔，提高现状绿地接受径流的效率，保证径流可以排入周边绿地。集中消解策略：在场地西侧积水点附近增设雨水花园，提升场地对雨水的滞留和消纳能力。雨水收集回用策略：由于场地硬质部分过大，进一步考虑雨水收集装置，在中心花坛西侧地下设计储水箱，将场地无法消纳的径流进行集中收集回用，增设喷泉景观。

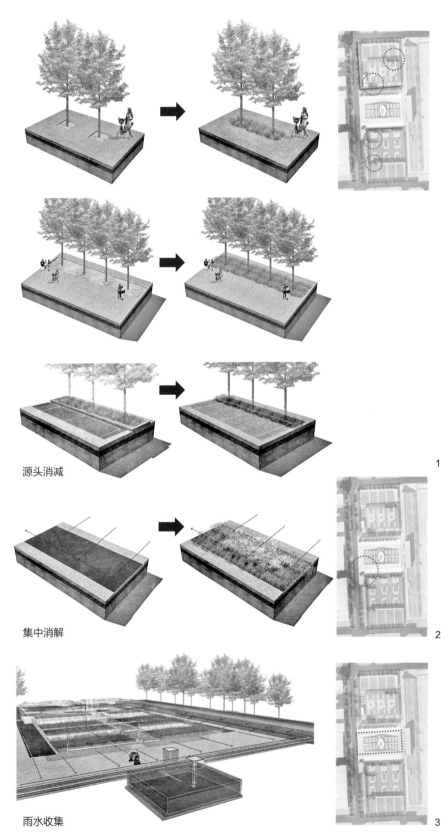

源头消减

集中消解

雨水收集

1

2

3

图 2.9.4 新民路东侧体育场雨洪管理设计策略:(1)源头消减;(2)集中消解;(3)雨水收集

设计细节

源头消减（图2.9.5）：主要集中在球场内侧，经细致测算及布局后，设计后不透水塑胶场地面积减少了100m²，花岗石面积减少150m²，可用于消解雨水的绿地面积增加了约500m²，并且在置换种植土及连接种植池后，绿地下渗能力提升。同时在新增带状绿地上设计景观座椅，在提高绿地消纳雨水能力的同时增设了运动休憩空间。另外原有绿地高于道路和球场，道路雨水流入球场，导致球场雨水无法汇入绿地而形成积水。设计消除种植池周边道牙，同时为球场和道路增加道牙石，通过调整坡度改变汇水方向，使道路和球场的水流入绿地，进一步提高了绿地消纳雨水的比率。

集中消解（图2.9.6）：针对球场外侧紧邻球场并接近积水点的空地，设置主要发挥滞蓄和下渗功能的雨水花园。主要消纳对象为球场径流以及少部分道路污染径流，还可发挥一定净化作用。雨水花园设计面积约为80m²，种植土厚度为300mm。

图 2.9.5　体育场雨洪管理"源头消减"设计细节：（1）11处地块位置示意；（2）～（4）设计前后对比

改动位置

1　　　　　　3　　　　　　4

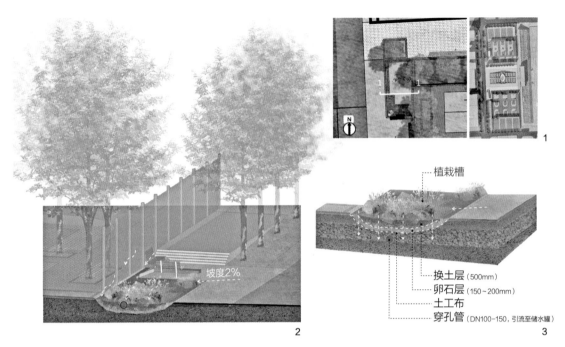

图 2.9.6　体育场雨洪管理"集中消解"设计细节：（1）位置示意；（2）体育场西侧的雨水花园鸟瞰图；（3）雨水花园剖面 1-1

雨水收集（图 2.9.7）：集中收集中心广场处的超标径流，在中心花坛广场周边铺装上设置四条缝隙式排水沟，将雨水汇集至场地下方的雨水箱当中。收集的雨水主要用于支持场地的喷泉景观。设计拟采用中心直上喷头的集束喷泉，收集量约为 50m³，喷泉的设计流量为 19m³/h，喷高最大为 3m，喷洒直径约为 1.0mm。粗略计算按照 7m×7m×1m 的集水量，可基本保证喷泉景观每天供观赏的持续时间达到 2h。

设计前后对比

选用 SCS2 雨型代替北京市三年一遇 24h、105mm 的降雨，再次利用 SWMM 模型对改造后的场地进行效果验证模拟（图 2.9.8）。最终地表径流深度为 0.1m（106.421mm），北半侧径流体积约为 650m³，南半侧径流体积约为 650m³；如果按照地表径流流入红线内外的比例各 50%，最终流入汇水区 66 的径流体积约为 300m³。地表径流深度设计后比设计前降低约 7mm，设计后比设计前多蓄水约 12m³。

对于汇水分区 66、67 和 56（主要积水点地块），比较了设计前后（50m³ 蓄水箱＋其他灰绿设施）的地表径流变化曲线（图 2.9.8）。设计后径流峰值持续时间明显缩短，汇水分区 67 的峰值流量由 0.11 降至 0.09，汇水分区 66 的峰值流量由 0.09 降至 0.06，汇水分区 56 的峰值流量设计前后基本持平。

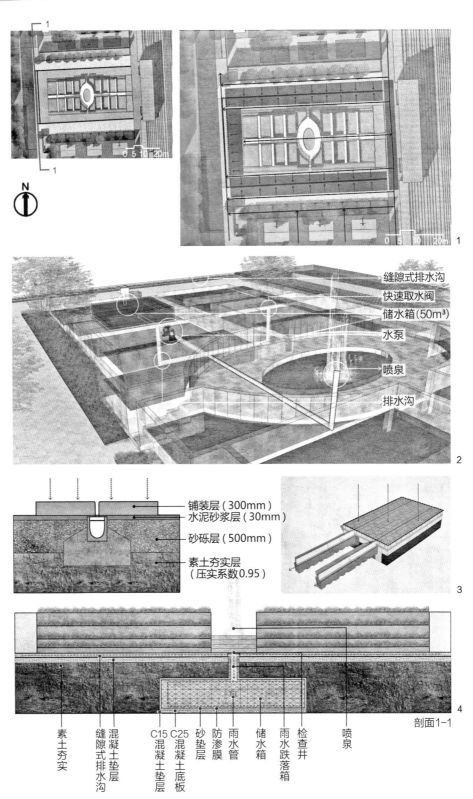

缝隙式排水沟

快速取水阀

储水箱(50m³)

水泵

喷泉

排水沟

铺装层（300mm）

水泥砂浆层（30mm）

砂砾层（500mm）

素土夯实层（压实系数0.95）

素土夯实　缝隙式排水沟　混凝土垫层　C15混凝土垫层　C25混凝土底板　砂垫层　防渗膜　雨水管　储水箱　雨水跌落箱　检查井　喷泉

剖面1-1

图 2.9.7　体育场雨洪管理"雨水收集"设计细节：（1）位置示意及场地汇水分析；（2）中央花坛喷泉及西侧地下蓄水池分布图；（3）缝隙式排水沟设计细节；（4）剖面 1-1

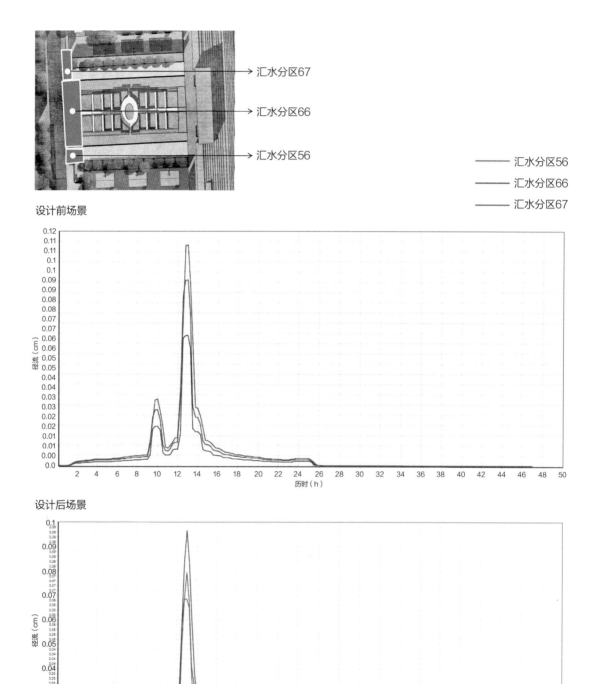

图 2.9.8　体育场三个汇水分区设计前后径流 SWMM 模型分析比较

2.10　清华大学新民路与至善路交叉口及 30 号学生公寓雨洪管理景观设计（2018 年）①

地段为清华大学校园新民路与至善路交叉口及 30 号学生公寓地块。该地段既包含了交通积水点，也包含学生公寓周边绿地，雨洪管理改造设计在解决道路交叉口积水的同时也旨在提升地段活力。从场地积水问题出发，选择了宿舍广场空间、绿地下沉空间及道路岔口空间作为典型空间单元探讨其雨洪管理策略。通过使用 SWMM 模型模拟场地的积水点，进一步通过细致的空间建模及剖透视呈现其雨洪管理与景观设计策略。

场地现状及积水问题

设计场地位于清华大学校园新民路与至善路的交汇口，面积约 $10000m^2$，范围内包含车行道路新民路与至善路交叉口、道旁绿地、12 号和 30 号学生公寓及一个综合运动场地。

高程竖向方面，场地以新民路与至善路的道路交叉口为基准，向东、向北、向南逐渐升高，向西逐渐减低。场地出水口位于场地最西侧，而西侧和东侧场地都高于道路，导致了至善路西段容易积水 [图 2.10.1（1）]。

场地周边的校园绿地标高高于道路，使得绿地无法收集道路雨水，道路雨水直接进入管网。30 号学生公寓北侧有一处下沉闲置绿地空间，与旁边道路未能很好结合，利用率低，竖向上缺乏处理，容易积水 [图 2.10.1（2）]。学生公寓区的广场主要用作停车，缺乏有效组织，同时缺少停车棚。场地为硬质不透水铺装，缺少绿地空间，下雨时易积水 [图 2.10.1（3）]。另外，30 号公寓建筑的硬质散水不仅影响隐私，也构成了一定的积水隐患 [图 2.10.1（4）]。

通过对场地进行细致的子汇水分区划分，利用 SWMM 软件采用 SCS2 雨型代替北京市三年一遇 24h、105mm 降雨模拟场地的径流深度（图 2.10.2），结果表明在洪峰期间道路西侧及交叉口径流量较大，而周边绿地有较大的利用潜力和空间。

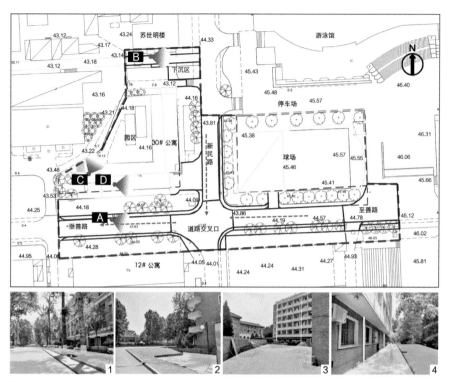

图 2.10.1 场地现状及积水点分布（图片拍摄：齐亮萱、张晓哲、赵锦华）

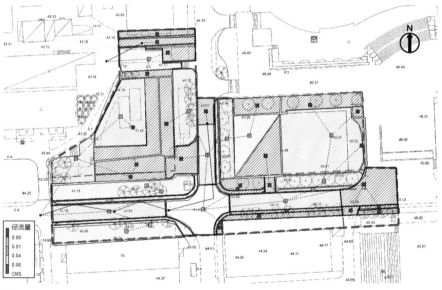

图 2.10.2 场地 SWMM 模型的建立与分析

设计策略及设计细节

通过系统组织雨水花园、透水铺装、道路截水沟、高位植坛等多种设施（图 2.10.3），实现如下目标：（1）减缓暴雨时的道路径流，并一定程度上削减道路径流污染；（2）提升场地公共空间品质和绿地使用频率。

将场地划分为道路汇水分区、北侧地块汇水分区及球场汇水分区，重点选取道路汇水分区中的易积水点道路西段（场地一）、北侧地块汇水分区的下沉空间（场地二）及公寓广场（场地三）作为典型空间单元。下面具体介绍雨洪管理及景观设计的细节。

场地一（图2.10.4）为至善路（场地内西路段，为主要积水点）及道路两边的绿化空间。将两侧绿地局部改造成兼具景观休憩功能的雨水花园。结合道路减速带设计道路截水沟装置，其上层为钢条箅子，作减速带使用；下部设置暗沟，将道路径流导入至善路两侧绿地。道路径流往往具有较高浓度的污染物，考虑经过雨水花园的生物净化作用削减道路径流污染，多余径流可下渗或导入市政管网，最终达到提高水质、减缓路面径流的效果。同时为提升绿地的使用效率，发挥雨水花园的展示教育功能，增设带缝隙的木平台作为休憩空间，吸引学生进入绿地空间。

场地二（图2.10.5）为30号宿舍楼的北侧下沉绿地，为解决场地积水问题，顺应场地高程将绿地营造成三层跌落的多级雨水花园体系，至善路道路径流可以自然流入这一体系，得以充分净化。同时本块绿地面积较大，也承载南侧公寓园区内超标雨水。在最底层雨水花园下侧设置蓄水模块，满足日常景观灌溉的需求。

区域三（图2.10.6）为30号宿舍楼的公共广场空间，设计突出场地的休闲实用功能，将自行车停放、休憩、交流等功能与雨水花园、高位植坛等雨水设施相结合，力图在满足生活需求的前提下最大可能解决场地雨水问题。具体措施包括：（1）活动广场及停车空间采用透水铺装；（2）增设连贯的自行车棚，通过空间限定一定程度上解决乱停车问题；（3）取消建筑雨水管下的散水，避免通行，解决了一层同学的隐私问题，代之为通过高位植坛承接屋顶落水；（4）在场地西侧设计雨水花园，收集西侧道路径流，同时承接广场超标雨水。

再次利用SWMM模型对改造后的场地进行了效果验证模拟。最终地表径流深度为93.4mm，较设计前减少16.1mm，北半侧径流体积约为650m³，南半侧径流体积约有650m³；如果按地表径流流入红线内外比例各50%，最终流入汇水区66的积水体积约有300m³。

比较设计前后道路交叉口、道路向交叉口下游（西段，主要积水点）及交叉口西侧绿地等三个汇水分区的地表径流变化曲线（图2.10.7），设计后径流峰值持续时间明显缩短，道路向交叉口下游汇水分区峰值流量大幅削减，由0.03降至0.01。

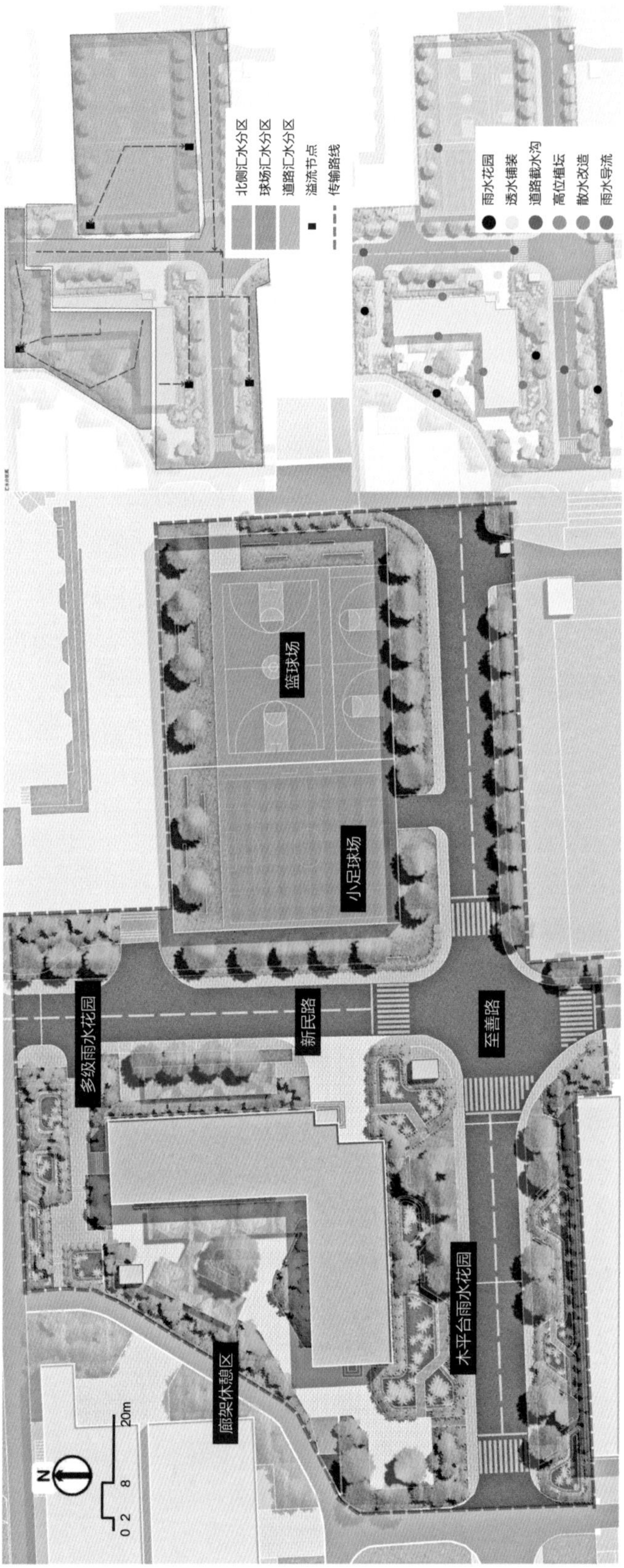

图 2.10.3　设计方案：设计总平面图、汇水分区图及策略分布图

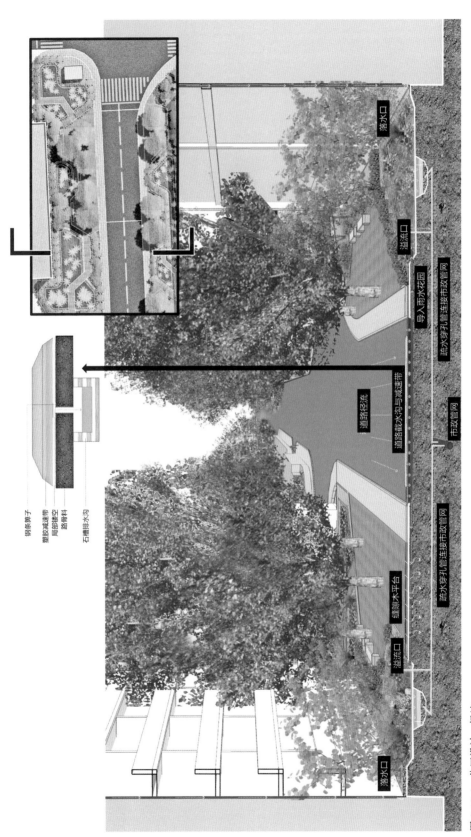

钢条算子
塑胶减速带
局部镂空
路骨料
石槽排水沟

落水口
溢流口
导入雨水花园
道路径流
道路截水沟与减速带
缝隙木平台
溢流口
落水口
疏水穿孔管连接市政管网
市政管网
疏水穿孔管连接市政管网

图 2.10.4　分区设计：场地一

图 2.10.5 分区设计：场地二

图 2.10.6　分区设计：场地三

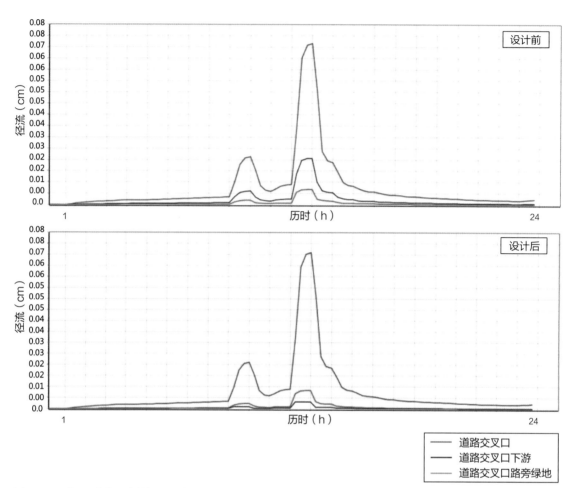

图 2.10.7 典型汇水分区设计前后径流变化对比

2.11　清华大学绿色屋顶调研及建筑馆绿色屋顶设计（2019年）

2.11.1　清华大学绿色屋顶调研 ①

1. 绿色屋顶的概念及其雨洪管理功能

"绿色屋顶"（Green Roof）是与城市传统硬化的"灰色屋顶"（Brown Roof）相对应的概念，可广泛地理解为在各类建筑物、构筑物、桥梁、立交桥等的屋顶、露台、阳台或大型人工假山上进行造园与种植的统称。在绿色屋顶设计和研究领域使用的"屋顶花园"（Roof Garden）、"生态屋顶"（Eco-roof）、"屋顶绿化"等词汇均表达了相似的意思。

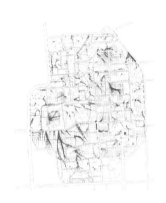

随着城市内涝、热岛效应等环境问题的加剧，绿色屋顶开始用于应对城市雨洪问题，参与雨水滞蓄、建筑节能及小气候调节。具体来讲，绿色屋顶能够对局部小气候下的水文过程（降雨、蒸发、下渗、滞留、净化等）产生重要影响。根据其在控制径流、改善水质方面发挥的作用，可将绿色屋顶对径流的影响总结为水量与水质两个方面：（1）绿色屋顶能在一定程度上降低降雨产生的径流峰值，减少总径流量，延缓产流时间，并在较长时间段内通过蒸散发等方式慢慢释放绿化屋顶土壤层所蓄滞的水分，使城市水文循环过程趋于自然化；（2）屋面径流是城市径流的主要污染源之一，相较于传统的硬化屋面，绿色屋面对雨水中绝大部分污染物（TSS、COD、TP、TN 等）具有一定的削减作用。

通过总结国内外相关案例，可以将当前绿色屋顶研究分为两类：针对精细化的可上人绿色屋顶（Intensive Green Roof）的设计、种植及使用评估研究；针对粗放式种植绿色屋顶（Extensive Green Roof）的植物生长、水文学及热力学过程研究。绿色屋顶与地面景观在设计上有着明显的技术差别，主要体现在土壤介质、植物种植与雨水技术三个方面，因此需要构建土壤—植物—水文为一体的技术体系，其中雨水技术显得尤为特殊。这是因为一方面水是联系屋面生态过程与地面生态过程的纽带，另一方面水具有多面性，涉及水防护、水利用、水景观及水监测等方面，需要综合考量。

水防护是绿色屋顶雨洪管理的前提，屋面防水处理的好坏直接影响绿色

---

① 本节展示的是 2016 级硕士研究生周怀宇完成的《景观水文》课程调研成果。

屋顶的使用和建筑物的安全。常见的绿色屋顶结构层次为植物层、种植介质、过滤层、蓄排水层、保湿层、隔根层、防渗漏层和原有屋面防水层（包含二次防水）。现阶段我国一般建筑物屋顶排水系统均未考虑建造屋顶花园所需要排出的植物渗透水和水体工程水，特别是浇灌水和水池污水中所含的植物根系、泥沙等杂质。因此既有建筑建设绿色屋顶要进行二次防水改造，完成原有屋面防水性能检测和二次防水层的铺设。

　　绿色屋顶的水利用研究侧重于如何使用技术手段承接自然雨水并配合人工供排水，实现植物浇灌、景观营造甚至建筑用水补给，以达到一定的生态效益。绿色屋顶的水利用包含收集与消耗两个方面：收集强调依托雨洪管理的技术体系，通过植物、土壤、收集池等进行雨水截流、滞蓄、净化和收集；消耗主要利用喷灌、滴灌、渗灌、雾灌等技术，利用雨水收集系统或城市供水系统进行灌溉。如都市绿创团队（Innovative Urban Green）在同济大学科学楼设计完成的 150m² 的屋顶花园 Joy Garden 中，利用原有屋面向北的排坡，在北侧设置雨水沟实现雨水收集，雨水净化后被用于植物滴灌（图 2.11.1）。

图 2.11.1　同济大学科学楼 Joy Garden 的雨水利用与滴灌系统［图片来源：董楠楠，吴静，石鸿，罗琳琳，刘颂. 基于全生命周期成本—效益模型的屋顶绿化综合效益评估——以 Joy Garden 为例［J］. 中国园林，2019，35（12）：52-57.］

　　绿色屋顶水景观基本囊括了地面花园所有的水景观类型，包括屋顶水池（游泳池）、屋顶喷泉、屋顶跌水、屋顶瀑布及屋顶湿地等。除人工水外，雨水是绿色屋顶水景观的重要补水来源，而营造水景观是绿色屋顶雨水利用的重要方式。在满足荷载及防水的条件下，绿色屋顶上的水池、喷泉、跌水、瀑布等与地面花园相比，在技术工艺上并无明显区别。但在水景观营造时要注意其面积、重量和风力影响，最好在建筑建设初期就规划好屋面供水设备。

　　在实践项目中，还需要对绿色屋顶的绩效进行定量监测和评估，有利于指导绿色屋顶雨水设施的维护与管理，评估屋顶竖向组织、设施容量设计的合理性。绿色屋顶水监测主要利用气象站、流量传感器、取样器等设备，形成包含雨水源头—过程—终端的监测链。美国风景园林师协会（ASLA）总部大楼屋顶花园设计项目中，利用流量传感器及自动取样器共收集了 65 场降雨事件的数据，研究绿色屋顶对径流流量与污染物的削减作用。

2. 清华大学绿色屋顶调研分析

清华大学校园的建筑屋顶出于安全考虑大多处于封闭状态，但现有三处绿色屋顶位于人文社科图书馆、建筑节能馆和环境馆。其中建筑节能馆绿色屋顶为后期建设，人文社科图书馆和环境馆在设计之初就纳入，仅环境馆绿色屋顶对外开放。通过实地调研与相关资料总结，分析比较了这三处绿色屋顶的类型、面积、使用情况、排水方式、水技术体系、植被类型等相关问题（表 2.11.1）。

表 2.11.1　清华大学绿色屋顶案例比较

绿色屋顶位置	人文社科图书馆	建筑节能馆	环境馆第二、五、七层
绿色屋顶照片			
面积	$8976m^2$	$503.5m^2$	$2350m^2$
绿色屋顶类型	科研 – 休闲型（暂不开放）	科研 – 屋顶农场型	休闲游憩型
使用现状	不对访客开放，员工定期清理、浇水、检修，供清华大学水利系研究	不对访客开放，建筑技术系师生共同维护，收获蔬菜分发给各个课题组	自由进入，春夏季使用频繁，开展学术讨论、举办晚会
排水方式	屋面内排水	屋面外排水	屋面内排水
雨水技术体系	气象站 雨水监测技术 滴灌系统	屋面二次防水 定时自动浇灌系统	自然雨水浇灌 配合滴灌系统
植物	佛甲草、野草	韭菜、豆角、西红柿、南瓜、茄子	藤本、蕨类
现状问题	无女儿墙，防护高度 20cm，有一定安全隐患；植物退化严重；滴灌管渠裸露；道路系统不明确	灌溉管渠裸露，浇灌系统较为浪费水，农场产量较低	内向排水造成的局部积水问题

雨水监测技术方面，人文社科图书馆绿色屋顶通过降雨量及径流监测对比，研究绿色屋顶对径流的削减作用，设计了整套雨水监测系统（图 2.11.2）。包括一处太阳能小型气象站，监测距离屋面 1m 和 2m 处的大气温度、风速、

雨量和热辐射。流量装置用于监测屋顶面积为 $23m^2$ 的小面积绿地的产流情况。监测仪器直接连接屋面落水口，堵住了原有落水口。降雨时，雨水管雨水会积满而溢流进入流量计，读数后径流从仪器外管道排到下层屋顶，再利用屋顶内排水排出。

节能灌溉（图 2.11.3）方面，环境馆屋顶花园利用滴灌系统灌溉，水源为自来水。将水用塑料管直接送至植物根部附近，滴头将水慢慢滴出，使水分能够有效率地到达根部并且被利用，保证植物根部处于良好的生长状态，同时使远离根部的土壤保持干燥，有效地降低了土壤板结。人文社科图书馆屋顶花园利用喷灌系统灌溉，有压水（流量 $q = 250L/h$）通过管道运送到喷头，然后向上喷射到空中散开，水分均匀地分布在植物的表面。其浇水周期为 2 周，水源为自来水，单次用时 1～1.5 小时，根据喷灌布置可知，绿地每平方米单次灌溉耗水量约 180L。

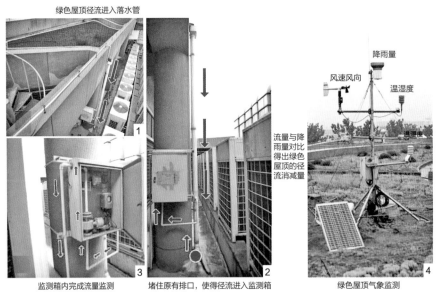

图 2.11.2 人文社科图书馆绿色屋顶雨水监测技术（图片拍摄：周怀宇）

图 2.11.3 环境馆滴灌系统（左）；人文社科图书馆喷灌系统（右）（图片拍摄：周怀宇）

2.11.2　清华大学建筑馆绿色屋顶设计 [①]

清华大学现有大量平顶建筑，具有建设绿色屋顶的潜力。校园内现有的三处绿色屋顶各具特色，分别侧重科研（人文社科图书馆）、种植（建筑节能馆）和休闲（环境馆）需求，其中建筑节能馆绿色屋顶从早期科研功能转为后期的屋顶农场。2019 年《景观水文》课程选择建筑馆西南侧屋顶作为场地，探讨校园绿色屋顶的设计及使用模式。

设计场地［图 2.11.4（1）］位于建筑馆西南侧的 2 层屋顶，其下为建筑馆门厅的南侧展厅，面积约 117m²。目前放置一处小型气象监测站，无其他用途；从空间上看较为孤立，无入口进出，与周边缺乏联系。从高程［图 2.11.4（2）］上看，场地比建筑馆三层的室内图书馆、楼梯间高 1.3m 左右，如作为公共空间开放使用，需消化入口高差、创造连接通道并解决雨水倒灌问题。现状屋顶女儿墙高度仅为 0.4m，出于安全性考虑需加高护栏并注意其与整体外立面的协调。从排水上看，场地处在建筑馆西南侧的排水分区内，雨水管位于屋顶西南角和西北角，场地内部的排水坡向从东北至西南，唯一的排水口位于西南角。从日照条件上看，由于场地所在屋顶朝西，且居于建筑馆最低，在周边高建筑体量的围合下，荫蔽度较高且荫蔽时间较长。通过SU 光照模拟（图 2.11.5），以北京地区 8 月 15 日的数据为例，从时间维度来看，场地在早上 10 点前基本处于全荫蔽状态，午间 12 点基本达到半荫半阳，下午 3 点后光照条件较好，可知该场地较适于午后至傍晚使用，可根据不同时节人对光照的需求进行人为活动设计；从空间维度来看，场地光照条件大体从南向北由荫蔽到向阳，以南部最为荫蔽，而中西部光照条件最为良好，可为后期种植设计与人的活动提供指导。

[①] 本节展示的是 2018 级博士研究生周语夏和硕士研究生陈雪婷完成的《景观水文》课程研究成果。

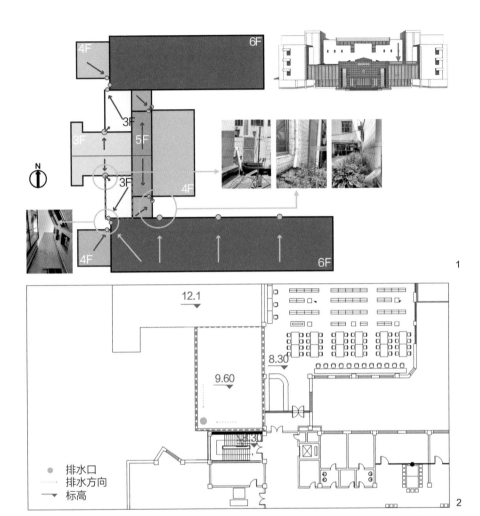

图 2.11.4 建筑馆绿色屋顶设计场地现状：（1）场地范围及场地排水；（2）场地高程及排水

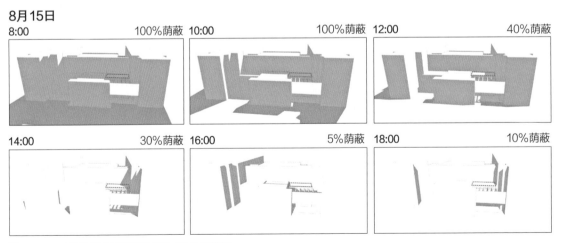

图 2.11.5 建筑馆绿色屋顶设计场地 SU 光照模拟

设计方案 1

　　屋面现状排水方式为雨水径流流至西南角并由雨水管排出。屋顶空间现未得到充分利用，缺乏交流、活动设施，拟设计为可上人的绿色屋顶。具体设计目标与定位：（1）功能复合，兼具公共交往、生态、教育及科研功能，具有示范性；（2）促进公共交往，通过增设简单的室外家具以提供午餐、讨论、休憩等灵活空间；（3）生态与教育，以"屋面雨水径流控制"教育与科研用途为目标，将屋面雨水收集—渗滤—排出的处理系统可视化，在处理设计屋面上空雨水径流的同时，兼顾处理相邻屋面部分雨水，并在重要节点配备监测设备，兼具现场教学与数据收集的作用（图 2.11.6）。

　　建筑馆绿色屋顶方案一（图 2.11.7～图 2.11.9）的具体生成步骤如下：（1）屋顶花园入口位置拟设于原图书馆门禁处，对此处进行适当压缩，从而保证屋面入口不影响图书馆正常使用；（2）形成一个新的汇水屋面，以中心工字钢水槽为汇水线，增长雨水径流的削减与净化过程，拟将汇水线用工字钢水槽明确地显现出来，使降雨过程中的雨水流动可视化，有助于教学展示；（3）屋面四周建立线性种植池，根据屋顶的光照环境及耐旱喜湿特性选择不同的植物种植，线性种植池之间以附玻璃盖板的砾石槽隔开，在下雨时可检测雨水过滤效果，北矮墙用北海道黄杨密集种植遮挡，南高墙挂铁丝爬地锦垂直绿化，改善花园环境；（4）设置模块化雨水渗滤装置，对于屋面雨水进行收集与过滤，也作为景观模块，类型多样，可发动学生参与设计，其复合功能包括雨水净化、公共休憩及景观装饰，通过多种类型渗滤介质可以探讨屋顶绿化、雨洪管理、空间利用及适合屋顶的轻质材料等多种有趣的设计科研议题；（5）屋面四周沿种植池形成多样的休憩空间，或视野开阔可眺望，或私密安静，满足不同使用需求，并在入口处设置实验种植池，用于科研及教学。

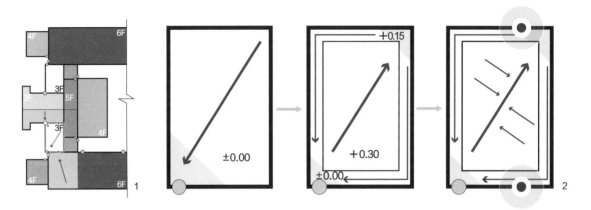

图 2.11.6 建筑馆绿色屋顶设计：（1）排水体系；（2）设计策略

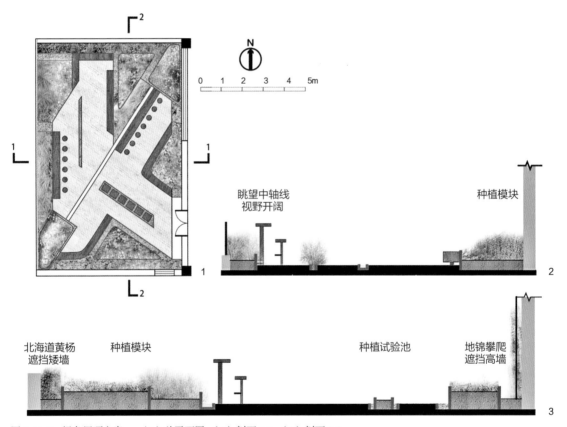

图 2.11.7 绿色屋顶方案一：（1）总平面图；（2）剖面 1-1；（3）剖面 2-2

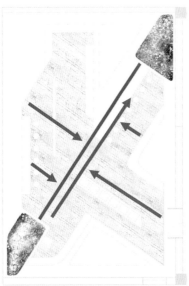

- 千屈菜
- 美国薄荷
- 松果菊

1

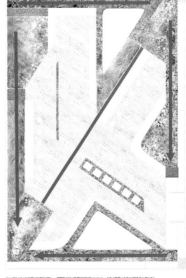

- 北海道黄杨
- 蓝羊茅
- 小叶黄杨

- 地锦
- 细叶芒
- 玉簪

2

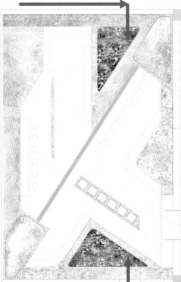

植物种植
试验对比

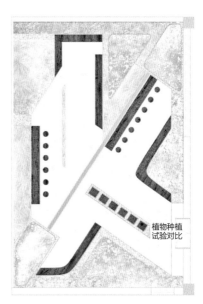

图 2.11.8　绿色屋顶方
案 1 设计策略分析图:
(1)建立汇水屋面;
(2)建立线性绿植;
(3)放置渗滤模块;
(4)营造休憩空间

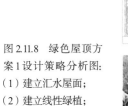

- 萱草:适应性强,耐
寒,可露地越冬,喜
湿润也耐旱,喜阳光
又耐半荫。维护成本
低,观赏性强

3

N

4

图 2.11.9 绿色屋顶方案—设计前后人视图对比（图片拍摄：周语夏）

设计方案 2

建筑馆绿色屋顶的定位是希望结合建筑学院特色及场地需求进行布置，包括作为全开放的多功能集约型屋顶活动空间、多学科交叉研究试验及教学场地、建院图书馆的开放阅读空间，以及北京地区节水型屋顶绿化和雨水资源利用模式示范场地。

对于绿色屋顶的入口，由于图书馆的封闭式管理与绿色屋顶开放式利用的冲突，方案（图 2.11.10，图 2.11.11）考虑在景观学系大门至图书馆入口的走廊处设置绿色屋顶主入口，避免人群频繁进入而对图书馆的安静氛围有干扰。同时在图书馆内部设置次入口进行内外联通，但由于图书馆内部空间有限，故通过高差处理，以楼梯的形式将入口置于绿色屋顶内部消化。

对于绿色屋顶的雨水管理和利用，构建土壤—植物—水文为一体的技术体系。首先划定排水分区及排水口，缓解入口高差的雨水倒灌压力，通过设置微高差实现雨水的有组织收集、净化及利用。基于排水分区来组织空间，通过交通条块、活动条块及种植条块的穿插，实现功能的复合化，同时满足生态教育与游憩功能。出于荷载的考虑，采用开敞式草本植物种植，种植土层厚度大多控制在 230mm。以北京地区节水型绿色屋顶植物的展示及水文过程的景观化处理，来提供生态教育功能，置入轻质木平台活动单元满足游憩需要。另外出于安全性考虑，在屋顶西侧边缘以种植带形成缓冲区并设置玻璃栏杆进行隔离。

绿色屋顶营造的主要技术亮点在于智能化雨水收集与利用（图 2.11.12），并整合水利、环境、计算机等相关院系资源实现多学科协同合作。绿色屋顶的雨水收集主要通过微高差、蓄水条带、架空木平台并结合雨水管网布置，进行雨水截流、滞蓄、净化和收集。在室外一层空置的砾石地面设置了储水箱和控制箱，实现雨水收集、净化与自动灌溉系统的集成化，并通过物联网智能系统对雨水量和喷灌量进行精确计算，实现屋面雨水收集净化系统与自动滴灌系统的一体化。基于生态循环科技理念来管理植物灌溉与养护用水，以雨水为主，市政供水为辅，实现精准化的节水灌溉，并结合智能 APP 进一步进行精密的后期监控与反馈。

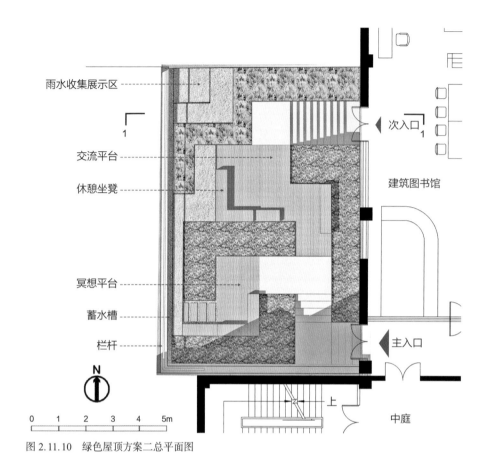

雨水收集展示区

次入口

交流平台

休憩坐凳

建筑图书馆

冥想平台

蓄水槽

栏杆

主入口

N

0　1　2　3　4　5m

上

中庭

图 2.11.10　绿色屋顶方案二总平面图

12.40
11.60

11.20
10.40
10.40
10.25
10.40
10.00
9.95
9.85
9.70
9.60

8.30
8.30
8.10

建筑图书馆

绿色屋顶

图 2.11.11　绿色屋顶方案二剖面 1-1

　　对于植物的选择，场地种植设计定位为北京地区节水型屋顶绿化植物的实验及科普展示场所（图 2.11.13），但现有北京地区绿色屋顶的植物选择以佛甲草为主，其生物多样性及景致都相对较为单一。而建筑屋顶的"不接地气"、日照强、温度高、风速大及植物易倒伏、蒸发量大、土层薄且饱水量低等难题，对植物选择提出了严苛的要求。节水型屋顶绿化模式适用于北京地区冬季寒冷、风沙大、降水分布不均以及可用水资源不足等现实条件。通过选用节水型绿色屋顶适用植物，对其生长状况进行验证和比选，实现绿化模式的进一步优化。

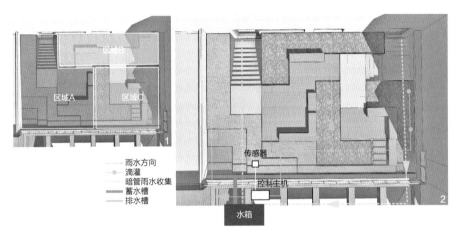

图 2.11.12　绿色屋顶方案二雨水管理系统设计：（1）排水分区划定；（2）雨水系统示意图

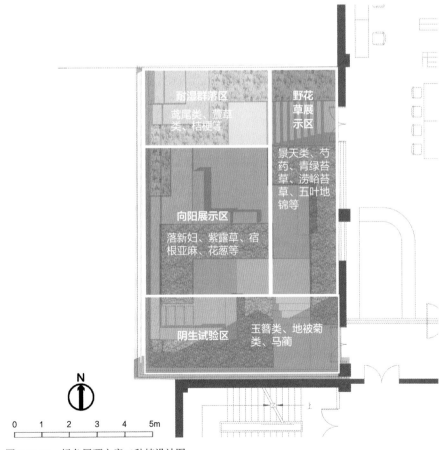

图 2.11.13　绿色屋顶方案二种植设计图

　　根据日照分析和排水组织，将场地自北向南分为湿生群落区、野花草展示区、阳生展示区及阴生试验区，结合植物的不同生长特性，选择适合北京地区特殊条件的抗逆、耐粗放管护的植物。在湿生群落区主要结合北京的降水特性，在雨水收集展示区域种植喜光而耐干湿的鸢尾类、萱草类和桔梗等；野花展示区作为与图书馆联系最为紧密的区域，以落新妇、紫露草、宿根亚麻、花葱等观赏特性良好、耐半荫且易于播种和片植的多年生花卉为主，作为绿色屋顶的门户景观；阳生展示区作为整个场地日照条件最好的区域，种植喜光、耐旱的以八宝景天为代表的景天类植物及芍药、"京研"青绿苔草、"园科"涝峪苔草、五叶地锦等；而阴生试验区一天大半时间处于全荫状态，其种植以耐荫的玉簪类、地被菊类和马蔺为主。

　　对于后期管理及维护，可组成专题研究小组，对建筑馆绿色屋顶花园植物生长状况及雨水收集利用情况进行定期观察和维护，同时结合跨学科平台，通过传感器数据及专属 APP 的开发实现智能监控和智能反馈，进行效益评估。未来通过户外教学，将成果推广，对绿色校园形成示范及引领作用。

中国城乡环境面临着水体污染、水环境质量下降和生态系统退化等复杂问题。而系统化的水环境治理往往依赖环境、水利、生态、风景园林、城乡规划等多学科的共同合作。随着水环境问题的日益突出，风景园林行业与学科也需要直面水质处理和水生态环境修复等问题。但在传统风景园林教学体系中，与水质分析和水环境治理相关的教学内容未得到充分重视，目前鲜有风景园林领域内的水质水环境教学案例。一方面是因为这方面内容往往被认为属于环境科学领域，风景园林学科不必涉猎；另一方面也是出于相关科学实验、检测分析的内容对风景园林专业师生较为陌生且有难度。相对而言，水质分析（Water Quality Analysis）是认知水环境问题的基础，也是实施有效治理的前提。如果纳入风景园林教学当中，培养学生识别水环境问题的能力，通过实验等手段了解水质指标和水质分析方法，并一定程度上理解水质净化和污染处理的原理，掌握一定的水质修复技术并应用到设计中，将有助于搭建"实验–分析–设计"的完整能力培养链条，对于培养风景园林专业学生的科学思维、研究式设计方法和循证设计能力具有重要意义。

本章论述了将水质分析方法引入风景园林教学中的意义，并结合风景园林专业特点探讨了水质分析教学的目标与方法，以及清华大学《景观水文》课程在《校园再生水景观水质取样分析》教学中的探索。具体选取典型校园再生水体作为取样点，采用分光光度快速检测法作为实验教学方式，引导学生识别场地水质问题并据此开展水质修复技术的学习与研究设计，提供了一种"从实验到设计"的方法，以期为风景园林课程中开展相关水质教学提供参考。

3.1 将水质分析引入风景园林教学中的意义及方式

水质分析（Water Quality Analysis）是指用化学或物理方法测定水中各种化学成分含量的实验分析方法。在环境工程、化学工程等专业中，"水分析化学"是讲授水及其杂质、污染物的组成、性质、含量和水质分析方法的核心基础课程。在水环境治理实践中，定量开展水质分析往往是识别问题、制定治理策略的前提。因此，水质修复技术的应用、长期的水环境监测、景观水体质量维护往往都离不开水质分析。随着风景园林师越来越多参与到水环境治理、水生态系统恢复等工作中，掌握水质分析能力的必要性与重要性逐步凸显。而培养具有分析、识别和应对水环境问题能力的风景园林师已成为专业与学科教育需要探讨的课题。清华大学"景观水文"团队尝试将水质分析及实验方法引入风景园林理论与设计课程教学中，主要基于以下考虑：

1. 现有的风景园林专业课程教学和教材体系中，水污染问题及水质修复相关内容较为匮乏。相关风景园林院系开设的《生态学基础》《风景园林工程》等课程中均包含水生态保护、雨洪管理等内容，但缺少对水环境治理与水质修复等重要议题的深度探讨。

2. 风景园林教学对水质问题的理解及水质修复策略的应用流于表面。通过知网检索发现，近年来风景园林专业中以水环境、水生态修复为选题的硕士论文成果逐渐增多，达到30余篇。但也不难发现，由于水质知识的缺乏，学生对关键的水质分类、等级提升、修复技术的理解较浅。而教师也往往面临着缺乏实验教学环节与平台支撑，对设计场地的水质问题仅能通过"案例模仿"方式提出修复策略的尴尬局面。

因此，《景观水文》课程探索通过增加实验类内容及构建水质分析平台帮助风景园林专业学生直观而深入地理解水质指标、水质分类标准以及水质修复技术。这也体现了循证设计（Evidence-based Design）教学强调设计策略的制定需要基于可靠研究成果的特点。国内外经验证明，实验教学方式能够极大地激发非自然科学专业学生对于科学知识的学习兴趣，帮助提升自然科学教育效果。如美国圣约瑟夫大学艺术与科学学院教师 Aelin Shea，在其课程中引导学生利用塑料花盆制作简单的湿地，帮助学生理解湿地对污水的净化作用。国内学者余洋等编写的《风景园林生态实验》教材以"生态景观"为教学核心，详细地介绍了土壤、植物和 3S 技术实验，并通过案例展示生态实验如何支持设计教学，强调了实验教学对风景园林学科的重要意义。

对于将水质分析引入风景园林教学中，既需要借鉴环境工程等学科成熟的教学内容，借助就近的相关资源，又需要充分考虑风景园林学科特点及本单位办学条件，选择合适的课程平台和水质分析方法。由于办学条件的差异，设计类院校开展水质实验的训练条件往往有限，不一定适合开展《水分析化学》要求的四大滴定类化学分析实验教学。同时，在设计类院校中设计课往往是核心课程，水质分析等内容应尽可能服务于设计课，教学内容精简，不宜占用过多课时。清华大学建筑学院景观学系课程体系中，《景观水文》作为应用自然科学版块的一部分，是围绕规划设计课（studio）展开的。无论本科还是研究生教学体系中，都将相关理论课与设计课"粘结"组织，如本科阶段《风景园林设计（4）》课程的主题为水景观设计，同期也安排了《景观水文学》理论课程。由此，风景园林学科及专业教育中的水质分析教学方案的制定，需要明确其教学目标及相应组织方式。

（1）将水质分析实验教学内容安排在定位为应用自然科学理论课的《景观水文学》中，制定的教学方案注重培养学生的科学分析与动手操作能力，不占用设计课学时。

（2）考虑本科二年级学生的知识储备，拟采用"分光光度法快速测定"作为主要教学方式。该方法是通过测定被测物质在特定波长或一定波长范围内光的吸收度，对该物质进行定性和定量分析的方法，具有灵敏度高、操作简便、快速等优点（表 3.1.1）。

表 3.1.1　水质分析引入风景园林的教学内容及其与《水分析化学》教学内容的比较

快速水质分析方法引入 风景园林教学的主要内容	环境工程、化学工程等学科 《水分析化学》课程的教学内容
了解水质检验技术的分类，掌握水质指标与水质标准； 掌握水样的采集和预处理方法； 掌握分光光度法的测定原理，尝试利用分光光度法展开水质快速分析；能够识别水质检验结果的误差及其表现，并进行一定数据处理； 了解常用玻璃仪器及其他器皿、器具、化学试剂与试液、仪器设备的识别	掌握水质测定技术的分类、水质指标与水质标准、水质检验项目； 掌握水样的采集和预处理方法、掌握酸碱滴定、络合滴定、沉淀滴定、氧化还原滴定四大滴定的原理、影响因素和应用； 掌握分光光度法的测定原理，分光光度法在水质分析中的应用；掌握水质检验结果的误差分析及其表示，并进行数据处理； 掌握常用玻璃仪器及其他器皿、器具、化学试剂与试液、仪器设备的识别、贮存、管理和使用、滴定分析基本操作

（3）将理论课中完成的水质分析实验成果，与同期的《风景园林设计（4）》课程场地设计方案相结合，理论与实际相结合，引导同学基于水质分析成果发展设计概念。

2018 年，在清华大学研究生教育教学改革项目《面向学科交叉整合的〈景观水文〉课程建设》的支持下完成了多参数水质快速检测教学平台搭建，并在清华大学基础工业训练中心（iCenter）支持下建立了实验室教学场地。教学平台包含的主要仪器有：分光光度多参数水质检测仪器、水质检测预制试剂、各类移液枪、多种比色皿、试管、滴灌及烧杯等，可完成悬浮物、浊度、化学需氧量 COD、总氮 TP、总磷 TP、氨氮（NH_3-N）等指标的快速测定。教学平台搭建完成后，课程团队于 2018 年春季学期 4～6 月在本科生《景观水文学》课程中开展水质分析教学（详见第 6 章），制定了面向本科生教学的《校园再生水景观水质取样分析》方案。

3.2 《校园再生水景观水质取样分析》的教学设计

3.2.1 教学背景及目标

《风景园林设计（四）》课程场地选在清华大学校园近春园区域。该场地历经清朝康熙时期的皇子私园、乾隆、嘉庆时期的御园、道光、咸丰时期的赐园和宣统时期的游美肄业馆及清华学堂，从起初自然河湖与村落背景下孕育出的古典园林，至近代而成校园，20世纪50年代改造添建西湖露天泳池，当代又陆续有校园绿地与水系建设，形成了变迁与累积跨度达300余年的以水为特色的自然与文化景观［图3.2.1（1）］。场地内现有荷塘、溪流、瀑布、游泳池等类型多样、形态丰富的水文景观，其水源除季节性降水外，还包括市政水、雨水、校园内部再生水以及地下水。与上述水源相关的外部水文景观包括与万泉河水系连通的校园河道（大校河）、内部校园河道（小校河）等［图3.2.1（2）］。需要强调，再生水补给的景观水体与天然水体（万泉河水系）及地下水补给的水体（泳池）不同，其污染本底值相对较高，水体中往往含有大量溶解性有机物、高浓度氮、磷溶解盐类和病原微生物等污染物质，在夏季温度较高时易爆发水华，因此具有开展户外水景观调研和水质分析教学的必要性与可能性。同时配合设计课选题，教学团队在《景观水文学》课程中制定了《校园再生水景观水质取样分析》的教学方案，组织选课学生对近春园南部三类水源的水景观进行了集中调研，重点以再生水为对象进行水质取样与分析［图3.2.1（3）］。

根据教学条件及操作难度，再生水取样快速分析的水质指标定为pH值、浊度、悬浮物、氨氮（NH_3-N）、化学需氧量COD等。具体制定教学目标如下：

（1）从水景观的水源、流态、形态、功能等多维度分析场地景观水体的系统构成，重点理解再生水在风景园林项目中的利用方式及生态风险；

（2）了解水质检验技术的分类，掌握水质指标与水质标准，掌握分光光度法的测定原理，学习利用分光光度法展开5类水质指标的快速分析；

（3）掌握水样的采集和预处理方法，初步利用水质检验结果进行场地水质问题识别，从水质修复角度出发启发设计思考。

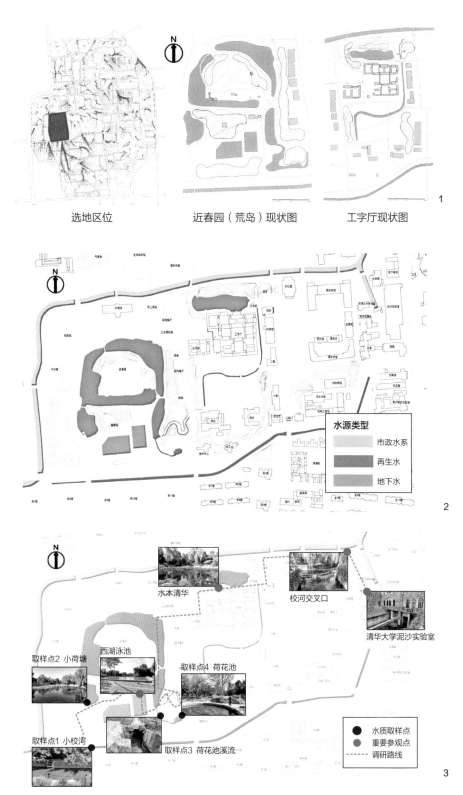

图 3.2.1 教学场地:(1)风景园林设计(四)课程教学场地区位及现状;(2)清华大学近春园水系水源类型分布;(3)课程调研路线和参观点及再生水取样点分布

3.2.2 教学流程设计

1. 近春园水系调研与实地取样

依据教学目标规划了近春园水系调研路线,带领学生调研以市政水系、校园内部再生水以及地下水作为水源的典型校园水景观,设置 4 处水体取样点 [图 3.2.2(1)]:(1)小校河(无水生植物、静水面);(2)近春园荷塘南侧(有水生植物、静水面);(3)荷花池入水处溪流(无植物、流动水体);(4)荷花池水源(有植物、缓慢流动水体)。

课前由助教发放取样瓶和针管,学生分组取样,每组取样 1 个点。着重要求取样时注意取上层清液,并将 50mL 取样瓶装满即可,共取 2 瓶 [图 3.2.2(2)]。为保证水质分析结果的准确性,水样在取得后立即送至实验室进行快速检测。

2. 原理教学

主要目标在于向学生介绍水质快速检测与国标监测方法的不同,其中核心内容为分光光度法的基本原理:样品中物质的浓度与光能量的减弱程度有一定比例关系,因此利用物质对一定波长光的吸收程度来测定物质含量,从而对其进行定量分析。

以化学需氧量 COD 的快速检测为例,水体中的还原性物质被高锰酸钾在酸性介质中氧化后,水中剩余的高锰酸钾的量与水体的 COD 含量值成反比,基于朗伯—比尔定律,通过分光光度计测量剩余高锰酸钾的吸光度,从而间接计算出水样的 COD 含量。

3. 操作教学

课程要求必须完成测定的基本指标为 COD、浊度、氨氮及悬浮物,每组完成实验组和重复组共两组实验。助教先进行操作演示,期间要求学生不要触碰试剂,在掌握仪器使用方法后再进行分组操作 [图 3.2.2(3)]。操作演示后每组可以按需领取预制试剂、比色皿、试管、移液枪、手套等实验器材。图 3.2.2(4)和表 3.2.1 以化学需氧量 COD 的快速测定为例展示了实验操作教学的主要流程。

图 3.2.2　教学流程展示（图片来源：清华大学景观水文研究团队）：（1）4 处水体取样点；（2）学生实地取样；（3）原理与操作教学场景；（4）化学需氧量 COD 快速测定的实验操作图解

表 3.2.1 化学需氧量 COD 快速测定的实验操作流程

	操作			说明
1	打开消解仪电源，设置为 165℃，20min； 打开主机电源，预热			实验中使用的器具应是洁净干燥的
2	预估水样 COD 值，并按照对应量程进行取水样及加入试剂			注意取清液测量； COD 测量的主要干扰因素为氯离子，试剂自带抗氯干扰 1000mg/L；量取 / 加入样品、试剂时必须准确；移取样品或试剂的移液管不可交叉使用
2	水样 COD 值为 0～150mg/L 时	水样 COD 值为 100～1500mg/L 时	水样 COD 值为 1000～15000mg/L	
2	准确量取 2mL 蒸馏水加到低浓度预制试剂反应管中（空白样），准确量取 2mL 水样置于另一 CODLR 预制试剂管中	准确量取 2mL 蒸馏水加到高浓度预制试剂反应管中（空白样），准确量取 2mL 水样置于另一预制试剂管中	准确量取 2mL 蒸馏水加到高浓度预制试剂反应管中（空白样），将水样稀释 10 倍后，准确量取 2mL 稀释样于另一高浓度预制试剂管中	
3	加盖拧紧，颠倒摇匀（此时试管较烫，小心烫伤）			有沉淀属正常现象
4	将消解管插入消解孔中消解，并盖上防护罩			消解前请确保消解管盖拧紧，并盖上防护罩，以免消解液溢出
5	消解完成后，将消解管置于消解管架冷却 2min，颠倒摇匀消解管，将消解管冷却至 25℃室温（自然冷却或水冷均可，温度过高会影响结果准确性和损坏仪器）			消解完请空冷 2min 后再水冷，以免热胀冷缩发生危险
6	选择测量曲线	选择测量曲线	选择测量曲线	样品测量结果应在曲线范围内，如不在曲线范围内，只能作为估测用，视情况进行重测

4. 数据记录与分析

在完成预制试剂混合、初步反应及加热消解等基础操作后，4 组成员按顺序依次利用分光光度计进行水质读数和记录，判断是否有异常值及是否需再次重复实验。数据整理列表后要求学生撰写水质成因的分析报告。图 3.2.2 展示了《校园再生水景观水质取样分析》完整的教学流程图及课堂教学实录。

3.2.3 教学成果分析

首先，选课同学在取样过程中充分观察水体流态、颜色及其周边环境，据此对各个取样点的水质污染情况进行初步的猜测和比较。取样中，发现 4 处水样总体而言透明度较高，但在部分区域表层存在部分浮沫、油膜、水华等轻微污染现象。

在水质分析实验完成后，选课同学能够基于水质结果制表总结，并参考《地表水环境质量标准》GB 3838—2002进行水质分类的初步划分（表3.2.2）。另外，学生结合水体流态、场地现状进行水质成因的基本分析，上述教学成果以调研报告或论文的形式呈现。选取同学们调研报告中的相关文字分析（表3.2.3），发现选课同学在总结中能够充分考虑水样采集点水质成因的几类重要因素：水源（再生水）；水体流态及流速；淤泥及人工驳岸；粉尘、落叶、垃圾；鱼类影响及水藻等微生物积累。总体而言，教学团队从分析报告作业可知，选课的风景园林专业本科生在本次课程中基本掌握了水质取样、动手实验、数据分析的基础技能，并能够合理推测取样点水质成因，识别水质问题，发现通过设计可以改善水质的机遇。

表3.2.2　《校园再生水景观水质取样分析》结果及水质分类的初步划分

序号	取样点	采样检测点位	检测项目					水质分类
			pH	浊度(mg/L)	悬浮物(mg/L)	氨氮(mg/L)	COD(mg/L)	
1	小校河	水表面	7~8	46.1	41	0.75	30	IV
2	近春园荷塘南侧	水表面	7~8	61.7	34.5	0.3	18	III
3	荷花池入水处溪流	水表面	7~8	未检出	未检出	0.35	8	II
4	荷花池水源水池	水表面	7~8	8.8	未检出	0.5	21	IV

表3.2.3　《校园再生水景观水质取样分析》课程作业报告中的水质成因分析摘录

取样点	水质成因分析
取样点1	水样采集于清华大学小校河，取样点为静水面，水体不流动，粉尘、落叶较多，水藻等微生物容易积累，水体氨氮、浊度、悬浮物和COD含量在四个取样点中相对较高，符合调研初期的设想
取样点2	水样点泥层较厚，泥龄较长，淤泥膨胀，导致悬浮物微粒相对较多。水样含量处于二类水质与三类水质之间，推测由于该地的水生植物相对较多，同时有些落叶及植物残骸。目前清华大学荷塘部分水体正在进行整体排水清淤处理，但改善结果并不明显
取样点3	水样采集于荷花池入水处溪流活动水，浊度和悬浮物含量低，COD指数较低，而氨氮偏高。推测由于取样处水体流速较快，较少有鱼类及水藻等微生物，因此污染物含量较低。由于直接利用再生水导致水体中氨氮离子含量较高
取样点4	水样采集于荷花池水源水池，浊度和悬浮物含量较低，COD和氨氮偏高。推测由于水体来源于再生水泵房，同时水池中有鱼类及水藻等微生物活动，氨氮离子含量偏高，受污染程度偏高。但取样点流速较慢，水体总体比较清澈

3.3 从实验到设计：基于水质的设计教学

实地取样与实验分析充分激发了选课同学解决再生水体水质问题的兴趣，推动其进一步基于水质问题发展设计概念及方案的努力，实现"从实验到设计"的学习目标。部分小组对水质问题给予特别的关注和兴趣，在《风景园林设计（4）》课程方案研究中进一步探讨利用设计手段改善近春园水质的策略。而水环境质量提升问题，与设计课中需同时考虑的景观风貌整体性与协调性、绿地游憩与空间利用、园林遗址保护与历史价值挖掘、封闭泳池管理与体育健身功能拓展等问题挑战紧密相关。

学生初步确定了设计及研究范围后，完成了水体流态、流向和径流方向等水文分析（图3.3.1），并在首次水质分析实验的基础上，在入水口、水体交叉口、人流较大的场地周边等处进一步采集了场地内9个点的水样开展水质分析，检测的指标也增加了总磷（TP）。经分析评估能够做到：（1）确定几处流速较低、污染较严重的水面；（2）识别降雨过程中道路径流污染的主要汇入点；（3）进一步发现场地东侧、南侧几处水面氨氮及总磷值较高，分析了其水体爆发水华的生态风险。

为帮助学生更好地围绕水质改善这一核心目标发展设计策略并突出重点，教师帮助学生从雨水、再生水和地下水三种水源与水质改善目标重新梳理了场地水循环（图3.3.2），启发学生利用空间设计手段调整水面形态，调整水底高差，改善水体流动状态以提升水质 [图3.3.3（1）]。为更好地帮助学生掌握并利用水质修复技术解决场地水体氨氮及总磷含量较高的问题，还邀请专业的环境工程师进行专题讲座，结合具体项目对水质修复技术及与景观的结合进行了深入的剖析。

学生提交的最终设计成果中，再生水、雨水、地下水管理系统被相对独立而清晰地安排布置。同时还重点对再生水处理技术进行了深入设计 [图3.3.3（2）]。方案中：（1）雨水管理系统位于场地中部，满足相应集水区雨水的收集；（2）地下水源补给的泳池系统则构成独立循环，安置于场地西侧；（3）再生水净化系统主要位于场地东侧，概念方案将整个东侧水系作为人工湿地，并加入生物脱氮相关的水质修复技术。

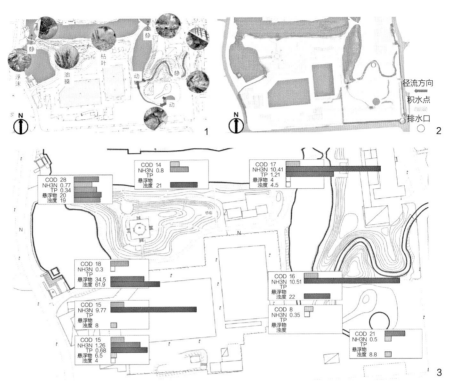

图3.3.1　学生作业中的水文与水质分析：（1）水体流态流向及水质问题；（2）降雨径流方向；（3）水体水质测定分析图

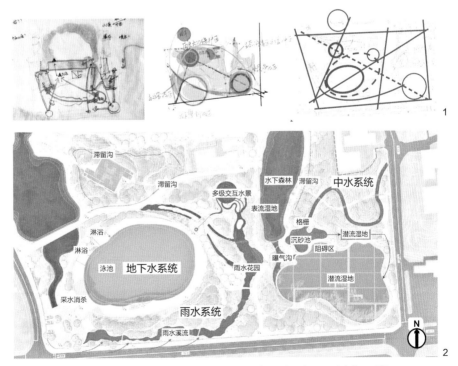

图3.3.2　学生作业平面推敲：（1）方案演进；（2）雨水、再生水、地下水管理系统

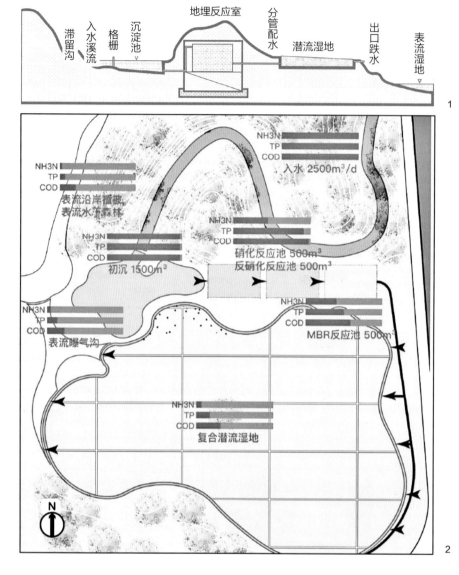

图 3.3.3 学生构想的水体富营养化问题的解决方案：（1）技术流程剖面；（2）设施布局平面图

在设计课与理论课结束后，通过问卷的形式对参与课程的 12 名本科生及旁听的 3 名研究生进行了线上问卷调查回访。回访结果显示（图 3.3.4），绝大多数学生完成了实验操作的课程教学目标，其中 60% 以上的学生认为水质分析操作方法可以掌握，且普遍认为该实验课程具有较高的趣味性（趣味性滑动条平均分 80.4）。

值得注意的是，虽然大部分学生在课程结束后表示会在今后的设计过程中考虑水质问题，同时更愿意尝试通过实验方式开展循证设计，但也有几位同学认为水质实验等相关实证分析仍然较难与设计相结合，并对于参与风景园林生态实验仍有些为难情绪。可见对于设计专业学生学习自然科学与实验类知识内容仍存在一定困难。但随着水环境治理项目的增多，风景园林师了解、掌握并跨学科应用水质修复相关技术的重要性不容忽视和否认。在这类设计实践中，设计师是否成功完成"关键问题搜寻和论证"直接决定了项目策略是否有据可循，以及能否在多方合作的设计过程中站稳脚跟。水质分析不再是特定专业才能掌握的复杂技术。随着水质快速检测、水质在线监测技术的成熟，在实地调研中快速取样并分析的方法逐步成熟，风景园林师可以能够以更积极主动的态度识别水质问题、构建设计策略，也能够更大地发挥专业优势。"从实验到设计"的水质分析教学能帮助风景园林专业学生在设计训练的基础阶段就打破专业思维限制，以跨学科的视角、科学循证的方式进行设计能力培养。①

第1题： 请问您认为快速水质分析课程的操作难度如何？　[单选题]

选项 ⇅	小计 ⇅	比例
较易掌握	10	66.67%
中等难度	5	33.33%
较难掌握	0	0%
本题有效填写人次	**15**	

第2题： 请选择课程结束后您达到了以下怎样的目标？　[多选题]

选项 ⇅	小计 ⇅	比例
了解水质检验技术的分类、掌握水质指标与水质标准	15	100%
掌握水样的采集和预处理方法	15	100%
尝试利用分光光度法展开水质快速分析，了解常用玻璃仪器	14	93.33%
推测取样点水质成因，识别水质问题，发现设计改进机遇	13	86.67%
基于水质分析生成设计方案	9	60%
本题有效填写人次	**15**	

第3题： 经过基本的水质学习后，在今后的课程设计中，您倾向于　[多选题]

选项 ⇅	小计 ⇅	比例
在今后的设计过程中考虑水质问题	14	93.33%
更愿意尝试利用实验的方式开展循证设计	14	93.33%
认为水质实验等相关实证分析仍然较难与设计相结合	3	20%
对于参与风景园林生态实验仍有些为难情绪	3	20%
本题有效填写人次	**15**	

图 3.3.4　课程回访问卷结果

第4题： 请您为水质分析实验课程的启发性及趣味性打分~ [滑动条]
本题答卷总分值：**1206**；平均值为：**80.4**

---

① 本节教学成果论文《从实验到设计：水质分析在〈景观水文学〉课程教学中的应用》获 2021 年第四届风景园林教育大会优秀论文奖。感谢北京国环清华环境工程设计研究院有限公司的王卓艺工程师及清华大学基础工业训练中心对课程的大力支持。

下 篇

研究实践篇

胜因院是清华大学近现代教师住宅群之一。60多年来，随着其周围校园建设而地势抬高，这里逐渐成为低洼地带，每逢暴雨便有严重内涝。本章围绕胜因院展开，介绍对这一颇具历史文化价值的地区进行研究、设计、实施、监测与后评估的全过程，呈现从2009年开始到2020年历时10年的将历史保护、景观营造、雨洪管理、绩效评估等内容相结合的连贯研究与实践。

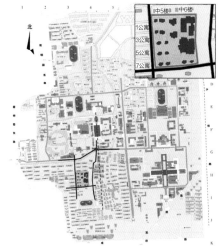

图 4.1.1　胜因院区位

阶段1：2009～2012年，胜因院雨洪管理景观设计研究。团队从研究性设计实践的视角探讨了景观水文理念在这样一处具有历史文化价值的内涝场地上的具体应用。随着2014年国家推出了首批海绵城市试点，胜因院作为我国较早的雨洪管理实践项目，成为海绵城市初期重要的雨洪管理实践和教学案例，可以为类似城市及校园雨洪管理提供借鉴。

阶段2：2017年，胜因院建成后使用评估。随着海绵城市的进一步发展，团队进一步参考建成环境后评估（Post Occupancy Evaluation, POE）相关理论，采用场地调研和问卷等方式，对胜因院的人群使用模式等社会绩效与生物多样性等环境绩效进行了评估。

阶段3：2018～2020年，基于物联网在线监测的胜因院雨洪管理绩效评估。团队针对水文监测与绩效评估这一关键点，借鉴国内外多学科的相关监测工作，利用无线传感网络组网多种传感器，在场地内收集分钟级的降雨、树冠截留、土壤持水量、下渗、积水、溢流等数据，用于场地雨洪管理过程的可视化及绩效评估，与国家海绵城市试点工作的完成及验收等行业热点保持同步，也为教学及行业发展提供参考案例。

4.1　胜因院雨洪管理景观设计研究 [①]

4.1.1　胜因院历史与场地现状概述

胜因院位于清华大学大礼堂传统中轴线南段西侧（图4.1.1），始建于

① 胜因院景观改造项目负责人刘海龙，项目组成员包括李金晨、张丹明、颉赫男、孙宵铭、王川、陈琳琳、曹玥等。

1946 年，是清华大学近代教师住宅群之一，先后共建成 54 座住宅，以质朴、亲切和富有生活气息为特色，是中国近代住宅发展的重要实例。其得名，一因抗战时期西南联大曾租用昆明"胜因寺"房屋为校舍，又因建于抗战胜利之后，因此具双重纪念意义。

胜因院由中国近代著名建筑事务所基泰工程司设计，具体由建筑师张镈负责。清华大学建筑系教授林徽因也曾亲笔指导住宅设计。曾有多位清华大学知名教授在此居住过，包括金岳霖、梁思成和林徽因夫妇、张维和陆士嘉夫妇、费孝通、邓以蛰、施嘉炀、李丕济、马约翰、刘仙洲、汤佩松、吴景超、陶葆楷、李广田、美籍教授温德（Robert Winter）等。

从曾居住于此的居民及来访者的回忆录中，可以依稀寻见不同时期胜因院建筑、环境的风貌［图 4.1.2（1）］：红砖住宅规整布局、风格统一；独家小院，矮墙围合，大树环绕，氛围幽静；原有地形南高北低，北为清华大学校河，东边也曾有河道，成为儿童喜爱的游戏场所；典型植物包括桃、槐、梨、柳、泡桐等乔木，丁香、紫荆等灌木，以及葡萄、草莓、玉米、向日葵等自种作物。时至今日，胜因院林木更加繁茂，自然气息盎然，以参天大树掩映下的双坡顶红砖建筑而成为清华园一处特色景观。

经过 60 多年的校园建设，胜因院本身及周边地段已发生非常大的变化。首先，原有的 54 座住宅现仅剩 14 座，留下来的也功能复杂，已无居民居住，逐渐为居委会、废品收购站等替代；院落私搭乱建严重，空间凌乱，原有独院生活空间已不复存在，场所感、历史氛围逐渐丧失［图 4.1.2（2）］。其次，因周边道路和建筑被抬高，且东边小河被填，导致胜因院局部低洼，加之缺乏市政排水设施，每逢暴雨便极易内涝，致使多栋建筑一层进水［图 4.1.2（3）］。

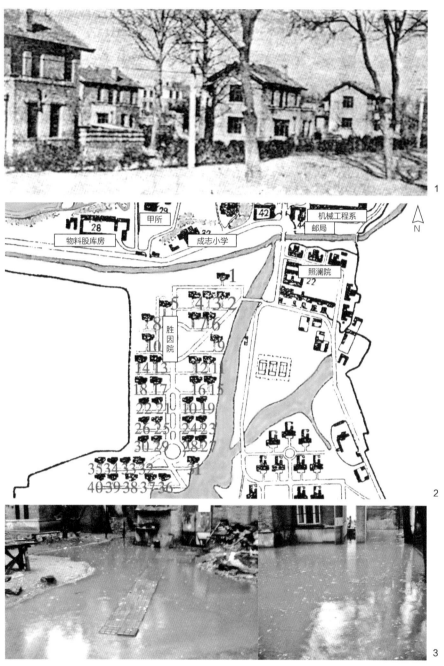

图 4.1.2　胜因院历史与现状：（1）胜因院旧照（图片来源：清华历史网）；（2）1948 年的胜因
院位置图（图片来源：清华大学资产管理处）；（3）胜因院改造前内涝问题（图片拍摄：张丹明）

4.1.2　胜因院景观环境改造的目标与定位

　　根据清华大学校园总体规划，胜因院被列入清华大学历史名人故居群。
2011 年清华大学百年校庆前，胜因院被规划为人文社科科研办公区，这为胜因院的保护与有机更新提供了契机。但其改造需保持原有建筑外观和院落布局，内部可根据使用功能进行更新。

自 2009 年开始，清华大学建筑学院景观学系景观水文团队承担了胜因院改造研究工作。鉴于胜因院的历史价值，改造设计进行了多方案比较，征求了多位老先生和专家的意见。最终确定的改造方案，首要目标是挖掘场地气质，延续原有人性化生活空间尺度，体现胜因院及清华大学校园历史氛围，同时满足新使用功能的需求，而这些均以妥善解决雨洪内涝问题为基础。设计团队深入研究了校园及场地历史和风貌变迁，综合专家建议和现状情况，提出了胜因院景观环境改造的总体定位：（1）清华大学校园历史教育场所和纪念空间，强调胜因院作为清华园近现代建筑遗产及整体历史风貌的重要组成部分，具有纪念校史、缅怀先贤之价值；（2）具有清华大学特色的科研办公区，通过对历史建筑的保护性修复和景观环境改造，使这一片历史名人故居群转变为具有清华大学特色的人文社科科研办公区；（3）"绿色大学"示范场所，将"雨洪管理"融入胜因院景观营造，发挥雨洪调蓄、缓解内涝等作用，成为清华大学建设"绿色大学"的示范与环境教育场地。

4.1.3 基于景观水文的胜因院景观环境改造

1. 雨洪内涝分析与场地研究

从竖向来看，胜因院场地现状基本为东南高，西北低，整体高差 2~3m 左右（45.0~48.2m）[图 4.1.3（1）]。南侧道路与场地内部有 0.5~1m 高差。而 25、26、29、30 号 4 栋建筑地势相对最低，比周边场地低约 1m，内涝风险最大。进一步对场地进行径流模拟分析 [图 4.1.3（2）]，结果表明现状径流过程总体为雨水在场地东侧汇集后向西流动，最终从东北角流出。但因场地西南部最低处会有多股径流汇集，总量较大且难以排出，汛期往往导致雨水积涝于此。基于此划分场地径流汇水分区 [图 4.1.3（3）]，分析不同分区的排水压力、排水方向，结合绿地布局考虑雨洪管理措施的位置。经分析，25、26、29、30 号建筑被划入同一汇水分区，应当采取有力的雨洪管理措施以缓解场地积涝问题。其他汇水分区根据径流规模采取相应的雨洪管理措施。

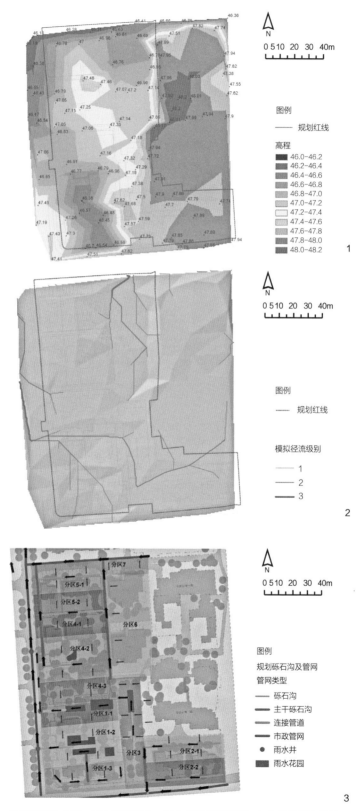

图 4.1.3　胜因院场地分析：（1）场地竖向；（2）场地径流模拟；（3）场地汇水分区

胜因院场地现状下垫面包括建筑屋面、水泥地面、水泥砖、裸地及绿地等，每种下垫面的径流系数不同。改造方案除必要道路、广场铺装外，考虑尽可能增加雨水下渗机会。而这极大地取决于土壤的渗透性能。项目对拟设立雨水花园场地的土壤渗透系数进行了测量，以明确场地土壤现状下渗能力，从而优化雨水花园具体设计。胜因院经过多年人为改造，土壤质地构成较为复杂，砂壤土、壤土、黏土等都有分布，另外还有大量建筑垃圾、回填土等，说明该地段土壤已非完全的自然土壤。一般描述土壤渗透性能的参数为渗透系数，表示土壤在透水方面的物理性质，其数值大小等于水力坡度为 1 时水在土中的渗透速度（常用 m/s 计）。土壤渗透系数与土质、颗粒级配土的密实程度和土的结构有关。根据《建筑与小区雨水利用工程技术规范》GB 50400—2006，雨水入渗系统的土壤渗透系数宜为 $10^{-6} \sim 10^{-3}$ m/s。研究团队在 2012 年 3 月 25 日上、下午各进行了一次现场测试（图 4.1.4），每次约 2.5h，在需要布置雨洪调蓄设施的汇水分区 2 处典型地点，获得两组土壤渗透系数数据，第一组为 2.19×10^{-5}，第二组为 3.09×10^{-6}。数据显示，场地土壤基本满足设计雨水入渗系统的渗透要求，但渗透性不高，需换土来提高土壤渗透性能，且换后的入渗层厚度应能保证蓄渗设计日雨量。

图 4.1.4 土壤渗透系数测定：（1）选点；（2）双环仪安装、找平；（3）测温、标记、读数（图片拍摄：刘海龙）

　　胜因院雨洪管理措施包括雨水花园、干池、砾石沟、草沟等。雨水花园是一种模拟雨水天然下渗过程、通过植物、土壤、砾石等对雨水进行滞留、净化并增强入渗的浅凹绿地，可以消纳、处理来自周边不透水表面的雨水径流，能与多种植物及景观元素相结合，景观效果较好，渗透性能较高，可视为一种分散式、低影响的雨洪控制利用型景观基础设施。胜因院雨水花园的设计目标定为调蓄 1～2 年一遇 24h 暴雨（日暴雨）。据有关资料，北京市一年一遇日暴雨雨量 45mm，两年一遇 70mm。基于此规模，胜因院总体设计 6 处雨水花园（图 4.1.5）。

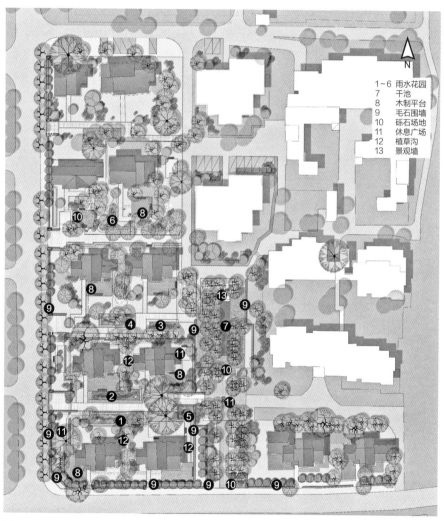

图 4.1.5　胜因院总平面图

　　6处雨水花园位于各汇水分区，在四季及雨旱季节各具特色，都成为庭院的核心景观。在最低洼的25、26、29、30号建筑所在汇水分区内设较大规模雨水花园，按两年一遇暴雨设计，过量雨水外排。其他庭院根据径流总量分别设置一定规模的雨水花园。据2012年7月～2013年10月的多次观测，其调蓄能力都达到了预期设计目标，尤其是雨水花园建设过程中经历了北京2012年"7·21"暴雨的考验（图4.1.6，图4.1.7）。

　　雨水花园的尺寸虽需保证蓄渗设计日雨量，但其形状可灵活顺应周边建筑、道路，并结合置石、旱溪、木平台及植物等景观元素，形成多种组合关系。在细部上，如雨水花园边界分别以石笼、条石台阶、垒砌毛石等材料处理。石笼具有防止土壤侵蚀、过滤径流的作用，条石台阶可供人驻足、小坐，垒砌毛石则使雨水花园与周边置石、植物的结合更为自然，这些措施都给雨水花园增添了几分精致效果（图4.1.8）。根据雨水花园土壤水分周期性变化

1　　　　　　　　2　　　　　　　　3

图4.1.6　雨水花园施工过程：（1）中心雨水花园；（2）2号雨水花园；（3）4号雨水花园（图片拍摄：刘海龙）

图 4.1.7　3 号雨水花园施工过程（图片拍摄：刘海龙）

的特点，种植水、陆长势均良好的植物，如黄菖蒲、千屈菜、花叶芦竹、狼尾草、鸢尾、细叶芒、蓝羊毛等，强化雨水花园功能与四季变化景观效果（图 4.1.9）。

图 4.1.8　胜因院雨水花园景观细部处理：（1）植物；（2）雨水花园与植草沟、砾石沟连接（图片拍摄：刘海龙）

图 4.1.9 胜因院雨水花园景观效果：（1）雨水花园的四季；（2）雨季景观（图片拍摄：刘海龙）

另设干池 1 处，地面雨水浮雕 1 处。干池可与有一定硬质铺装的广场相结合，起暂时收集、调蓄雨洪的作用。干池位于中央花园，其边沿设溢流口，其下可保持一定水位，使之成为镜面水池，过量雨水则溢流至西边下游的梯级串接雨水花园。地面雨水浮雕设计为浅凹式，可存储部分雨水，原理同上。各汇水分区内排水路径上设砾石沟、草沟，成为生态化排水明沟，使屋顶、硬质铺装的雨洪径流靠重力自排至雨水花园，过程中减缓流速、增加下渗。上述雨洪管理措施均设立解说系统，增强公众环境教育功能。

2. 空间、功能、文脉与活动

空间序列：胜因院原有一条南北轴线，后来虽新建专家公寓及中 7 楼、中 8 楼，但建筑整体布局仍遵循这条轴线，保持规整、对称。改造希望重塑南北轴线，寻找空间序列与层次关系。重点是塑造轴线上的中心下沉花园和浮雕纪念广场，形成视觉和活动焦点。中心花园场地现有呈阵列排布的柳树，形成林下空间，对于强化场地的历史感颇有价值，予以保留。花园底部铺衬小砾石，具强透水性，并与简洁的花岗岩条石坐凳搭配，力求塑造平和、静谧的纪念空间感受（图 4.1.5，图 4.1.10）。花园尽端以密植早园竹为背景，前设景墙，以 2 个白色纪念柱寓意胜因院得名的 2 个缘由：西南联大和抗战胜利。景墙南侧为 4m×14m 的长形下沉广场，即前述干池，底部铺衬红砖，雨季汇聚周边雨水，倒映景墙、竹丛，非雨季可作为下沉活动空间，形成雨旱两季功能与景观［参见图 4.1.9（1）］。

空间功能：胜因院整体调整为科研办公区，会对户外空间提出新的功能要求，即在原有私家院落之外需增加户外公共空间，满足科研办公人员户外休憩、交流的需要。另外周边社区居民、学生也会产生一定户外使用需求。但鉴于胜因院曾为居住环境，其原有的人性化尺度仍应保持，因此解决方案是创造介于公共和私密之间的半公共空间。具体处理上，场地整体外围采用 60cm 高的毛石矮墙限定，使胜因院对外边界明确，突出其自身整体性，而采用乔灌木等软性元素围合内部各院落，做到内外有别，层次清晰。各庭院结合高差、大乔木及雨水花园，布置一系列统一而又多样的木平台，成为公私过渡空间及半公共户外交流场所。在关键节点处增加点景植物予以提示，如入口、空间转折点等。关于停车问题，根据校园总体规划，在胜因院南、东、北部均布设有校园停车场，因此胜因院内除消防通道外，禁止机动车穿越，保留纯步行空间，在高差转换处等设置无障碍通道。

图4.1.10 胜因院中心的空间序列：（1）中心轴线；（2）晴天中心广场；（3）雨后的中心广场（图片拍摄：刘海龙）

　　文化符号：胜因院作为近现代住宅建筑，与作为清华大学历史文化符号的大礼堂、学堂等各公共建筑相比，其个体形象并不突出。但其"灰瓦两坡顶，清水红砖墙"的简约建筑风格及群体意象已成为清华大学校园令人印象颇深的形象要素。通过挖掘、提取这一建筑特征并加以创意设计，可形成反映场地历史特征并具丰富形象意义的文化符号，以体现场地文脉，强化纪念性氛围。这一符号也在场地入口标志、地面浮雕、门牌等元素上予以体现。如中轴线地面雨水浮雕中，带有胜因院历史简介及建造年份（1946）的浮雕纹样从水中浮现，传达出场地的沧桑之感（图 4.1.11）。

图 4.1.11　胜因院文化符号（红砖风格、木质平台、门牌元素、地面浮雕）（图片拍摄：刘海龙）

　　场地活动：胜因院景观环境改造完成后，已成为在这里办公的教师、研究人员、学生及周边居民十分喜爱的场所。包括户外聚会、学术沙龙及摄影、锻炼、散步、学习、游戏等活动都各得其所。同时由于胜因院场地临近清华大学附属小学，小学生们成为在这里进行游戏活动的常客。由于经常有与设计课相关的学生来户外写生，所设立的关于胜因院历史及雨水花园功能特点的解说牌也发挥了环境教育功能（图 4.1.12）。在海绵城市建设的背景下，胜因院也接待了众多国内外院校及规划设计单位对雨洪管理感兴趣的研究和规划设计人员。在对诸多访客的调查访谈中，他们对这里景观环境的改善评价很高，尤其对雨水花园的建设以及残疾人坡道、座椅、木平台、砾石场地等方面给予了充分认可。

图 4.1.12 胜因院场地活动（1）学术沙龙（图片拍摄：王聪伟）；（2）小学生的乐园（图片拍摄：刘海龙）；（3）户外写生的场地（图片拍摄：刘海龙）

4.2 胜因院建成后评估

建成后评估对于校园生态实践的重要性

景观绩效（Landscape Performance）的概念是指"景观方案在实现其

预设目标的同时满足可持续性方面的效率的度量"，具体包括环境、社会和经济效益方面的评估。其实质强调由景观项目创造或改变的生态系统服务，包括供给服务（如提供食物和水）、调节服务（如控制洪水和疾病）、文化服务（如精神、娱乐和文化收益）以及支持服务（如维持地球生命生存环境的养分循环）。[①] 建成后评估（POE）是一种利用系统的方法对于建成后并使用过一段时间的建筑、户外空间、公共设施进行评价的过程，以对预期目的与实际使用情况进行比较和评价，获得使用后的情况及其绩效（performance）评估，为未来提供可靠的设计依据。

2013 年胜因院项目建成投入使用后的几年时间，项目团队一直在对其改造后的各方面效果进行观察。包括观测降雨后的雨水滞留和净化效果，观察各类人群使用活动情况，如学习、认知、调查、聚会、交流等（图 4.2.1）。

图 4.2.1　胜因院人群活动情况（图片拍摄：刘海龙）：（1）学习；（2）认知；（3）阅读；（4）参观；（5）沙龙；（6）评估

---

① 千禧年生态系统评估报告，2005.

2017 年 6～8 月，团队开展了更深入、系统的使用者满意度、生物多样性等方面的评估。2018 年后开展了更深入的雨洪管理绩效评估（详见后续介绍）。这里重点介绍胜因院建成后的使用者满意度与生物多样性评估。使用者满意度是通过实态观察、行为地图分析、访谈与问卷等多种方法研究各类使用人群（包括居民、游客、工作人员）等对场地的使用情况，并对调查结果进行综合分析，获得对项目的评估及其评分。其中实态观察方法是观察胜因院使用人群在全天（分工作日与周末）及学期（6 月）与暑期（7、8 月）的活动类型、规律。

总体而言，6 月份学期内使用者中教职工占比较高，7、8 月份的暑期教职工使用减少，游客和附近居民上升，而外地中小学生夏令营参观占比很高。使用者在胜因院场地内的使用方式包括晨练、散步/路过、休憩、游玩、拍照、参观学习等（图 4.2.2）。一天中不同时段使用方式有所差异。从 8 点之前一直到 9 点是晨练的时间。晨练和散步者一般是附近居民。晨练发生地点包括场地内的木平台、小广场等。而晨练人群中男性是女性的两倍。9 点到 10 点晨练的人减少，10 点到 11 点外地游客、夏令营参观人群进入，活动内容包括清华大学校园历史文化讲解以及拍照等。11 点到 12 点是吃午饭时间，也是一天最热的时间，访客最少。下午 2 点到 3 点的时候，外地游客又多起来。3 点到 4 点达到一天的峰值。下午 5 点左右逐渐减少（图 4.2.3）。在工作日和休息日，一天中游人、居民以及学生对场地的使用方式有所不同。就游人数量而言，早上时段以周末游人更多，下午时段以工作日人数多。

通过行为地图分析可以获得使用者行为分布及某些具体类型行为的特征。如通过游人密度图表可以看到一天（8:00～17:00）中在哪个地点的人为活动最密集，以及不同类型的活动出现在什么地方。以三角形代表晨练和休憩，方形代表游玩和拍照等（图 4.2.4），可见休憩乘凉多分布在场地有遮阳的座椅上，游玩拍照多分布于建筑前或植物景观效果好的地方，穿行路过或散步者更喜欢选择的路径主要集中在 25 号、26 号楼前，其原因是这里设计了坡道，并且中心广场还提供了休憩乘凉的位置，很多老人更愿意走这条路。

图 4.2.2　使用者在胜因院场地内的使用方式（图片拍摄：左佳、陈金金）：（1）晨练；（2）休憩；
（3）散布；（4）参观；（5）游玩；（6）拍照；（7）夏令营参观

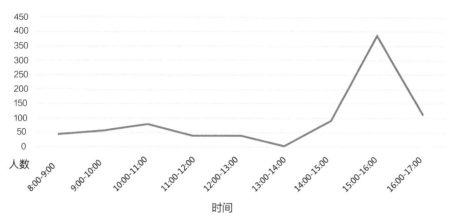

图 4.2.3　胜因院工作日人流量随时间的变化

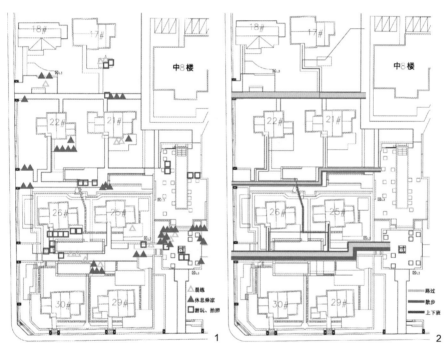

图 4.2.4　胜因院场地行为底图分析：（1）不同类型活动分布；（2）行走行为分析

访谈与问卷调查有助于获得使用者就一些关键问题的反馈。胜因院作为一处历史性社区，其历史风貌与信息的保护是关注焦点。胜因院的建筑修缮与景观环境改造是基于对历史风貌与空间尺度的充分尊重，也在场地入口及主要空间设立了历史解说牌。但调查中许多游客、居民提出希望建立名人故居展览，以更深入了解这里的历史信息与名人事迹，对此则需从清华大学整体文物建筑保护与校园文化解说系统入手考虑。此外，长期居住在周边的老居民对这片场地的内涝问题印象深刻，也是对改造成效的关注焦点之一。通过访谈和问卷可知他们对改造后再没有出现过严重内涝积水问题的效果非常认可。随着国家海绵城市理念与实践的推广，胜因院作为国内较早完成的雨洪管理示范项目，受到多方关注。这里为北京规划委工程硕士班、相关海绵城市培训班及 2015 年雨洪管理与景观水文国际研讨会等国际国内会议组织过现场授课与参观。虽未具体统计到此参观的人数数量，但根据业内交流得知，许多关注海绵城市、雨洪管理、雨水花园的高校、设计单位和科研机构都前来参观过，这些均体现了胜因院改造项目的社会效益。

胜因院改造后的五年时间内，生物多样性水平也得到了提升。清华大学建筑学院景观学系、北京林业大学园林学院学生及清华大学小动物保护协会成员组成的联合小组于 2017 年 7 月开展了现场调研，建立了整个场地的动植物名录，分析了物种丰富度和多样性，结果显示这里已成为多种鸟类及其他动物的栖息地（图 4.2.5）。

经调查统计，胜因院内木本植物共 37 种，包括落叶乔木 15 种、常绿乔木 3 种、落叶灌木 18 种，常绿灌木 1 种，还有草坪地被 3 种、雨水花园内草本植物 12 种。场地中发现的动物有昆虫、哺乳动物、鸟类等，主要包括：

- 昆虫：蚂蚁、蜜蜂、菜粉蝶、斑衣蜡蝉等；
- 哺乳类动物：黄鼠狼（喜欢在木质平台下方停留观察，傍晚出来觅食）；
- 鸟类：麻雀、喜鹊、灰喜鹊、大斑啄木鸟、星头啄木鸟、灰头绿、红嘴蓝鹊、乌鸫、珠颈斑鸠、沼泽山雀、家燕、白头鹎、金翅雀、戴胜鸟、大嘴乌鸦等。

基于文献研究了鸟类取食等习性与植物种类的关系，现场观察胜因院鸟类的种类及其栖位分布特点（表 4.2.1，表 4.2.2），分析了鸟类分布与植物群落结构的相关性，发现除乔木、灌木外，雨水花园也成为一些鸟类的生境。

- 常见栖息于乔木树冠上层的鸟类有：白头鹎、金翅雀、大斑啄木鸟、星头啄木鸟、灰头绿啄木鸟；
- 常见栖息于植物群落乔木树冠下层的鸟类有：白头鹎、喜鹊、灰喜鹊、沼泽山雀、大嘴乌鸦；
- 喜欢活动于植物群落灌丛的鸟类：麻雀、乌鸫；
- 喜欢在草地或地面活动和取食的鸟类：麻雀、珠颈斑鸠、乌鸫、红嘴蓝鹊。

图 4.2.5 胜因院动物观察（图片拍摄：周怀宇、左佳、陈金金）：（1）鸟类观察活动；（2）喜鹊；（3）沼泽山雀；（4）珠颈斑鸠；（5）麻雀；（6）乌鸫；（7）啄木鸟；（8）灰喜鹊；（9）白头鹎；（10）黄鼠狼

表 4.2.1 鸟类调查记录（2017 年 7 月 18 日 8:00~10:00）

鸟类名称	数量	样地类型	栖位
麻雀	58	建筑周边、杂草灌木、阔叶林、雨水花园	树冠下层、灌木丛间、草地
喜鹊	15	建筑周边、杂草灌木、阔叶林	树冠下层、灌木丛间、草地
灰喜鹊	27	建筑周边、杂草灌木、阔叶林	树冠下层、灌木丛间、草地
大斑啄木鸟	2	阔叶林、枯树	树冠上层
珠颈斑鸠	5	阔叶林	树冠下层、灌木丛间、草地

鸟类名称	数量	样地类型	栖位
红嘴蓝鹊	1	杂草灌丛	灌木丛间、草地
乌鸫	5	建筑周边、落叶林、雨水花园	树冠下层、灌木丛间、草地
沼泽山雀	4	阔叶林	树冠上层、树冠下层
家燕	3	阔叶林	树冠上层
白头鹎	3	建筑周边	树冠下层、灌木丛间
金翅雀	2	阔叶林	树冠上层、树冠下层

表 4.2.2　鸟类调查记录表（2017 年 7 月 25 日 10：00～11：00）

鸟类名称	数量	样地类型	栖位
麻雀	26	建筑周边、杂草灌木、阔叶林	树冠下层、灌木丛间、草地
喜鹊	7	建筑周边、阔叶林、雨水花园	树冠下层、灌木丛间、草地
灰喜鹊	4	建筑周边、杂草灌木、阔叶林	树冠下层、灌木丛间、草地
乌鸫	1	杂草灌木	灌木丛间
沼泽山雀	1	阔叶林	树冠上层

综上，通过景观绩效评估对项目的环境、社会与经济效益进行评价，有助于推动风景园林学科向可持续、可科学量化、可循证的方向发展。胜因院作为校园生态实践项目，通过开展建成后评估，不仅能够评估其实际效能，所获得的第一手数据与结论还能够为教学提供生动、直观的案例，更可以发挥环境教育作用，增强绿色发展等理念的社会影响力。

4.3　基于物联网在线监测的胜因院雨洪管理过程可视化与绩效评估

4.3.1　胜因院雨洪管理在线监测指标与系统构建

无论是在风景园林学科还是水文学科，基于实地监测与定量分析的雨洪管理研究往往具备更高的可信度及推广应用价值。由于实际场地的复杂性，监测分析的准确性远高于概化的模型模拟及简单的水文计算。高精度的在线化雨洪管理监测数据对于我国海绵城市的绩效评估、城市水文过程的还原、水文模型的精细化以及城市灾害的预警尤为重要。相较于传统的离线监测或实验模拟，真实场地在线监测（Online Monitoring）所获取的数据精度高、过程完整、分析便捷，能够节约大量的人力、物力。随着物联网（Internet of Things，IoT）无线传感网络（Wireless Sensor Network，WSN）技术的发展，利用在线监测方法开展雨洪管理分析研究已是大势所趋。

在环境和水利学科，已广泛利用在线的水量、水质监测方法研究地下管网及河湖水系的优化调控与调度。同时为服务海绵城市绩效评估，也已初步构建起完整的、覆盖源头—过程—终端的城市雨洪管理监测技术框架。而在风景园林领域，景观绩效系列（landscape performance series）所提倡的定量监测与设计循证研究正逐步成为学科研究热点。较早的案例如美国风景园林师协会（ASLA）总部绿色屋顶、宾夕法尼亚大学休梅克绿地（Shoemaker Green）雨洪管理绩效评估，主要采用离线监测的方法；当前美国维拉诺瓦大学和密歇根大学正在积极进行智能雨洪管理的基础数据收集、创新课题研究和校园试点项目建设；美国的 Opti 和 Bentley 公司积极参与和实施的绿色雨水设施（Green Stormwater Infrastructure）的智能化升级，覆盖了项目设计、实地安装、后期维护和评估等多个业务方面。

相比于环境、水利学科及国外风景园林行业的智能雨洪管理的多种尝试，我国风景园林项目中针对雨洪管理过程的完整监测与还原研究亟待开展。针对胜因院场地的景观改造与雨洪管理设计已在 2011~2013 年完成，之后又于 2017 年进行了建成后评估，当时主要完成了使用者满意度、生物多样性等方面的评估。2018 年后开始进行更深入的雨洪管理在线监测与数据分析。该研究主要服务于以下三个目标：（1）跨学科合作设计搭建基于物联网的绿色雨水设施在线监测系统，通过现场调研、监测设计与系统施工，开展为期 1~3 年的雨洪管理数据收集；（2）依据监测数据对场地的雨洪管理进行绩效评估与过程还原，并辅助精细化水文模拟，为胜因院下一步的空间改造提供依据；（3）搭建在线的数据信息模型，服务于清华大学《景观水文》课程教学、校园景观生态教育以及跨学科研究实践推广。

选择胜因院作为监测场地，也主要因为其在以下几个方面的突出优势：（1）作为校园场地，校方及业主注重其科研示范性及教育性，监测研究较易开展；（2）胜因院流域较封闭，出入流清晰，无需处理多个出入流口的监测，监测准确性较高；（3）胜因院雨水管理路线非常清晰：降雨－树冠截留－地表径流产生—生物滞留池削减—溢流，监测数据能够清晰、准确地反映树冠、多种下垫面及终端雨水花园等景观要素所发挥的径流削减作用。其中以冠层作为径流削减的开端，以生物滞留池等绿色基础设施作为地表雨洪管理的末端，最终溢流至地下设施的雨洪管理及监测技术路线，广泛应用于景观项目中，也使得本场地的监测方法具备一定普适性及推广性；（4）胜因院雨洪问题典型但风险不高。在改造前胜因院因为地势低洼，发生过建筑一层进水的情况，改造后发生过雨水花园满水及溢流情况，但总体再无大面积淹水及内涝的风险，监测系统在反映典型雨洪管理过程中，无需应对高风险监测条件下所带来的额外设备投入。

具体监测场地选取胜因院可视为封闭流域的、面积为 5475m^2 的地块，研究初期利用无人机完成了场地高程及树冠面积的测绘（图 4.3.1）。监测系统包含了近地气象监测、树冠截留监测及雨水花园精细化监测三套系统，唯一的出流端 T_{out} 为地下水窖（图 4.3.1）。智能设备方面，近地气象站用于收集场地温湿度、降雨量 Q_r 及 PM2.5 颗粒数据，封闭流域降雨量与面积乘积为总入流 T_{in}；红外线雨量计用于监测旱柳、大叶杨、国槐、泡桐 4 种主要乔木的穿透降雨 Q_{ca} 及树冠截留 T_{ca}（各设一个验证组）；定制化设计的、包含下渗收集管、土壤湿度计、液位计、明渠流量计等设备的精细化监测系统用于获取积水、持水、下渗、溢流等数据，反映雨水花园的径流削减 T_{bio-re}。多种下垫面（草地、铺装为主）的产流较难实地监测，因此只需利用其他阶段数据作差值即可获得 $T_{other-re}$。需要说明的是，由于条件限制，本系统中树冠截留为狭义的乔木冠层的穿透降雨监测，不包含树干径流监测，树干径流削减则被归类于多种下垫面削减这一部分当中。

需明确雨水花园精细化监测系统中的几个关键点（图 4.3.2）：（1）16 个土壤湿度传感器均匀布置在土层下方 200mm 处，单位体积土壤持水量增加 $\triangle Q_{sw}$，反映土壤层（$H_s = 400$）对径流的滞蓄；（2）下渗收集装置布置于填料层，因此本系统中的单位面积下渗量 Q_{inf} 为穿过土壤层进入填料层的径流量，监测井的水泵用于定期排空井内收集的下渗径流；（3）液位计用于监测土壤积水，由于花园内局部小块积水较难监测，本系统中的积水深度 Q_p 指径流积聚在雨水花园内形成稳定的、超过 2mm 的液面（维持 1min 以上）；（4）巴歇尔明渠流量计监测雨水花园积水超过 350mm 的单位面积溢流 Q_{of}；（5）明确区分外来的径流与顶空降雨，雨水花园上空综合降雨 Q_{bio-r} 计算时考虑了树冠截留，因此单位面积的外来径流 Q_{ex-in} 等于单位体积土壤持水量增加值 $\triangle Q_{sw}$、单位面积下渗量 Q_{inf} 与单位面积溢流量 Q_{of} 之和减去雨水花园上空综合降雨 Q_{bio-r} 及蒸发量 Q_e，计算公式如下：

$$Q_{ex-in} = H_s \times \triangle Q_{sw} + Q_{inf} + Q_{of} - Q_{bio-r} - Q_e$$

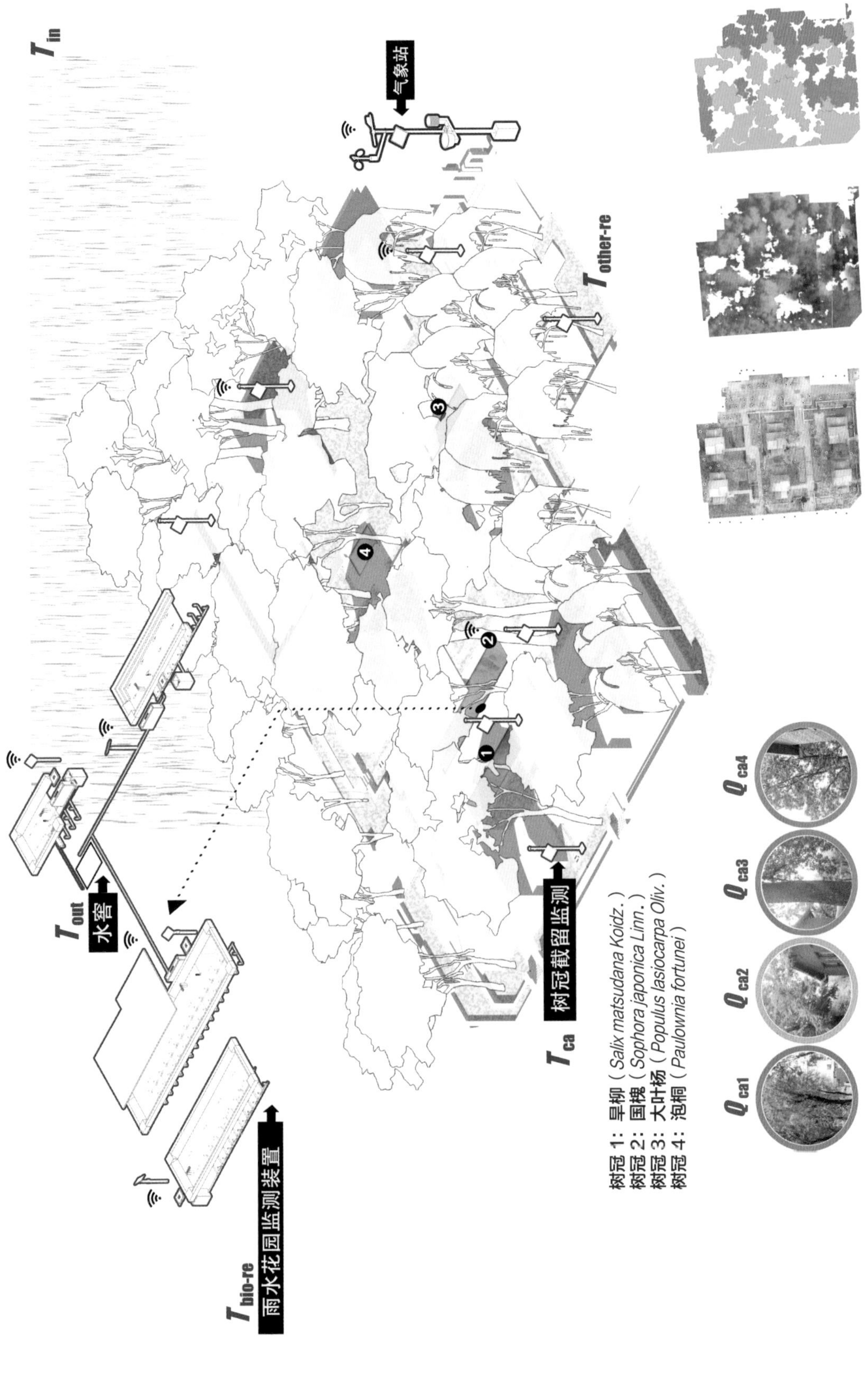

T_{in}

气象站

$T_{other-re}$

T_{ca} 树冠截留监测

T_{out} 水窖

T_{bio-re} 雨水花园监测装置

树冠 1: 旱柳（ Salix matsudana Koidz. ）
树冠 2: 国槐（ Sophora japonica Linn. ）
树冠 3: 大叶杨（ Populus lasiocarpa Oliv. ）
树冠 4: 泡桐（ Paulownia fortunei ）

Q_{ca1}　Q_{ca2}　Q_{ca3}　Q_{ca4}

图 4.3.1 胜因院雨洪管理监测系统

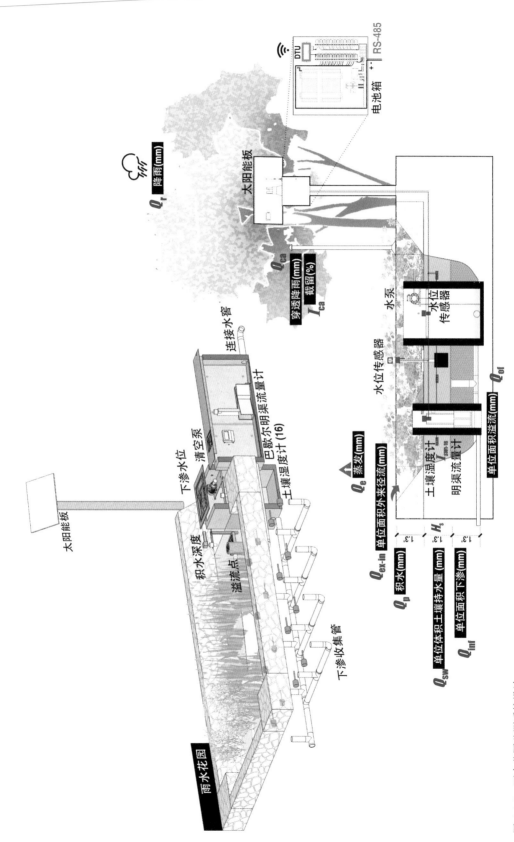

图 4.3.2　雨水花园监测系统设计

系统在线监测的指标共 28 个，用于描述整个场地降雨与截留的指标 8 个，用于描述雨水花园径流削减的指标 15 个，用于综合绩效评估的指标 5 个。通过传感器直接获取指标 7 个，分别为降雨量、穿透降雨、蒸发量、土壤持水量、下渗量、积水深度、溢流量，其余指标均可通过计算以上 7 个指标监测得出，指标及其具体的计算方法见表 4.3.1、表 4.3.2。

表 4.3.1　雨洪管理监测及评估的 28 个指标

绩效评估（整体）		
T_{in}	场地总入流	m^3
T_{out}	场地总出流	m^3
T_{bio-re}	雨水花园径流削减总量	m^3
$T_{orher-re}$	其他下垫面径流削减总量	m^3
降雨与截流（整体）		
Q_r	降雨量	mm
R_r	降雨强度	mm/h
Q_{ca1-4}	树冠降雨 4 种	mm
Q_i	树冠截留总量	mm
I_{ca1-4}	树冠截留比例	%
Q_t	综合降雨	mm
Q_e	当日蒸发量	mm
Q_{bio-r}	雨水花园上空综合降雨	mm
雨水花园		
土壤持水		
I_{asw}	平均土壤水分体积分数	%
Q_{sw}	单位体积土壤持水量	mm
ΔQ_{sw}	单位体积土壤持水增加量	mm
Q_p	积水深度（0~14.7）	mm
ΔT_{sw}	土壤持水增加总量	m^3
出流		
Q_{inf}	单位面积下渗量	mm
R_{inf}	下渗速率	m^3/h
T_{inf}	下渗总量	m^3
Q_{of}	单位面积溢流	mm
T_{of}	总出流	m^3

续表

雨水花园		
外来径流		
Q_{er-in}	单位面积外来径流	mm
S_{co}	外来径流收集面积	m²
T_{ex-in}	外来径流总量	m³
T_{bio-in}	雨水花园总入流	m³
I_{co}	外来径流削减比例	%

表 4.3.2 相关下垫面信息及径流系数

No.	下垫面类型	综合径流系数	面积（m²）
1	建筑	0.9	564
2	不透水铺装	0.8	715.5
3	可透水铺装	0.3	143
4	可透水广场	0.9	834
5	草地	0.15	3242.8
6	雨水花园		119.7
	总计	0.53	5475

监测区域总面积 S_0（m²）：$S_0 = 5475$。根据场地各种下垫面类型估算监测场地综合径流系数。场地总入流 T_{in}（m³）：$T_{in} = Q_r \times S_0$。4 种树下的树冠降雨为 Q_{col-4}（mm），其树冠截留比例 I_{ca1-4}（%）。

场地树冠覆盖总面积（m²）：$S_{va} = 23127.4$；柳树树冠面积（m²）：$S_{ca1} = 9768.8$；国槐面积（m²）：$S_{ca2} = 11652$；杨树树冠面积（m²）：$S_{ca3} = 9062.6$；泡桐树冠面积（m²）：$S_{ca4} = 5237.5$。可计算净空、柳树树冠、国槐树冠、杨树树冠、泡桐树冠的面积比例：$S_{va} : S_{ca1} : S_{ca2} : S_{ca3} : S_{ca4} = 39.9 : 15.6 : 19.8 : 14.4 : 8.9$。计算场地综合树冠截留比例（%）：$I_{ca} = (15.6I_{ca1} + 19.8I_{ca2} + 14.4I_{ca3} + 8.9I_{ca4}) \times 100\%$。树冠截留总量（m³）：$T_{ca} = S_0 \times I_{ca}$，树冠截流后的综合降雨 Q_t（mm）：$Q_t = Q_r \times (1 - I_{ca})$。

雨水花园总面积 S_{bio}（m²）=119.7，其中每个雨水花园有 16 个土壤湿度传感器 I_{sw1-16}（%）（表 4.3.3）。雨水花园平均土壤水分体积分数 I_{ASW}（%）：公式计算器。单位体积土壤持水量 Q_{sw}（mm）$= H_s \times I_{ASW}$，$H_s = 400$。单位体积土壤持水增加量 $\triangle Q_{sw}$（mm），降雨后体积土壤持水增加总量 $\triangle T_{sw}$（mm）：$\triangle Q_{sw} = end - Q_{sw-initial}$；$\triangle T_{sw} = \triangle Q_{sw} \times S_{bio}$。在整个降雨过程中，单位面积

外来径流量 Q_{ex-in}（mm）：$Q_{ex-in} = \Delta Q_{sw} + Q_{inf} + Q_{of} - Q_{bio-t} - Q_e$；外来径流总量 T_{ex-in}（m^3）：$T_{ex-in} = Q_{ex-in} \times S_{bio}$；外来径流收集比例（%）：公式计算器；收集外来径流的面积 S_{co}（m^2）：$S_{co} = S_{bio} \times I_{co}$；雨水花园总入流 ΔQ_{bio-in}（mm）：$\Delta Q_{bio-in} = \Delta Q_{sw} + Q_{inf} + Q_{of} = Q_{bio-t} + Q_e + Q_{ex-in}$；雨水花园径流总削减 Q_{bio-re}（mm）：$Q_{bio-re} = \Delta Q_{sw} + Q_{inf}$；场地总出流 T_{out}（mm）：$T_{out} = T_{of}$。

表 4.3.3 相关指标计算方法

雨水花园编号	面积 S_{bioN}（m^2）	树冠覆盖面积 S_{bio-ca}（m^2）	无覆盖面积 S_{bio-va}（m^2）	综合降雨 Q_{bio-t}（mm）
1	20	15.8	4.2	$0.26Q_{ca2} + 0.67Q_{ca3} + 0.07Q_{Ca4}$
2	55	44.6	9.4	$0.83Q_{ca2} + 0.17Q_r$
3	33	33	0	Q_{ca2}
4	11.7	0	11.7	Q_r

场地中 60 多个 RS-485 传感器用数据传输模块（DTU）组网，采用太阳能供电，数据通过 4G 网络分钟 / 条的速率传输到阿里云服务器，经过云端数据解码后转存到数据库中［图 4.3.3（1）］。监测系统于 2018 年 8 月正式启动，目前已运行 3 年［图 4.3.3（2）］，除去因设备供电问题导致的部分降雨场次数据缺损，系统共收集完整的降雨数据 16 场，已基本覆盖了小雨、中雨、大雨、连续降雨、短时暴雨等北京地区常见的降雨类型［图 4.3.3（3）］，下文将重点从树冠截留及雨水花园两个方面展开雨洪管理过程的可视化与绩效评估。

4.3.2 可视化与绩效评估：树冠截留部分

综合 16 场降雨事件的监测结果，总降雨量 Q_r 为 98.8mm；旱柳、国槐、大叶杨及泡桐 4 种乔木下的总穿透降雨 Q_{ca1-4} 分为别为 48.5mm、58.9mm、59.2mm、68.6mm，根据其面积占比加权计算得到的综合树冠截留率 I_{ca} 为 24.4%，削减了将近 137.6m^3 的径流。单场降雨树冠截留量基本占总入流的 10%～45%，总体来说冠层对场地水文过程影响显著［图 4.3.4（1）］。

树木的冠层影响了场地降雨总量 Q_r 及降雨强度 R_r 的时空分布，造成了场地内同时存在多种降雨。选取 4 场降雨事件，将这种微观场地的降雨时空分布差异可视化［图 4.3.4（2）］。需要强调的是，这种不均匀的降雨分布广泛存在于城市景观项目中，而当前项目水量控制计算时较少考虑树冠截留对场地水文的影响，容积法及径流系数法常常忽略大面积硬质场地上树冠所发挥的径流削减作用。

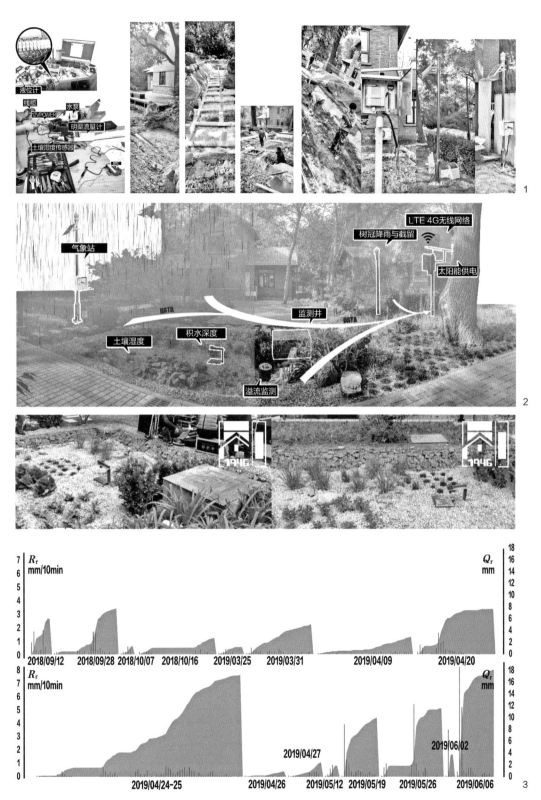

图 4.3.3　监测系统运行情况：（1）监测系统设备调试与施工；（2）监测系统建成运行场景；（3）在线监测系统记录的 16 场降雨事件

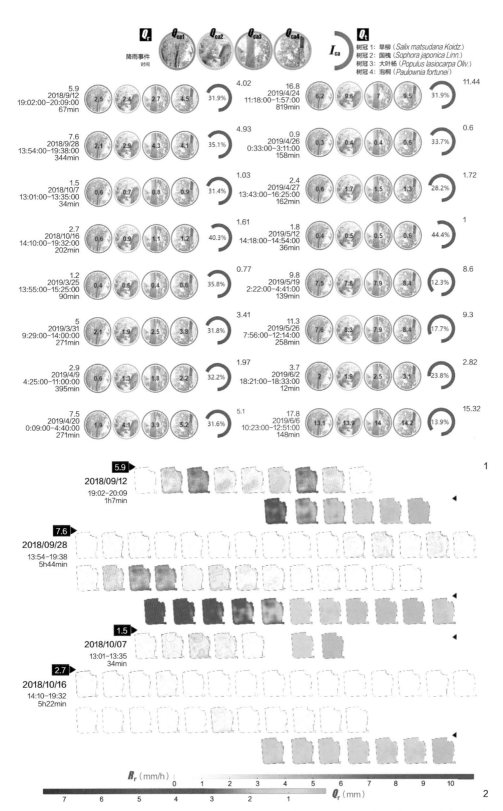

图 4.3.4 （1）16 场降雨事件中的树冠截留量；（2）4 场降雨条件下树冠截留对场地降雨时空分布的影响

一般认为，树冠截留率 I_{ca} 与降雨量 Q_r 呈现对数函数关系（拟合曲线底数大于 1），随着雨量增大，穿透雨量和树干径流量随之增大，树冠截留率 I_{ca} 先快速减小后逐渐趋平稳。胜因院的监测数据的变化趋势基本符合这一既定结论，但曲线拟合过程中发现较多的异常值（图 4.3.5），异常值主要为雨量大但降雨强度较小的"连绵"型降雨及雨量中等但雨强较大的"急骤"型降雨，因此需进一步分析雨强 R_r 与树冠截留率 I_{ca} 的相关性。分析发现 I_{ca} 与平均降雨强度 AR_r 也呈现一定的对数相关性，但仍伴随着较多异常值。从展示的降雨过程可知 [图 4.3.5（1）]，已监测到的 16 场降雨类型丰富，极少的场次符合标准的芝加哥雨型，大多数属于复杂雨型。而 I_{ca} 与 AR_r 拟合曲线的异常值主要来自几场包含短期急骤过程但整体平稳的复杂型降雨事件。进一步分析发现，胜因院树冠截留率 I_{ca} 与降雨的最大降雨速率 R_{rmax} 呈现明显的对数相关，曲线拟合准确性较高。

因此可得出结论，旱柳、国槐、大叶杨及泡桐组成的胜因院乔木群落对降雨的最大雨强 R_{rmax} 响应最为明显。鉴于 4 种乔木在北京地区颇为常见，研究者由此初步推断树木冠层截流对北京地区绝大多数的大、中、小雨带来的径流压力有积极削减作用，截留量一般可达 40%，但应对夏季短时暴雨的效果较差，需重点关注。

基于前文结论，比较 16 场降雨中 4 种乔木的树冠截留效果：旱柳＞国槐＞大叶杨＞泡桐。随着降雨强度的增大，树冠截留减少，4 种乔木树冠截留量的差别也逐渐缩小。乔木种类不同，叶片密度、大小及其形态对穿透雨空间分布影响也不同，其机理较复杂，不同研究者对于叶面指数（LAI）对穿透降雨影响的论述存在一定分歧。一类研究认为高 LAI 叶片会对降雨产生聚集效应，进而导致较高的穿透雨率；另一类研究表明高 LAI 会导致穿透雨量降低。在胜因院的乔木群落中，旱柳和国槐等小叶片冠层下较早监测到穿透降雨，而大叶杨和泡桐冠层下穿透降雨则出现得相对较晚 [图 4.3.5（2）]。分析其原因，在降雨的初期，降雨强度较低、降雨分散，大叶杨和泡桐这两类枝叶较大、形态开展的乔木往往能够拦截更多的雨水。而最终旱柳和国槐的冠层拦截量更大，是由于这两种乔木枝叶聚集程度高、冠层 LAI 高导致的。即随着降雨的增强，降雨密集落下，叶面指数更高、更密集的乔木截留量更大，分钟级的监测数据很好地还原了这一机理。

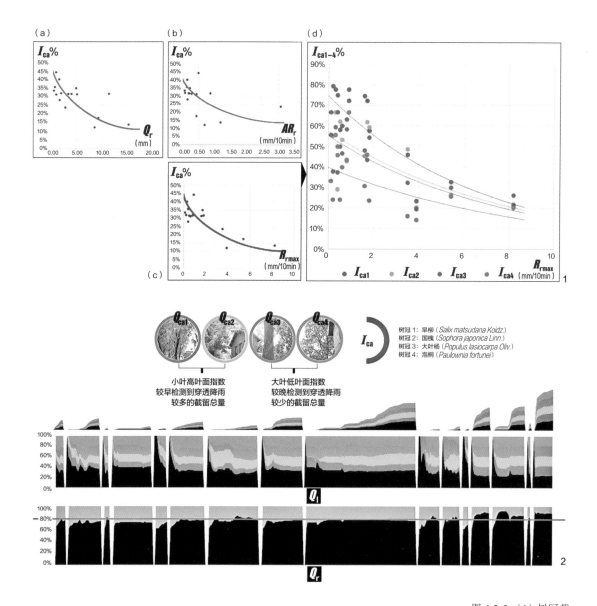

图 4.3.5 （1）树冠截留与最大雨强的突出相关性；（2）旱柳、国槐、大叶杨和泡桐 4 种乔木树冠截留机理可视化

4.3.3 可视化与绩效评估：雨水花园部分

监测区域雨水花园总面积 119.7m²，占场地总面积的 2%。综合 16 场降雨事件，场地降雨总入流 T_{in} 为 541.1m³，雨水花园共削减径流 T_{bro-re} 53.7m³，削减量占总入流的 9.9%，其中约 2% 下渗进入填料层，7.9% 滞蓄在土壤层中（图 4.3.6）。总体来说，雨水花园发挥了一定的对外来径流削减作用（除去收集其顶空降雨）且土壤保水性能良好。

如前所述，胜因院监测场地的径流削减包含树冠截留、多种下垫面削减、雨水花园削减三部分。需说明的是，2018 年 4 月 24 日至 5 月 27 日的三场降雨间隔较近，土壤水文过程连续，为避免误差，在雨水花园绩效评估中，将其视为连续降雨，即合为一场降雨事件。初步分析（图 4.3.6）可知，雨水花园径流削减占比 I_{bro-re} 从 3%～19% 不等。初步分析可知，在中小雨条件下，雨水花园往往收集到的外来径流较少（小于总入流的 5%），此时树冠截留及其他下垫面发挥了主要的径流削减作用；而在大雨及短时暴雨条件下，雨水花园径流削减量显著增多（大于总入流的 15%），可见雨水花园对极端天气响应更为明显。进一步通过相关性分析发现，胜因院雨水花园径流削减占比 I_{bro-re} 与降雨量 Q_r、最大雨强 R_{rmax} 对数拟合关系并不突出，而与降雨事件的平均雨强 AR_r 呈现明显的对数关系［图 4.3.6（2）］。

图 4.3.6　雨水花园径流削减占比及其与平均雨强的相关性

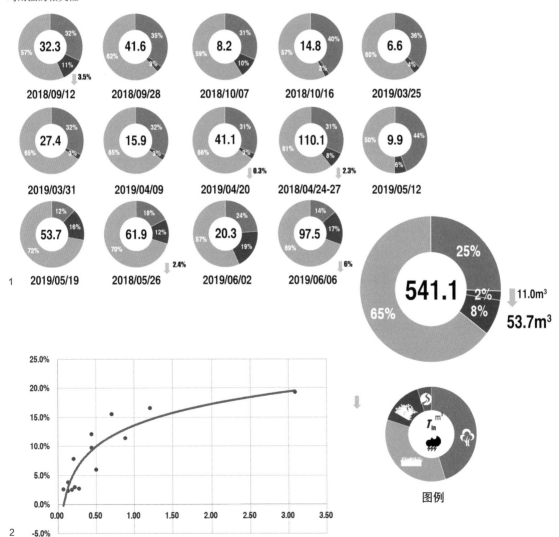

进一步比较 1~4 号雨水花园所发挥的径流削减作用情况，进而判断方案中雨水花园选址及容量设计的合理性。监测数据反映出并非所有的雨水花园均在降雨中发挥了明显的径流削减作用，各雨水花园对径流响应程度差别较大：

（1）在不同的降雨条件下，2 号雨水花园（55m²）总能有效地收集大量的外部径流，16 场降雨情景下雨水花园共削减的 53.7m³ 径流中，2 号削减量占 65.9%，共 35.9m³，即利用约 1% 的用地面积收集了 5.5% 的场地径流；（2）尽管径流收集的目标区域和空间位置非常相似，但 1 号花园（20m²）对径流的响应远远少于 2 号，削减径流 5.7m³，仅占总量的 10.6%；（3）3 号雨水花园（33m²）整体响应最弱，削减径流 4.1m³，仅占 7.6%，可认为 3 号雨水花园大多数情况下仅收集了其顶空降雨［图 4.3.7（1）］。现场分析可知，由于小高差的存在，3 号雨水花园东侧石子广场产流较难进入雨水花园，这是通过监测发现的存在一定设计和施工问题的雨水花园；（4）4 号雨水花园（11.7m²）削减径流 9.0m³，占 15.9%，其对强降雨事件（降雨量大于 10mm）响应尤为明显，削减量占比达 20% 以上，见图 4.3.7［1（b）］，以约 0.2% 的用地面积收集 1.6% 的场地径流，综合效果较优。

监测系统在同一雨水花园布置了 16 个湿度传感器（土层 200mm 处），能够很好地捕捉同一雨水花园不同区域土壤湿度的变化情况。图 4.3.7［1（c）］展示了几次降雨事件前后 4 处雨水花园土壤湿度的变化，可用于直观地反映其对径流的响应程度。即使在相同的场地，雨水花园的土壤湿度分布也不尽相同，甚至在单个雨水花园内不同区域的初始干湿状态也有较大差别。而在实际降雨中，即使是开放式、收集四面八方径流的雨水花园仍然有主要的来水方向，常表现为某几侧土壤湿度的大幅增加：1 号雨水花园主要为东北侧来流，2 号雨水花园为东侧来流，3 号雨水花园为西北侧来流，4 号雨水花园为北侧及东南侧来流。

高精度的监测数据使得降雨过程的细致可视化成为可能。以 4 月 24~27 日的典型连续降雨事件数据为例，研究可视化降雨过程中雨水花园土壤持水量及下渗量的变化，旨在深入地描述雨洪管理的水文过程机理，用于设计方案的评估与建立《景观水文》课程教育案例。在该连续降雨事件中，包含 24~25 日 15 小时 15.8mm 大雨、26 日 3 小时 0.9mm 小雨以及 27 日 2 小时 2.4mm 小雨三个时段，总降雨量 20.1mm，三时段降雨间隔小于 24 小时，土壤水文过程连续，场地总入流约 110m³。三个降雨时段最大降雨速率分别为 3.9mm/10min、0.6mm/10min、2.4mm/10min，分别出现在 24 日 21：00~

22：00、26 日 1：00～2：30 以及 27 日 15：30～15：40。

描述案例降雨事件雨水花园土壤持水量的变化：（1）第一时段降雨开始后 3 小时，土壤层 200mm 处传感器监测到持水量明显地增加，峰值主要在 24 日 21：30～23：30，即降雨后的 10～12 小时左右。1 号雨水花园的东北侧、2 号雨水花园东南侧、3 号雨水花园中心西北侧以及 4 号雨水花园的东南侧为主要的入流响应区域，其中，2 号、4 号雨水花园响应最为明显；（2）第二、三时段土壤湿度基本维持在第一时段结束时的土壤持水量，有小幅增加，于 27 日 14：00 左右达到持水量峰值，随后呈现下降的趋势。

需要强调的是，通过比较传感器所记录数据的变化曲线可以发现，1 号、3 号雨水花园土壤持水量变化较为平缓，可认为其收纳范围较为稳定。相比之下，2 号、4 号雨水花园土壤持水量变化有明显的突变拐点［图 4.3.7（2）］，即随着降雨量的增大，2 号、4 号雨水花园的实际收纳区域面积有着一定程度的突变。这一现象也在其他的降雨事件中监测到，这反映出在真实复杂场地中传统汇水分区划分有一定的局限性，随着雨量的增大，微观流域边界往往会发生明显改变，雨水花园收集径流的区域也会发生变化。

土壤下渗方面［图 4.3.7（3）］，（1）第一时段降雨中，2～4 号雨水花园均在 24 日 18：50 左右监测到下渗，而 1 号雨水花园则在降雨后 10 小时的 22：00 左右监测到下渗。4 个雨水花园最大下渗速率分别为 5.7mm/h、11.2mm/h、4.8mm/h、1.2mm/h，均发生于第一时段降雨结束后的 1～2h。（2）第二时段降雨较小，如果在非连续降雨条件下，可认为 0.9mm 降雨后应不发生下渗，但由于土壤持水较高，因此在第二时段降雨开始后 2 小时 1 号、2 号雨水花园监测到明显的下渗。其中 1 号雨水花园第一时段下渗开始较晚，第二场降雨来时下渗仍在缓慢进行；2 号雨水花园 25 日全天维持 40% 以上的平均持水量，个别区域达到 60% 以上；3 号、4 号雨水花园对小雨响应不明显，第二时段降雨未监测到明显的下渗。（3）第三时段小雨与第二时段类似，维持高持水量的 1 号、2 号、4 号雨水花园监测到下渗，最终 1～4 号雨水花园总下渗量分别为 15.7mm、31.9mm、3.3mm 和 25.9mm。

基于霍顿下渗能力曲线的容量及产流计算，一般需以降雨在流域内均匀分布为前提。但在实际降雨过程中，雨水花园外部来流及土壤湿度分布的不均匀性导致径流转变为土壤水分及下渗量的过程更为复杂，而在线监测的方法能够较好地记录这种复杂的水文变化（图 4.3.8）。无论是针对绩效评估研究还是景观水文教学，这一过程的还原都颇具意义，帮助水文工程师及风景园林师理解真实场地的复杂性及模型模拟的概括性和不确定性。

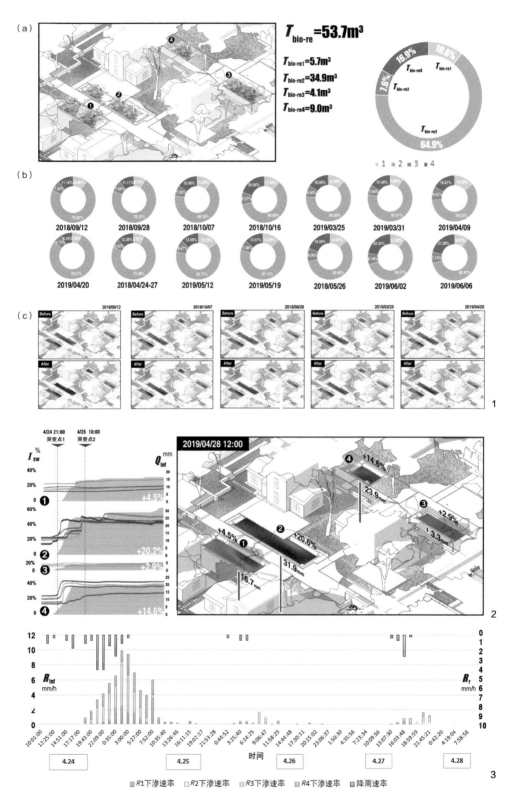

图 4.3.7 雨水花园绩效评价分析：（1）径流削减绩效比较；（2）土壤持水与下渗过程；（3）雨水花园下渗速率变化图

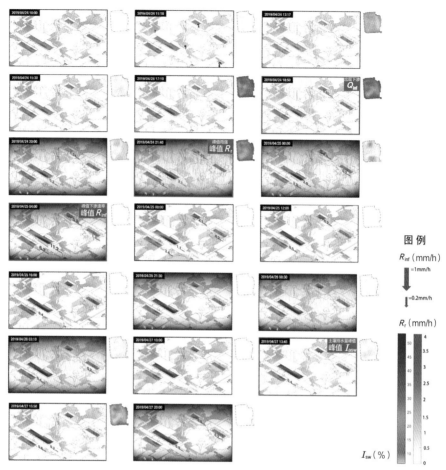

图 4.3.8　案例降雨事件水文过程还原

小结　总结与展望

　　本研究针对校园景观雨洪管理项目场地，依托物联网技术，以跨学科合作的方式搭建了在线监测系统，用于雨洪管理过程的可视化及绩效评估。该系统以树木冠层及雨水花园等作为重点监测对象，在线收集和分析了各景观要素的雨洪管理数据，在传统静态的景观信息模型的基础上加入了数据的实时展示、在线教育等新功能，使之发展为动态的、在线的新景观信息模型。

　　针对胜因院监测场地来说，本研究评估了各个雨水花园的雨洪管理绩效，发现了部分布局问题，为进一步的空间改造提供了有力的数据支撑。面向类似景观项目，本研究提供了一套具有可推广性的监测指标及系统搭建方法，有利于推动物联网技术在景观设计及评估中的应用。

　　在景观水文研究及教育层面，本研究对于场地尺度的水循环教学提供了较为扎实的案例素材。如以下几个重要的结论：（1）对于旱柳、国槐、大叶杨及泡桐这类北京典型的乔木群落而言，其树冠截留与降雨的最大雨强对数关系明显；（2）基于冠层对场地降雨时空分布的突出影响，景观设计项目中需重点考虑树冠截留带来的径流削减；（3）实际场地的水文过程往往与设计及模拟方案有一定差异，如不同降雨条件下，场地的汇水分区边界会发生变化，绿色雨水设施来流及土壤湿度分布的不均匀性，导致径流转变为土壤水分及下渗量的过程极为复杂，在线监测的方法能够较好地记录这一过程。

本研究的进一步深化方向为：（1）与水文过程仿真结合，利用更多的监测数据建立精细化的水文模型，利用在线模拟进行场地的雨洪管理状态的预测；（2）依托现有网页平台研究绿色雨水设施智能布局优化的方式，利用智能设计方法进行雨洪管理设计。

鉴于完成自然水循环需要一定比例的开放土地、绿地或水体作为载体，高密度建成环境下的雨洪管理是目前海绵城市建设面临的难题之一。此类环境一般开放空间稀缺、绿地率低，自然土壤、植物、水体等自然要素比例很低，满足自然水文过程的各种条件并不具备。因此如何利用珍贵、有限的绿色空间实现其多方面的生态系统服务功能，并增加对人的吸引力与使用率，是值得研究的重要课题。最近十几年是清华大学校园建设历史上发展变化最快的阶段，因学科建设发展引发了用房趋于紧张，导致部分院系因使用面积不足而新建、扩建或加建。清华大学建筑馆就是此种情况。2013～2014 年完成的建筑馆庭院改造工程，是在高密度建成环境的有限空间中实现小型绿色基础设施的雨洪管理功能的一次积极尝试。

5.1　建筑馆中庭雨洪管理设计

5.1.1　场地概述

清华大学建筑学院院馆（以下简称"建筑馆"）建于 1995 年，是清华大学主楼轴线前兴建的第一座院系教学楼。建筑馆整体 5 层，面积 1.53 万 m²，分南楼、北楼、中楼三个部分，呈 U 字形布局，中间围合出一个开口向东的三合院落。建筑馆报告厅与节能楼将东侧开口遮挡了一部分，进一步加强了院落空间围合性。建筑馆在使用了 20 年后，使用面积上不足以满足学院发展需求，空间环境也有待改善。2012 年利用后院空间增建约 3000m² 的新馆（图 5.1.1）。改造前的建筑馆后院，受北、西、南三个建筑界面围合，封闭性较强，除承担少量交通联系及模型制作功能外，较少有人使用 [图 5.1.1（1）]。新馆的设计为消除来自三面的压迫感采取了多种策略，包括设计为简洁的规则立方体，以及立面处理采取满铺倾斜穿孔钢板，整体下沉地面半层，东西两面内退 2m，底层架空并采用玻璃立面等，以期创造出与周边界面更为亲切、友好的关系 [图 5.1.1（2）]。

新馆建成前，旧馆朝向内院的立面上共有 14 根雨水管，均向庭院排水，雨季屋面降雨径流短时间集中汇流至此，流速流量很大，容易造成场地积水（图 5.1.2）。新馆建成后，庭院北、西、南三面仅剩宽 4～5m 的狭窄带状空间，面积 1780.4m²，积水隐患进一步加大。新馆建设中对加强排水已有所考虑，绕庭院建设了一圈排水明沟，并在新馆负一层地下建设了约 150m³ 的雨水收集池，接收四周汇水，超标水量通过水泵压至市政管网。但因容量有限，四周汇水及排水压力仍然很大。而庭院有限的带状空间内还需满足新旧馆联

图 5.1.1 建筑学院环境演替：（1）建筑馆庭院改造前的状况（图片拍摄：王如昀等）；（2）清华大学建筑馆与新馆（图片拍摄：郭湧）

系通道、室外模型制作场地、户外交流场所等用途。综上可见，建筑馆庭院改造面临着空间狭小、汇水集中、功能复合等多重挑战。

2012年《景观水文》课程曾有小组对建筑馆庭院进行过研究设计，其方案在空间营造和雨水利用方面有许多新意（图5.1.3）。[①]但当时新馆尚未建成，有许多现实因素还未出现。2013年新馆建成，庭院改造设计也随之启动，实际建设工程在2014年6月至2015年4月完成。[②]改造的核心包括妥善解决雨洪问题、缓解排水压力，同时精心处理使用功能与空间营造，是在高密度环境改造中实现低影响开发目标和景观与空间营造的一次积极尝试。

建筑馆庭院作为高密度建成环境，没有宽裕空间及绿地土壤条件来进行自然下渗、调蓄、净化。传统排水模式利用雨水管、雨水井、沟渠及市政管道等的快排思路对解决此类高密度环境的排水威胁仍十分有效。但这并不排除恢复自然水循环的必要性和重要性。在高密度环境中构建低影响开发雨水管理系统，可以在雨水"外排"之前，因地制宜布置各种小型绿色基础设施，发挥削减峰值、延迟汇流、滞留调蓄、过滤净化等作用。具体可采取源头减排（屋顶绿化、透水铺装等）、中途净化、过滤（雨水花园、高位植坛等）和末端调蓄、收集、利用、溢流（雨水收集池、超标溢流系统）等技术和设施进行全过程治理，从而构建自然与人工相结合、更具生态效益的灰绿基础设施系统。

---

① 2012年《景观水文》课程建筑馆庭院设计小组成员包括王如昀、王晨雨、周琳和申丝丝。
② 2013年建筑馆庭院景观改造项目负责人刘海龙，项目组成员包括郭湧、颉赫南、赵婷婷、杨冬冬、孙媛等。

本研究具体按"水文—景观—设计—实施"的景观水文四模块步骤展开。其中水文和景观模块重在分析评价，设计模块重在整合，实施模块重在落地。基于建筑馆的实际情况，有条件进行雨洪管理的环节是从雨水自雨水管落下之后，进入市政管网之前的这一段。具体通过场地水文分析、竖向设计、可利用空间分析、功能设计、雨洪管理系统设计、植物景观设计等步骤展开，最终以高位植坛作为雨水与景观解决方案的核心，辅以溢流系统及排水沟等的建设，在有限的场地下实现较为精细的雨洪管理设计。

图 5.1.2 建筑馆积水分析（图片拍摄：王如昀等）：（1）建筑馆汇水区及积水点平面图；（2）建筑馆庭院改造前积水情况

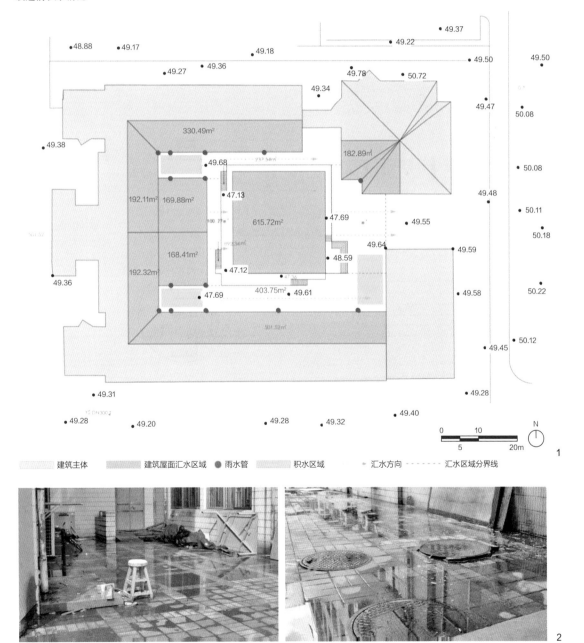

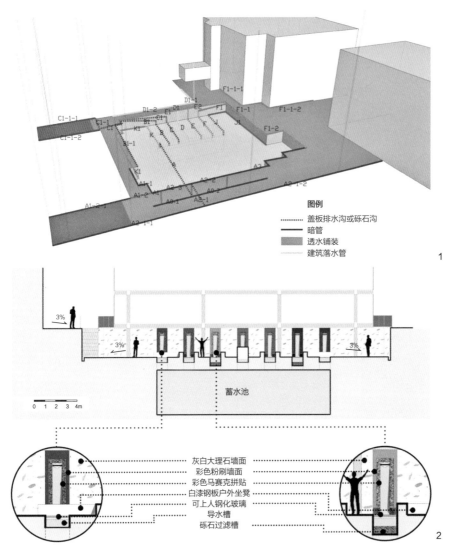

图 5.1.3 2012《景观水文》课程对建筑馆庭院的雨洪管理设计：（1）排水设施系统设计；（2）雨水利用及可视化景观细部设计

5.1.2 设计策略

1. 水文模块

水文模块的核心是研究中小尺度场地的水循环关系，得到设计需要的水文边界条件。首先按建筑围合关系识别庭院的汇水区边界，具体划分为 4 个汇水分区。其次进行暴雨径流水文计算，确定景观雨水设施规模。采用推理公式法，以北京地区一年一遇 8h 降雨为标准，按汇水分区分别计算各屋顶雨水径流产汇流总量，为确定建筑馆庭院内雨水管理设施规模提供依据

［图 5.1.4（1）］。经计算，得到 B 区南侧产流量为 30.6m³，C 区产流量为 60.2m³，D 区产流量为 8.4m³。

2. 景观模块

景观模块的核心是识别影响二元水循环发生的各项景观因子，分析其雨洪调控机理。一般情况下能够调控雨洪最重要的自然因子是各类城市"软质"下垫面，以开放性的土壤、绿地、水域为主体，人工因子包括管网、调蓄池等各种设施等。但无论建筑馆老馆还是新馆，改造为绿色屋顶的难度很大。同时场地可利用空间有限，难以布置较大规模的低影响开发设施，且庭院场地周围建筑基础太近，不符合渗透设施的设计要求。相对而言"高位植坛"是一种较合适的小型绿色基础设施。这种在深槽箱中种有花草、灌木等植物的雨洪管理设施，可完成"渗、滞、蓄、净、用、排"等多种功能，并通过槽箱中土壤和植物的过滤作用净化雨水，通过滞留雨水减少径流产生，起到雨水调蓄与污染控制的双重作用。具体针对一年一遇降雨情况，若无高位植坛，雨水直排会导致庭院积水。建高位植坛之后可部分消纳屋面径流，并通过入渗植坛土壤介质，起到滞、蓄之用，还可以过滤雨水，灌溉植物，起到净和用的作用。当遇到超标准降雨，调蓄径流经高位植坛溢流口再汇入市政排水管网，起延缓汇流时间的作用［图 5.1.4（2）、（3）］。

3. 设计模块

建筑馆庭院整体分为四部分：新馆东侧、北侧、南侧空间及负一层下沉空间。在空间处理上这几部分需求有较大差异。东侧空间是新馆东入口；北侧空间主要服务模型室；南侧空间是联系新老馆交通、提供户外交流活动的主要场所，东西长 40m，南北宽 4.2m，是此次改造设计的重点，既需要提升绿化，也需要提供一定的停留空间和休憩设施。高位植坛［图 5.1.4（2），图 5.1.4（3）］作为一种源头雨水控制利用设施，其功能与形态可根据场地实际情况有所拓展。由于地处建筑近旁，高位植坛首先能够在建筑周边和附近营造出绿色植物空间；其次通过打断从雨水管到市政管网的连接而为雨水管理创造机会；可以和休憩、照明及雕塑等功能设施相结合，为组织和处理户外空间提供灵感。在本案例中，高位植坛将庭院绿化、雨洪管理和休憩设施集于一身，成为多功能的景观基础设施。同时建筑馆新馆的尺度感与精致细部对场地有很大影响，高位植坛所采用的材料和形态均考虑与建筑馆新旧馆的协调。

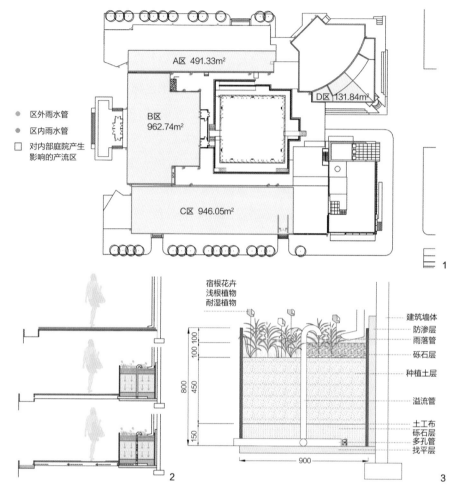

图 5.1.4　建筑馆庭院水文分析及设计策略：（1）建筑馆汇水分区分析与径流计算；（2）高位植坛建设前后雨洪管理方式对比；（3）高位植坛剖面设计

4. 实施模块

（1）**高位植坛**：高位植坛一般分为渗透式和流经式（flow through planter）。渗透式高位植坛允许雨水渗入地下，但为保护建筑基础，高位植坛临建筑一面侧壁需做防水处理。流经式则相当于一个封闭的容器，池底必须做防渗，雨水临时储存在植坛上部蓄水空间及种植池基部的土壤和砂砾层中，实现调蓄、储存、过滤、净化等目标。如果注入的水量超过调蓄量，多余的水通过溢流系统进入雨洪管理的下一环节，就需要在种植池内安装排水管［图 5.1.5（1）］。

（2）**防冲砾石石笼**：高位植坛剖面一般由防冲砾石层［图 5.1.5（2）］、种植土层和蓄水砾石层三层构成。鉴于高位植坛一般对来自屋顶的雨水进行直接拦截，因此必须在雨水管口下方铺设卵石，以消散水能，防止水流对土壤的冲刷及造成土壤流失。本次设计在雨水管正下方、种植土层上方设置石笼，起消能作用，减缓雨水管出水对种植土的冲刷。除此之外，种植土层与蓄水砾石层间铺设土工布，以避免土壤细粒堵塞砾石层。

（3）**植物景观**：高位植坛植物受种植土层厚度影响，一般选择浅根且耐湿性较好的植物，宿根花卉不仅可在该生境中生长，而且可增加高位植坛的观赏性，丰富植物色彩。此次选择了狼尾草、马蔺、千屈菜、黄菖蒲、八宝景天等植物［图 5.1.5（3）］。

（4）**溢流设计**：经过测算，因受场地空间限制，在一年一遇降雨条件下，高位植坛的有效储水容积小于所服务片区的 8 小时降雨量，故需要在植坛内设溢流系统［图 5.1.5（4）］，以便在超过设计降雨强度的情况下排除雨水。溢流系统具体包括：（1）竖向溢流管，在植坛中央沿长边方向均匀布置，溢流口高于植坛种植土层标高，但低于植坛壁标高，雨水在到达溢流口高度时能够流入竖管，避免降雨过急时径流从植坛侧壁溢出；（2）纵向排水管，收纳种植土层和砾石层中无法蓄纳的雨水，再经横向包裹土工布的多孔管排入管网。按有压管流计算，取最大可能管道纵坡。这样，即使管径取得较小（如 $d=8cm$），水头损失也远远小于本项目的 1m（$d=8cm$，水头损失仅为 0.13）。故可判断在本项目情况中，即使管径取得较小，也可保障管内水流畅通流出，因此可根据建造造价采用常见管径即可。

（5）**材质与景观效果**：高位植坛的材质根据场地条件和造价可有多种选择。在相对高密度的建成环境下，采用耐候考登钢作为植坛外壳，具有强度高、厚度薄、占地少、可塑性强等特点。在建筑馆庭院的狭长空间中，考登钢高位植坛能最大程度减少厚度，节省空间，并与坐凳等功能融合在一起。尤其锈红色考登钢与新馆冷灰钢板色形成冷暖对比互补，其简洁长方体形态与新馆的立方体造型、风格也比较契合。另外，地面、坐凳采用统一木材质，并与植坛锈钢板的色彩协调统一，以强调空间的整体性，避免狭窄空间的破碎化。这些均需在设计与实施中根据实际情况做出灵活处理。在雨洪管理分析与建造过程中对景观设计所关注的尺度、材料、细部等进行协调都是必要的，力求取得雨水处理与景观设计的整体协调（图 5.1.6）。

图 5.1.5 实施模块展示（图片拍摄：刘海龙）：（1）高位植坛建造；（2）防冲砾石石笼；（3）高位植坛植物景观；
（4）溢流管和排水管的安装

改造前　改造后

图 5.1.6　建成前后效果对比（图片拍摄：王如昀、刘海龙）

5.1.3　使用后评估

2017 年 6 月 9 日至 6 月 20 日，《景观水文》课程以建筑馆庭院为调查对象，通过问卷、访谈、拍照、数据分析等方式，对不同年龄和性别的人群进行工作日和周末的全时段调研，以了解使用者在建筑馆庭院的活动规律及其利用情况，并进行使用后评估。具体针对使用方式、满意度、问题与建议四个方面展开调查，得出如下结论：（1）在早晨上课前、课间、下课、午间、

图 5.1.7 建筑馆庭院活动：(1)"2015 年海绵校园设计营"学术沙龙及聚餐（图片拍摄：王聪伟）；(2)建造模型制作（图片拍摄：刘海龙）

下午上课前、课间、下课后这些时段，使用者比较多。在访谈人群中，学习、办公人群最多，达 95%，参观者占 5%。可见使用者多数为学习、办公，因此评估的首要目标是其功能的适用性。调查结果反馈使用者对庭院的位置及空间设计最为满意，达到 100%，包括作为新旧馆连接通道及满足室外模型制作等活动，可看出改造在创造户外交流空间上比较成功（图 5.1.7）。(2) 对雨洪管理措施、整体空间和植物景观设计也比较满意。多数人认为建筑馆庭院原先雨水管道多，不仅影响美观且下雨时还造成内涝。而改造后的建筑馆庭院有效解决了雨洪管理的问题，并且高位植坛有效遮挡了雨水管，增加了美观性，成功地结合了灰色与绿色设施。被调查者也表示尺度感较好，如果把雨洪管理设施做得过宽、过大，将给使用者带来不便。(3) 也有约 20% 的使用者提出了一些问题和建议。如使用者普遍偏好具有观赏性的植物景观设计，建议植坛植物的色彩和品种可以更加多样化。另外使用者提出现有灯光设置不够明亮，对于夜间要去新馆的使用者造成不便，因此建议在一些死角放置一些路灯，会有助于提高安全性并为夜间活动提供便利。

5.2 建筑馆中庭水质分析实验研究

2018 年 5～6 月《景观水文》课程进行了建筑馆庭院高位植坛水质监测实验。通过在高位植坛开展水质取样与监测，研究在其降雨过程中对屋顶污染物的实际削减作用。采样降雨 8.2mm，历时 3 小时，共收集水样 108 瓶（含重复组），采样点位于降雨全过程的"降雨－屋顶－高位植坛土壤溶液－木板下排水空间—排水沟终端"的各个环节。但重点采集高位植坛土壤溶液、植坛过滤后的径流及场地排水口径流。该课程教学与研究旨在指导学生通过取样和实验分析，描述降雨全过程中雨水、屋顶、地面面源污染及绿色基础设施过滤对雨水径流水质的影响情况（图 5.2.1）。研究生在实验中：（1）直观地理解随着降雨的进行实现雨水及地表径流水质逐步改善的过程；（2）分析计算高位植坛对建筑馆屋顶面源污染地削减率。

经过实验室水质测定，高位植坛综合削减屋顶面源污染达到如下效果：（1）COD 综合去除率达到 72%，初雨阶段达到 85.5%，峰值阶段 61.2%，末端出水 COD 指标达到地表水二类标准；（2）TSS 综合去除率达到 −32%，降雨－屋顶－土壤溶液中去除率达到 100%，暴露出木板下排水空间－排水沟终端过程中 TSS 的二次累计，可认为综合外排的 TSS 均来自末端设施；（3）TN 综合去除率达到 87.5%，初雨阶段达到 98.5%，峰值阶段 81.3%；（4）TP 综合去除率达到 −22%，暴露出木板下排水空间－排水沟终端过程中 TP 的二次累计；（5）NH_4^+−N 综合去除率 20.2%，初雨阶段达到 35.5%，峰值阶段 11.3%，末期有一定反弹。

上述实验偏重于揭示雨水径流经过不同下垫面后的水质变化，在选课研究生本身已具有一定水质知识储备的前提下，有助于更直观和深入地理解绿色基础设施发挥的水质净化作用。总体来说，该课程案例侧重研究性，教学内容适合降雨较多的春季学期开展。但该案例中取样数量较大，测定实验周期长，同时自然降雨具有不确定性，开展实验的条件相对苛刻。

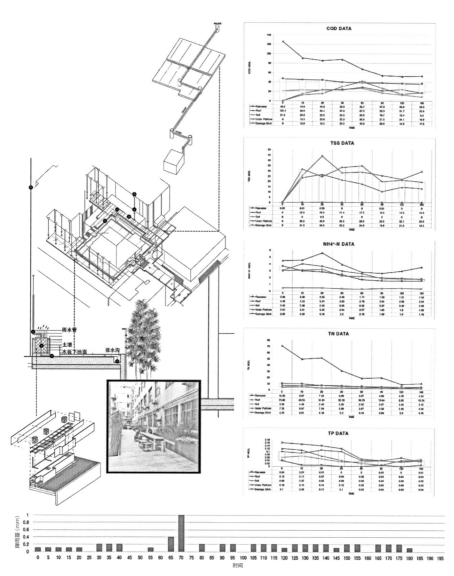

图 5.2.1 建筑馆庭院高位植坛水质监测实验

校园道路是学校师生上下课和生活通行的主要通道。清华大学校园的南北主干道路连接了主要的生活区和教学区，往往承担着巨大的尖峰人流量，同时由于南北道路竖向变化较大，降雨时路段易发生不同程度积水问题，因此是重要的海绵校园研究课题。另外除解决校园道路积水问题，还可以进一步通过跨学科综合研究与设计提升道路景观空间品质。本章包含 4 个项目，前 3 个是针对清华大学校园内最重要的南北干道新民路、明德路与学堂路展开的研究与实践，其中前两项已经实施完成；第 4 个是针对华北地区陆生园林植物去除道路径流污染物的一项实验研究。

研究方法层面，上述前 3 项研究均通过建立校园道路及周边区域的 SWMM 雨洪模型，模拟道路不同暴雨重现期（三年一遇和五年一遇）情况下的道路积水状态，通过对比分析增设各类绿色雨水设施前后校园道路路段地表径流量及绿地可调蓄水量的变化，并以模拟结果为依据开展道路及周边区域的海绵校园规划设计。

6.1 新民路雨洪管理与景观设计研究 [①]

6.1.1 场地概述与模型模拟

新民路是清华大学南北主干道，南起清华大学中央主楼–西主楼，北至清华大学紫荆操场足球场，总长 1.1km，沿途分布有宿舍区、游泳馆、学生篮球场、六教、苏世民书院、综体网球场等主要的学生活动区域。设计区域总面积 8.85hm²，不透水区域面积为 6.54hm²，占 74% 左右，是校园内硬质最多的区域之一。因曾有多次降雨导致积水的情况发生，对该区域进行研究具有一定代表性。

根据校园平面图及管网图，将与新民路有关的子汇水区作为研究对象，其中包含新民路上游可能对排水管网造成影响的共 61 个子汇水区域进行排水分区的概化，并将路上的雨水箅子概化成 43 个连接点，出水口设置为离开研究区域的市政排水、管网排水、道路坡面排水等共 9 个（图 6.1.1）。

模型子汇水区参数的设定主要有如下几方面考量：（1）出水口：可设置为管道节点或相邻子汇水区；（2）面积和特征宽度（垂直于径流方向的宽度）：从 SWMM 模型地图中量取；（3）坡度：根据 GIS 中全校区坡度图，除特殊的几处外（如大体育场大斜坡处），其余定为 0.5%；（4）不渗透性百分

---

① 本研究是清华大学建筑学院景观水文团队承担的新民路改造项目，项目负责人刘海龙，主要完成人包括研究生林国玄、周怀宇、朱建达、李颖睿、张益章等。

比：经过实地考察绿地面积和硬质铺装面积的比例，得到不透水面积占每个单元的总面积的百分比；（5）相关水文参数：透水区域和非透水区域曼宁系数取值分别为 0.24 和 0.012，填洼量分别定为 2mm 和 12mm，无填洼量部分的百分比定为 0；（6）相关土壤参数：土壤入渗选择 Horton 方法，取 $f_0 =$ 103.81mm/hr，$f_\infty = 11.44$mm/hr，$\alpha = 8.46$hr^{-1}。

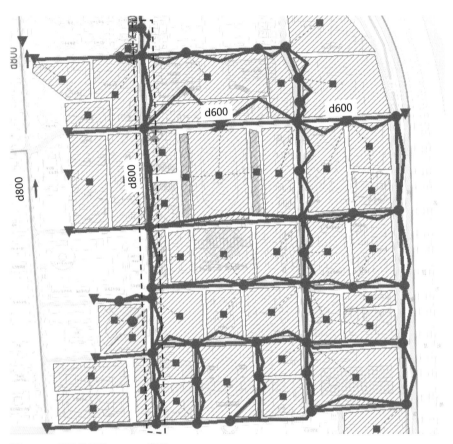

图 6.1.1　新民路区域 SWMM 模型

　　模型中各节点的主要参数主要有：（1）内底标高：由于在管网中并无确实的管网标高，在本模型中均采用地表标高减去埋深 1.2m 作为节点内底标高数据；（2）初始深度：本模型假设降雨前管道内没有残余积水，初始深度均定为 0；（3）积水面积：在实际情况中，从节点处溢出的雨水将顺着地表地势流向下游低洼处，不会积存在节点上方，故积水面积均设为 0。

　　模型中主要设定了三种类型的管道：（1）普通地下管道：根据地下管网资料图，管道形状均设置为圆形，内径根据资料值输入，最大深度即为最大直径；管道材料为混凝土，曼宁系数取 0.015；（2）道路明渠：为了模拟道路的积水深度，在本模型中，将学堂路概化为深 0.2m（路沿石高度）、底宽为7m（道路宽度）的矩形开放明渠，曼宁系数取0.012。模拟过程采用动力波法进行流量计算；（3）规划增加的管网，使用清华大学雨水管网规划中DP800管径的雨水管线。

降雨的模拟则选用与季风气候相近的SCS2型雨型，降水深度则参照三年一遇24h的105mm以及五年一遇24h的151mm来模拟实际的降雨情况（表6.1.1）。

表6.1.1　三年一遇及五年一遇24h的暴雨强度

降雨比例系数	总降雨量	每小时降雨量	降雨比例系数	总降雨量	每小时降雨量
0.01	105	1.05	0.01	151	1.51
0.011	105	1.155	0.011	151	1.661
0.013	105	1.365	0.013	151	1.963
0.013	105	1.365	0.013	151	1.963
0.015	105	1.575	0.015	151	2.265
0.017	105	1.785	0.017	151	2.567
0.019	105	1.995	0.019	151	2.869
0.021	105	2.205	0.021	151	3.171
0.127	105	13.335	0.127	151	19.177
0.034	105	3.57	0.034	151	4.134
0.054	105	4.67	0.054	151	8.154
0.418	105	43.89	0.418	151	63.118
0.109	105	11.445	0.109	151	15.459
0.048	105	4.04	0.048	151	7.248
0.034	105	3.57	0.034	151	4.134
0.026	105	2.73	0.026	151	3.926
0.022	105	2.31	0.022	151	3.322
0.019	105	1.995	0.019	151	2.869
0.017	105	1.785	0.017	151	2.567
0.014	105	1.47	0.014	151	2.114
0.013	105	1.365	0.013	151	1.963
0.012	105	1.26	0.012	151	1.812
0.011	105	1.155	0.011	151	1.661
0.011	105	1.155	0.011	151	1.661

根据清华大学研究生会于 2017 年 3 月 20 日发起的问卷调研，在问卷中给出了几个主要积水点的选项。问卷共 614 份，红点为得票数将近 100 和超过 100 的积水点。其中与本次模拟的结果相重合的积水点为新民路北侧与至善路的交叉口（图 6.1.2）。

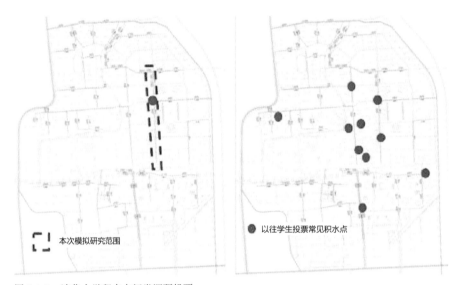

图 6.1.2　清华大学积水点问卷调研投票

根据现状的管网情况，概化模型后分别以三年一遇与五年一遇的降雨来模拟新民路的道路积水情况。三年一遇的情况下，降雨历时 13h（达到洪峰），降雨历时至 15.5h 开始积水退去至完全排干［图 6.1.3（1）］。五年一遇的情况下，降雨历时 13h（达到洪峰），降雨历时至 15h 开始积水退去至完全排干［图 6.1.3（2）］。

6.1.2　绿色基础设施布局下的雨洪管理情景模拟

根据新民路的实际情况以及现有规划设计方案，在路段内建立生物滞留网格以及植草沟等设施来减少道路积水威胁。在本模型则以汇水区末端建立起蓄水设施模组，参数按照设计方案中的深度以及面积来设定。共建立 1 个生物滞留网格，总面积 496m²（兼作科研实验的生物滞留池绿地），设计深度为 0.7m，体积为 347.2m³。另外建设 5 个植草沟，总面积为 551m²，设计深度为 0.35m，体积为 192.85m³。

将布局 LID 情景的新民路概化模型分别以三年一遇与五年一遇的降雨来模拟新民路的道路降水情况。三年一遇的情况下，降雨历时 13h（达到洪峰），降雨历时至 14.5h 开始积水退去至完全排干［图 6.1.4（1）］。五年一遇的情况下，降雨历时 13h（达到洪峰），降雨历时至 15.5h 开始积水退去至完全排干［图 6.1.4（2）］。

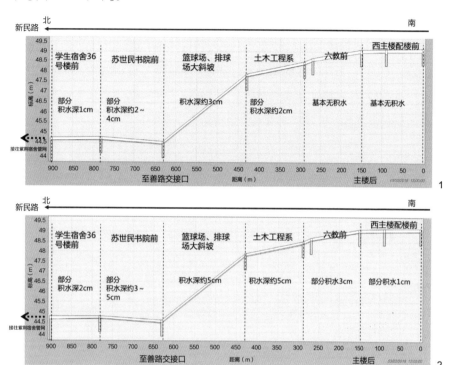

图 6.1.3　新民路现状道路积水深度模拟情况:（1）三年一遇;（2）五年一遇

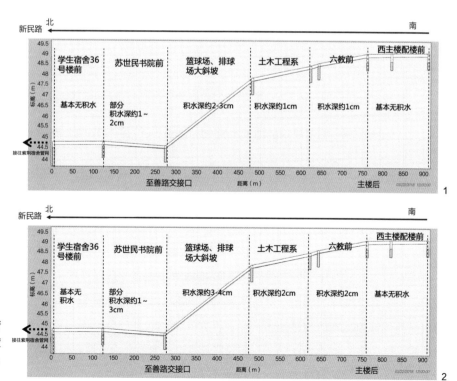

图 6.1.4　布局 LID 情景后的道路积水深度变化:（1）三年一遇;（2）五年一遇

新民路雨水管网布局采用清华大学校园总体规划中雨水工程规划对新民路的雨水管线规划，预计增加一条 D800 的雨水管线来解决场地的雨水问题。根据增加一条 D800 的雨水管线情景，概化模型后以三年一遇的降雨来模拟新民路增加雨水管线后的降水情况。降雨历时 13h（达到洪峰）基本无积水［图 6.1.5（1）］。五年一遇的情况下，降雨历时 13h（达到洪峰）基本无积水［图 6.1.5（2）］。在增加管线的情景下，无论是三年一遇还是五年一遇，皆能解决道路径流问题，但是需要投入资金重新铺设管线。

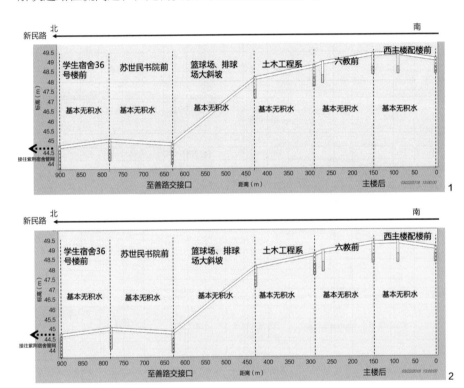

图 6.1.5　规划增加 D800 雨水管线后的道路积水水深模拟情况：（1）三年一遇；（2）五年一遇

本模型中节点 77 为新民路北段历史记录中的积水较深的位置，其进流量反映出存在过量的道路坡面径流。使用三年一遇设计暴雨曲线与前期和后期的流量曲线进行比较（图 6.1.6），前期曲线从历时 10h 开始出现最大量的洪峰，形状与暴雨曲线类似，有一个暴雨集中的洪峰。在后期设计的曲线中，在降雨历时 13h 时有所下降，说明了 LID 措施对于三年一遇以下的降雨，可以削弱地表径流洪峰的作用。对比两者降雨历时 10h 的峰值流量，后期 LID 模型虽然能够缩减峰值的径流量产生，但是在面临短期强降雨时，地表 LID 措施蓄水量有限（本研究的 LID 设施皆利用道路两侧景观中可被利用的部分，多为边角空地），对于大型暴雨的削弱能力还存在一定局限。

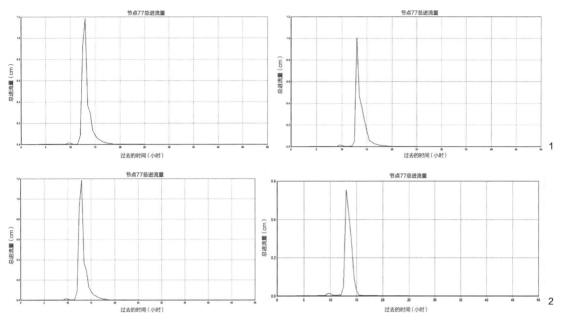

图 6.1.6 出水口径流量对比：（1）增加 LID 设施后出水口径流量前后对比；（2）增加 D800 管线出水口径流量前后对比

针对节点 77 使用三年一遇设计暴雨曲线与前期和后期的流量曲线进行比较，前期曲线从历时 13h 开始出现最大量的洪峰，形状与暴雨曲线类似，有一个降雨集中的洪峰，在后期设计的曲线中，降雨历时 13h 时大幅下降，说明了增设管网对于三年以下的降雨，可以基本起到削减地表径流洪峰的作用。对比两者降雨历时 13h 的峰值流量，后期管网基本上已经能够解决径流量产生，在面临短期强降雨时，地表还是会迅速形成积水，应该对道路周边积极地进行 LID 设施改造，结合新民路景观设计解决道路积水问题。

6.1.3 雨洪管理景观规划设计

新民路为清华大学校园内主要承载学生活动的道路。根据道路两侧不同的功能、学生活动类型及环境色彩气质，设计方案形成不同的分区，并建立一条贯穿的 CSE［即文化＋运动＋生态（Culture, Sports and Ecology）］跑道系统。同时在道路两侧有限的空间内，利用尽可能多的绿地进行雨洪管理改造（图 6.1.7）。最终形成以一个生物滞留网格（雨水花园）加 5 个设计植草沟的 LID 设施布局。利用新民路北段大片可改造的绿地，改造为雨水花园，收集道路雨水以及周遭建筑的雨水径流（图 6.1.8）。利用跑道条带周遭绿地收集运动场的不透水地表所产生的径流［图 6.1.8（1）］。通过降低跑道周遭的绿地高度，对道路的径流进行雨水收集［图 6.1.8（2）］。利用南段大片绿地空间，降低路沿石高度，对道路径流进行收集，使得绿地吸收道路径流及部分建筑所产生的雨水径流［图 6.1.8（3）］。而在实际建设中，虽然铺装材质和植物选择都有些许变更，但雨洪管理基本思路得以保留。

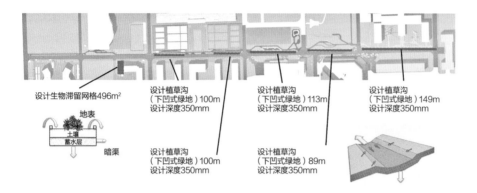

图 6.1.7 新民路海绵设施分布图

图 6.1.8 新民路 LID 设施设计（图片来源：清华大学景观水文研究团队）：（1）新民路中段运动操场；（2）新民路中段森林跑道；（3）新民路南段活动绿地

小结

本研究建立了新民路局部区域的 SWMM 雨洪模型，并结合道路景观考虑 LID 设计方案，对比分析了现状雨水径流情景、增设 LID 措施后的雨水径流情景、增加雨水管网后的雨水径流情景（图 6.1.9），结论为，增设了 LID 设施后的道路积水情况得以改善：在三年一遇的情景下学生宿舍区和西主楼配楼前的积水问题基本得以解决，在五年一遇情景下学生宿舍区和西主楼配楼前的积水问题得到了改善，其他地段的积水问题也大幅度减少。篮球场、排球场大斜坡处是道路径流汇集的集中区域，因为处于地形最低处并且坡度较大，成为洪峰来临时快速聚集的空间，LID 设施较难发挥作用。最终得出以下主要结论：新民路现状空间虽然有积水但是问题较轻，建设更大管径的排水管网虽然可以解决积水问题，但工程建设需要封路且资金投入较大，因此可以利用低影响开发手法解决其积水问题，通过部分雨洪管理设计降低洪峰时的积水深度，并结合景观改造提升道路的功能性与景观性，因此没有立即建设管网的必要。

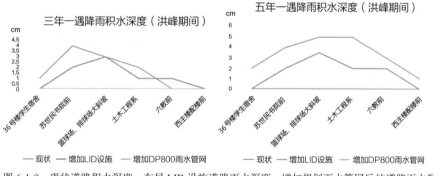

图 6.1.9　现状道路积水深度、布局 LID 设施道路雨水深度、增加规划雨水管网后的道路雨水深度的相互比较

景观设计方案拟对使用效率较低的空间加以充分利用。新民路是校园中硬质铺装比例偏高、学生活动较多、使用频率较高的一条路，周边绿地的竖向复杂，限制较大，可利用绿地量较少。设计中充分利用新民路的隐蔽空间来解决这一问题。通过 SWMM 模型模拟，验证了利用道路周边的边角空间作为雨洪调蓄空间能够起到不小的作用，可削减一定程度的暴雨径流，这对于海绵校园场地的雨洪管理实践具有一定的示范意义（图 6.1.10）。

图 6.1.10 新民路雨洪管理景观建成照片（图片拍摄：周怀宇）

6.2 学堂路雨洪管理与景观设计研究 [①]

6.2.1 场地概述

学堂路是清华大学南北主干道，位于校园核心位置，北起紫荆公寓学生综合服务楼，南至清华大学南门，全长 1.7km，沿线布置宿舍区、食堂、人文图书馆、教学楼、新清华学堂等重要建筑。本次研究区域为学堂路北段，长 1km，研究范围总面积 18.7hm²，不透水区域面积为 13.6hm²，占 73% 左右，是校园内密度最大，硬质铺地最多的区域之一（图 6.2.1）。学堂路现状地势南高北低，东高西低。现状建筑排水形式分为内排水和外排水两种情况，以外排水为主。但沿路两侧建筑与地形变化较为复杂，加之高位枹池贯穿全路，排水不畅，遇暴雨积水严重（图 6.2.2）。场地内绿地较少，多为沿道路

[①] 本研究是 2015 年清华大学《景观水文》课程研究成果，主要完成人包括刘一瑶、郭国文、孟真。见《基于低影响开发的清华学堂路雨洪管理与景观设计研究》。

或建筑的线性隔离绿地，植物组合也多以单纯的乔—草结构为主。另外学堂路部分在上下课高峰期较为拥堵，整体自行车停车空间不足。选择学堂路这一高密度校园环境进行雨洪管理与景观改造研究，非常具有代表性。①

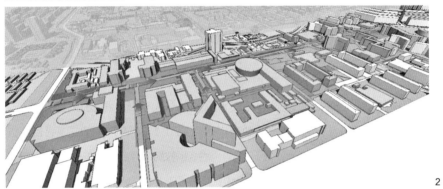

图 6.2.1　研究区域概况：（1）学堂路现状平面；（2）模型鸟瞰

图 6.2.2　学堂路及附近区域积水状况（图片拍摄：张益章）

---

① 学堂路项目的实施由相关设计机构完成。

6.2.2 模型模拟

1. 模型输入及参数设定

根据校园平面图及管网图，将整个学堂路模拟区域划分子汇水区 64 个，节点 54 个，管段 59 个，出水口 1 个。其中填充斜线的几何形即为子汇水区，虚线表示汇流方向；黑色圆点为管道节点；黑色粗实线为管段 [图 6.2.3（1）]。本模型中，根据现状土地利用情况，经过实地考察确定子汇水区不渗透性百分比；曼宁系数取值分别为 0.24 和 0.012，填洼量分别定为 2mm 和 12mm，无填洼量部分的百分比定为 0；土壤入渗选择 Horton 方法，取 $f_0 = 103.81$mm/hr，$f_\infty = 11.44$mm/hr，$\alpha = 8.46$hr^{-1}。普通地下管道根据地下管网资料图设置形状及管径，而将学堂路概化为深 0.3m、底宽为 8m 的矩形明渠，曼宁系数取 0.015。模拟过程采用动力波法进行流量计算。本模型采用五年一遇($P = 20\%$)设计暴雨，24h 内总降雨量 153.43mm。结合学堂路区域特征，在 SWMM 模型的对应子汇水区内增加 LID 处理措施 [图 6.2.3（2）]，主要有如下四种：（1）透水铺装 [图 6.2.3（2）褐色区域]，总改造面积 11100m^2；（2）下凹式的台地种植池绿地 [图 6.2.3（2）绿色区域]，总改造面积 3800m^2；（3）雨水花园 [图 6.2.3（2）蓝色区域]，总改造面积 450m^2；（4）地下蓄水池 [图 6.2.3（2）橙色区域]，容量为 500m^3。合计 LID 措施改造面积为 15250m^2。根据模型连续性误差统计，地表径流误差为 -0.12%，流量演算误差为 0.24%；根据模型指导手册显示连续性误差在 $\pm 10\%$ 内属于模型运行正常状态，由此可以判断该模型结果可信。

2. 降水产汇流变化

研究将未设计 LID 措施的模型称为前期模型，增设 LID 措施后的模型称为后期模型，两模型分析结果如下：对于五年一遇设计暴雨（$P = 20\%$）条件下，在降雨开始后 10h17min 时，区域径流达到峰值状态。

对比节点深度（图 6.2.4），前期模型中学堂路普遍积水深度超过 0.2m（节点颜色多为绿、黄），其中两节点积水深度甚至超过 0.4m（节点颜色为红）；而后期模型中积水点颜色普遍由之前的黄、绿变成深蓝、天蓝，即积水深度下降到 0.2m 以下（图 6.2.4 中，红色小矩形表示地下蓄水池）。后期模型中图例变红，说明此时蓄水池已达到最大蓄水容量 500m^3，蓄水容积得到充分利用。

对比管段流量图（图 6.2.4），由图左可看出前期模型学堂路管段流量多超过 0.15m^3/s，说明降雨为地下排水管道系统带来巨大压力。而从图右后期模型管道流量图可看出，一部分管道颜色由原来的红—黄变为天蓝—深蓝，说明管道内水量减少，一部分雨量被地面 LID 措施储存起来，并未排入地下管道系统。同时超载管渠数由前期的 28 个降为 20 个。

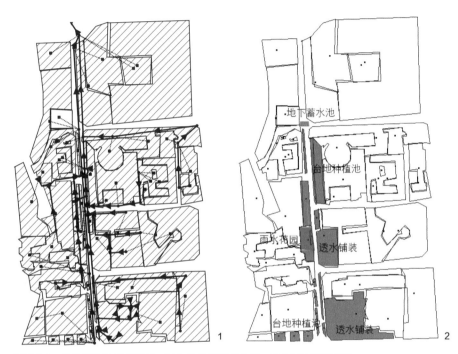

图 6.2.3　学堂路 LID 系统设计：（1）学堂路汇水分区；（2）LID 设施布局

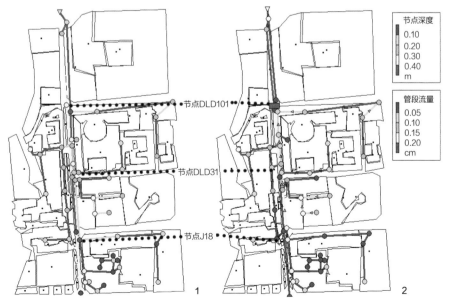

图 6.2.4　节点深度及管道流量前后对比图：（1）前期模型；（2）后期模型

由于模型构建时将学堂路概化为深度为 30cm 的明渠，由流量剖面线前后对比图（图 6.2.5）（节点 J18 至节点 DLD101 管段，蓝色部分表示水流深度）可看出在降雨历时 10h17min 时，该明渠水位剖面线近似与明渠顶端平齐，说明积水深度接近明渠原本深度 30cm，几乎达到满流状态，说明学堂路上积水深度已超过 20cm，与校园往期暴雨时积水深度的经验值基本相符。而后期模型中学堂路水位剖面线大幅度下降，积水深度仅余 2cm 左右，说明增设的 LID 措施对于学堂路道路积水情况有极大程度的改善。

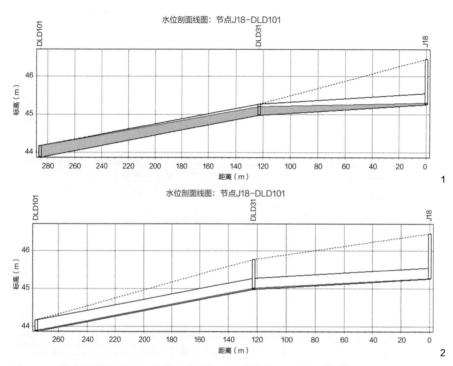

图 6.2.5　学堂路明渠水位剖面线前后对比图：（1）前期模型；（2）后期模型

3. 径流量变化

根据《城市雨水系统规划设计暴雨径流计算标准（DB11/T 969—2013）》，城市建筑密集区综合径流系数取值范围为 0.60～0.85。在五年一遇设计暴雨下，进行径流量情况对比（表 6.2.1）：前期模型中径流系数为 0.87，超过计算标准上限；而后期增设 15250m² 的 LID 措施后（约占全区域面积 18.7hm² 的 8%），径流系数变为 0.66，总共削减 6686m³ 的径流量，在数据上较好地证明了 LID 措施的有效性。

研究建立了学堂路局部区域 SWMM 雨洪模型，对比分析了增设 LID 措施前后的变化，验证了增设小面积 LID 措施可削减一定程度的暴雨径流，并对雨水进行收集利用，对于海绵城市的建设具有一定的指导意义。

表 6.2.1　SWMM 模型径流量对比

LID 实施阶段	学堂路模型	
	前期	后期
总降水（mm）	153.43	153.43
蒸发损失（mm）	0.00	0.00
渗入损失（mm）	11.64	17.92
地表径流（mm）	133.46	100.96
最终地表蓄水（mm）	8.64	38.12
径流系数	0.870	0.658
后期径流减小量（m³）	6685.37	

6.2.3　雨水链景观系统构建及设计

基于 SWMM 模型模拟识别出地块范围内积水最严重的地段。通过对比，选取积水最严重地段，按其汇水区设计雨水链，以缓解场地的雨洪问题（图 6.2.6）。雨水链指雨水从降落地到储存地所流经和流出的区域和场地的一系列环节，一般主要包括：

（1）绿色屋顶，指栽种植物的建筑屋顶、露台、天台等，能使雨水较为缓慢地释放到雨水排放系统中，减少雨水径流总量；

（2）雨水桶，指与雨水管直接相连的中小型容器，能收集和贮存中等体量的雨水，用作小规模的雨水利用功能；

（3）雨水种植池 / 高位植坛，分渗透式和流入式，指能截取来自屋顶的雨水的地面种植容器，通过渗透、蒸发及储存来减少雨水径流，削减污染物负荷，不仅能在建筑附近营造户外植物覆盖空间，也能为雨水管理创造机会，并作为组织和处理户外空间的手段之一；

（4）渗透性铺装，指铺装的材料和结构能够促进雨水渗入地下，减少地表径流总量，并且降低污染物含量；

（5）滤水草带，指缓坡种植区域，能接受来自毗邻地区的非渗透铺装表面的雨水，减缓径流速度，阻滞沉淀物和污染物，减少小雨时的雨水径流总量；

（6）景观洼地，指种植渠或线性洼地，能临时储存和下渗雨水径流，从而减少小到中大雨时的径流总量和流速，同时具备滤除一定污染物的能力；

（7）滞留池，能长时间保存水的水池，一般池底做防渗，是雨水链的最后一个环节，其水分可通过溢流或蒸发而散失，为径流提供末端调蓄与处理。

充分考虑并合理利用以上各雨水链的要素和环节，可以指导地块改造与景观设计。根据各场地的可行性，从雨水链中选取可以应用的要素，包括雨水种植池、高位植坛、透水性铺装、滤水草带以及生物滞留池等，融入景观改造，并进行布点串联，得到了与场地特色充分融合的雨水链系统，通过景观化的手法予以实现。

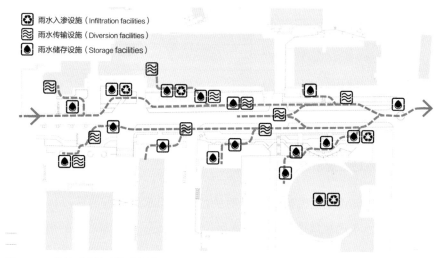

图 6.2.6 场地雨水链系统示意图

基于上述思路，将整个学堂路划分为若干段相对独立的雨水链，展开对雨水链各环节的景观设计：

节点 A（图 6.2.7A）所示为泥沙实验室，其屋顶排水通过雨水管进入高位植坛，经过石笼网初步过滤而流入雨水种植池，进行第二次过滤，然后通过木平台下方水渠流入学堂路绿化隔离带。达到雨水饱和状态的分隔带，会把过滤后的雨水，通过地面明渠径流的方式溢流至下面环节。植物在此过程得到灌溉，同时雨水也会部分下渗，在进入管网之前已过滤掉大部分固体杂质。

节点 B（图 6.2.7B）是学堂路南侧的第三教学楼门前平台空间。通过打开半地下空间，作为自行车停车场，平台上部区域改造为屋顶花园。雨水经屋顶花园调蓄净化后的超标部分，流入下层的植物种植池再次过滤，并形成小型景观瀑布，最后溢流入地面明渠，进入下一个环节。

节点 C（图 6.2.7C）位于人文社科图书馆北侧的 30° 斜向草坡。因其目前使用效率不高，所以与整条学堂路改造拟开辟为景观休闲步道，在提高通行能力的前提下，增强人们在学堂路行走时的景观体验，同时也增强学堂路的景观立面效果。具体把草坡底部改造为台层式种植池，以缓和暴雨径流，并对雨水进行适当过滤。不同台层根据其蓄水能力种植不同种类植物，如上层台地多种植灌木，配合景观步道，缓和单调坡面效果，同时保存更多水分。下层台地主要种植季节性宿根花卉或草本植物，以应对季节性暴雨的暂时积存，并能形成立面的色带感，美化作用与功能性同样重要。最后过量雨水流入道路明渠，进入下一个环节。

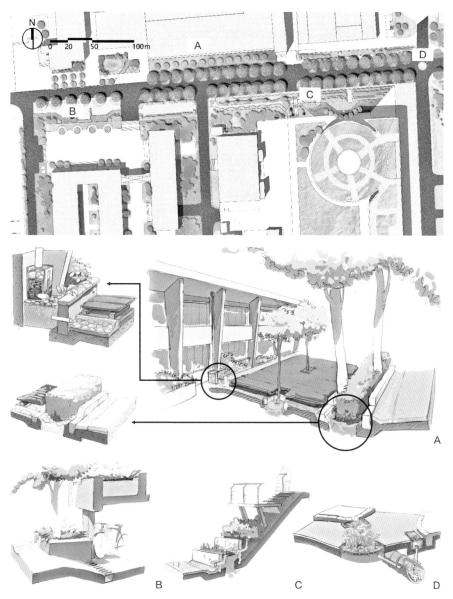

图 6.2.7　低影响开发系统与雨水链景观设计图：A 泥沙实验室改造；B 第三教学楼门前平台空间进行的改造；C 人文社科图书馆坡地绿化改造；D 校团委十字路口改造

最后，雨水链的末端，即在进入道路雨水管网之前的十字路口处设置雨水种植池（节点 D）（图 6.2.7D）。传统上常将道路作为排水明渠来使用，但这样常会在路面上形成巨大的地表径流，影响行人、车辆通行。因此通过把十字路口中心做成下凹的形式，形成一处小型环岛下渗池。把雨水引导进入，最后将过量且经过绿地初步处理后的雨水排入市政管道，这样每个环节都能起到缓冲地表径流的作用，最终削减暴雨时地表径流的峰值。

基于学堂路雨水链景观系统方案，利用 SWMM 模型再次进行模拟，得出场地改造后的积水点分布图，与改造设计前相比，积水点数由 28 个降为 10 个，数量明显减少，合计削减径流量 6686m³，也在一定程度上证明了 LID 对于削减地面积水和内涝灾害的有效性。

学堂路案例属于校园高密度建成环境下的雨洪管理探索，实现相应的雨水管理目标具有一定难度。学堂路案例研究基于景观水文理论，通过"自然－人工"二元水循环分析，按水文、景观、设计、实施等模块展开研究，将低影响开发雨洪管理流程与雨水链景观系统设计在逻辑上建立关联性。具体结论如下：

1）通过建立 SWMM 雨洪模型，对比分析增设 LID 措施前后变化，包括通过增设 15250m² 的 LID 措施（约占学堂路区域面积的 8%），前后期变化显著：在五年一遇设计暴雨（$P = 20\%$）条件下，径流系数从 0.87 变为 0.66，合计削减径流量 6686m³，学堂路积水深度明显下降，对于小型降雨的滞蓄作用明显。

2）通过植入雨水链系统，结合场地现状建筑、地形、植物和道路等条件，通过改造利用场地现有的绿地景观元素实现调蓄、处理并削减径流总量的目标，并将雨洪管理措施创造性地与场地景观营造有机融合，使之成为功能性与艺术性兼得的绿色基础设施。

6.3 明德路雨洪管理与景观设计研究[①]

6.3.1 场地概述

明德路是清华大学南北走向的主要道路之一，得名于古代《大学》中的名句："大学之道，在明明德"。明德路南始于清华路，中经至善路，北至紫荆路，总长 925m，承担着校园东侧南北向的主要交通流，连接北侧学生生活区和南侧教学区［图 6.3.1（1）］。明德路由南至北分别为清华大学东主楼及艺术博物馆、工物馆、综合体育馆南侧路、网球场、棒球场、汽车研究所及

---

① 本研究是清华大学建筑学院景观水文团队承担的清华大学明德路改造项目，项目负责人刘海龙，主要完成人包括研究生周玥、林国玄、初璟然、缴钰坤等，水利系教师胡宏昌和研究生盛浩在水文模型分析方面提供支持。

世纪林［图6.3.1（2）］。明德路整体南高北低，道路高程有一定起伏［图6.3.1（3）］，主要承载自行车、校园公交以及紫荆路口东北门的进出车辆；主要使用人群为明德路周边院系师生及出入东北门的教职员工，并且需满足施工车辆出入等通勤功能。设计重点是提升道路交通的便利性、创造良好的骑行体验，并利用绿地应对道路积水及水资源利用问题，同时引导使用者更方便地使用绿地空间。经过分析，明德路改造面临着以下几个方面的挑战：

图 6.3.1 明德路场地分析：（1）明德路交通网络及交通状况；（2）明德路周边建筑；（3）明德路设计范围与竖向高程

1. 潮汐性交通与人车混行

自行车、电动车及部分机动车是目前校园内的主要交通工具，使用者包括学生、教师、居民和游客。尤其是学生在早晨上课、中午下课、下午上课、晚上下课等时段形成潮汐性的交通人流 [图 6.3.2（1），图 6.3.2（2）]。而明德路为双向车道，路宽有限，未开辟专门自行车道，且道路笔直、车行速度较快，加上东北门是校园内教职员主要出入口，所以在早高峰和晚高峰时明德路与至善路会出现拥堵情况 [图 6.3.2（3）冲突点Ⅰ]。道路临近留学生居住的紫荆公寓区，自行车与电动车穿行于同一条道路上，潜在较大的交通安全隐患 [图 6.3.2（3）冲突点Ⅲ]。同时，明德路周边人行道设置不合理，人行道坡度起伏较大 [图 6.3.2（3）人车冲突点Ⅱ]，且与道路有绿篱间隔，不便于校园公交的使用，导致较多人弃人行道而选择在柏油路上行走，形成更大的交通隐患。总之，明德路作为承载校园潮汐交通的主要机动车干道，需要同时满足行人和骑行者的交通要求，而人车混行具有很大的交通安全问题 [图 6.3.2（4）]。

2. 景观较为单调，绿地利用率低，空间缺乏活力

明德路周边绿地郁闭度高、缺乏阳光，进入绿地往往有各种地形或设施障碍，缺乏无障碍坡道、停车和休憩停留空间，导致行人不愿意走进绿地，绿地使用率低。就整体而言，景观界面连续性不强，缺乏完整印象，空间结构与序列不清晰，缺乏节点与精细设计。沿路植物缺乏整体布置，群落结构不完善，植物景观特色不突出。

3. 道路存在积水风险

建立明德路的 SWMM 模型，分析场地的积水问题 [图 6.3.3（1）]。通过明德路的沿线高程 [图 6.3.3（2）] 可以看出路段存在 3 个明显的地势低洼点（自南向北依次对其编号 A、B、C）。在改造前，由于道路沿线的透水性差、地势低洼处的排水能力不足，3 个位置都存在不同程度的道路积水问题。改造前明德路的排水主要依靠地表自流，平均路肩高度 0.15m，周边绿地高程高于道路，没有相应的绿色雨水设施，地势低洼处则由雨水管道承担。根据 SWMM 模型模拟结果，改造前三年一遇的降雨条件下，A 低洼积水处的累计积水量为 280m^3，积水时长 1.29h，最大积水深度 0.33m；B 低洼积水处的累计积水量为 34m^3，积水时长 0.76h，最大积水深度 0.17m；C 低洼积水处的累计积水量为 36m^3，积水时长 0.66h，最大积水深度 0.18m。

根据地形地势，A 低洼处周围坡度较缓，但汇水面积较大，为 11.0 万 m^2；对应雨水口的管道直径为 300mm；B 低洼处周围坡度较大，汇水面积约 5.0

万 m², 对应雨水口的管道直径为 300mm; C 低洼处周围坡度也较大, 汇水面积约 3.4 万 m², 对应雨水口的管道直径为 300mm。

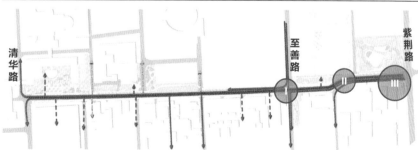

图 6.3.2　明德路交通分析 (图片拍摄: 刘海龙): (1) 明德路的交通高峰; (2) 明德路交通高峰实景; (3) 人车冲突点 Ⅰ～Ⅲ; (4) 人车冲突点实景照片

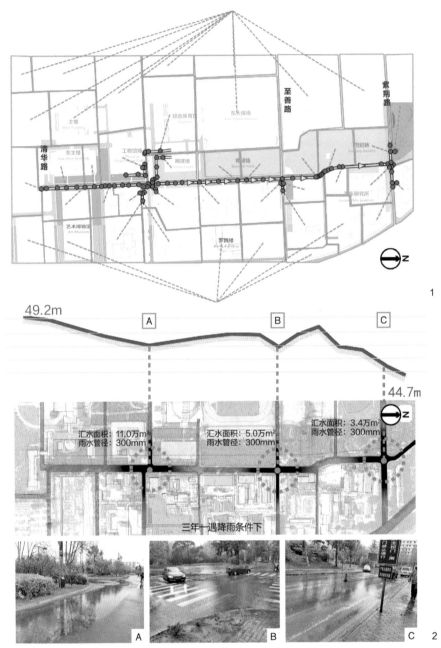

图 6.3.3　明德路积水问题分析：（1）明德路 SWMM 模型分析；（2）明德路高程及积水点照片
（图片拍摄：刘海龙）

　　团队在 2016 年 4 月 6～12 日通过现场和网络发放问卷 102 份，进一步
收集道路使用者对于明德路现状的基本看法，指导进一步设计。问卷调研主
要统计了明德路的主要使用人群结构、交通出行模式，以及明德路的交通和
景观问题。问卷调研的结果进一步证实了设计团队对场地面临挑战的分析：
（1）明德路使用人员复杂，建筑学院、美术学院等校园东部院系学生为最大

使用人群，含部分留学生；（2）自行车是道路最主要的交通方式，中午高峰
人流量最大；（3）人车矛盾突出，34% 的受访者认为明德路缺乏人车分流措
施，29% 的受访者认为明德路车道太窄，交通不便；（4）景观要素缺乏，约
三分之一的受访者认为明德路植被呆板单一、道路铺装不明确以及标识混乱
不显眼（图 6.3.4）。

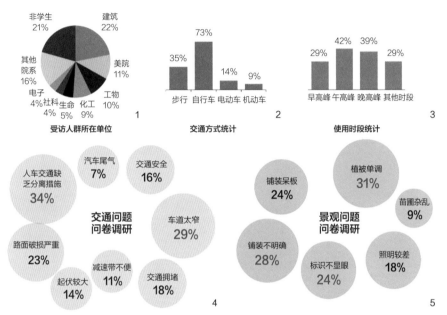

图 6.3.4　明德路 102 份使用调查问卷结果：（1）受访人群来源；（2）交通方式；（3）使用时段；
（4）交通问题反馈；（5）景观问题反馈

6.3.2　设计目标与核心策略

本项目旨在通过改造明德路及其周边景观，引入全新的交通方式和景观
空间，解决人车混行问题，并逐步激活道路周边活动空间（图 6.3.5）。具体
的设计目标为：

1）构建清华东区绿色交通主轴。设立慢行专用绿色通道，形成新的交通
模式以匹配潮汐特征明显的混合交通（骑车/步行/开车）特征；同时满足近
期与未来东区科研办公区建设后的大量交通需求，结合无障碍设计，采取坡
道、抬高自行车道等手法，保证行人、自行车优先，创造舒适的骑行和步行
体验。

2）塑造道路景观的整体性，改善校园印象，提升校园活力。明德路作为
东部紫荆校门、东三门入校的第一层景观主界面，与西区传统清华文化呼应，
展现新清华气质，同时明德路作为东北部留学生公寓最频繁的使用路径，满

足多元国际化需求；增强道路的引导性和周边绿地的亲人性。

　　3）将满足校园活动与提升生态功能相结合。在满足道路沿线不同人群活动需求的同时，解决场地雨洪管理问题，综合实现渗、滞、蓄、净、用、排多目标，营造多季节、多水源的生态景观，弥补东区景观系统水资源的不足；构建植物生态走廊，营造东区良好的植物生态群落，改善小气候。

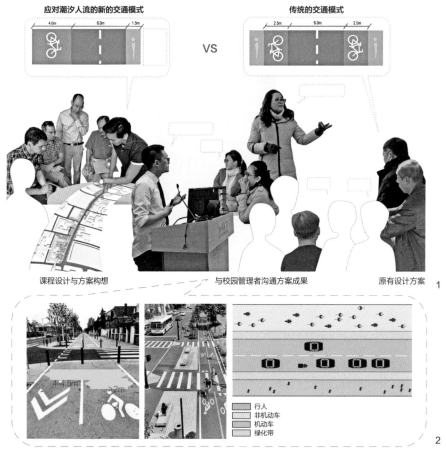

图 6.3.5　交通模式重构：（1）两种交通模式比较；（2）参考案例：纽约慢行交通

　　该项目的研究、设计和施工总共持续 3 年。最初探讨是在 2016 级的《景观水文》课程设计中（参见第 2 章 2.8 节）。当时为解决交通及雨洪问题，学生们用更大胆的非常规设计改变了常规道路布局和雨水管理模式。在课程进行中学生与学校园林科及相关部门进行了深入交流，而场地调查和设计成果也得到了校方决策者的充分认可。可以说《景观水文》课程设计带动了明德路道路景观项目的启动，进而组建了由风景园林专业教师、学生、环境工程师和学校管理人员组成的多元化设计团队。项目过程中，设计团队采访了各类利益相关者，充分了解中国及外籍学生、教师、退休员工及其家属、农民工和学生社团的活动需求。考虑到建设和维护成本，团队提出了几个关键的设计策略：

1. 改变传统道路设计模式，增设慢行专用道，并围绕慢行交通增设休憩及活动场地

由于场地潮汐性交通特征明显，考虑骑行者通行容量的需求，单侧 2.5m 宽的自行车道在高峰时段容易拥堵，而对侧自行车道则闲置，或常存在逆行，不符合道路的多时段使用要求。另外道路东侧有较多已有建筑，包括新建艺术博物馆和已有实验室，不容易新加自行车道。为此在绿地较多、建筑较少的道路西侧设置一条 4m 宽的自行车道，构建自行车专用道。该交通模式参考了纽约第九大道自行车专用道所采用的策略，即在原有机动车道的基础上，并未拓宽原有道路宽度，但采用位于一侧较宽的双向自行车专用道，使行人和骑行者的出行更加安全，对缓解当地交通堵塞产生了积极影响。在设有自行车专用道的街区，行人受伤事故发生率平均下降 22%，骑行者受伤事故更是鲜有发生。

单侧自行车专用路的交通模式非常符合潮汐式人流的特点：（1）在交通高峰期，能够为单向潮汐人流提供更大的交通容量，对自行车、行人等非机动交通十分安全、便捷，并适应东区未来大规模建设后的大量非机动交通需求；（2）在非交通高峰期，如在彩虹长跑、毕业长跑、马拉松比赛等特定校园活动时段作校园专用赛道，避免机动车道封路；（3）慢行专用绿色通道的线形较为自由，更易于与沿路绿地景观相结合，能够进一步围绕慢行车道增设新的景观要素及公共服务设施，包含池塘、广场、各种长椅、休憩区、舞蹈社排练区、戏剧社室外剧场、野餐草坪、轮椅充电点和洗手间等。

2. 雨洪管理方面，根据各汇水分区的基本特征，对不同地块采取不同的措施治理

a-1 地块为东主楼区域，高差小，周边绿地面积充足，可用于处理降雨，并通过设计旱溪等方式减少绿地出流，增大入渗；b-2 地块为网球场区域，高差小，但有大面积的高位植坛，应尽量避免高位植坛的雨水流入道路；b-3、c-4 地块区域高差小，只有隔离绿化带，可用来增加入渗和排水；c-5 地块区域高差大，周边绿地高，不利于雨水的入渗，可设计植草沟、下沉广场等处理道路雨水，减缓出流，存蓄雨水，增加入渗。除了增大雨水管网排水能力外，可在 c、d 两个汇水分区设计雨水调蓄设施，对雨时来流进行暂时存储，减轻道路积水问题和管道排水压力（图 6.3.6，表 6.3.1）。

d-6 地块为北侧面积最大的世纪林地块，绿地面积较大，具有较好的开展雨洪管理并提升景观的条件。较特殊的是，场地内有一处每日排放地热废水的泵站，考虑将冷却后的地热废水引入场地形成新的景观水系统。同时，道路东侧汽车研究所的实验场地会向场地排放大量含污染物的径流。因此，世纪林沿明德路边缘可通过修建下沉雨水广场，在降雨过程中成为雨水的临时存蓄池，蓄水的同时使用慢滤系统净化道路径流污染，缓解地下管网的排水压力。

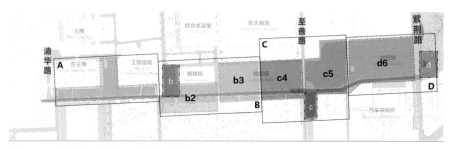

图 6.3.6 明德路雨洪管理汇水分区划分

表 6.3.1 明德路雨洪管理汇水分区地块特征、注意事项及设计策略

汇水地块		特征	注意事项	设计策略
A	1	区域高差小，周边绿地充足	新东三门形象	利用足够的绿地，可设计旱溪处理周边雨水，并考虑门户形象问题
B	2	具有大面积的高位植坛	植物迁移问题	美化植坛，避免植坛雨水向柏油路排放，可利用"b地"处理道路雨水
	3	区域高差小，缺乏绿地，仅有隔离绿化带		通过隔离绿化带或将雨水引入"b地"进行雨水处理
C	4	区域高差小，缺乏绿地，仅有隔离绿化带		通过隔离绿化带或者"c地"进行雨水处理
	5	区域高差大，周边绿地高	新球类馆位置	高差大，不利于雨水下渗，直接引入"c地"进行雨水处理
D	6	区域高差大，周边绿地高	汽车研究所排水口，地热废水	高差大，不利于雨水下渗，直接引入"d地"结合场地作为紫荆校门门户空间功能进行雨水处理

6.3.3 设计节点与细节

节点 1（图 6.3.7，图 6.3.8）为东主楼片区，紧邻主楼、艺术博物馆及其他重要建筑，是清华大学地标型地段，有大面积片状绿地，有潜力塑造新清华场地气质、门户形象。但目前场地大面积的林下绿地并没有很好地利用；场地原有广场用来停放自行车，停放混杂，面积不足，影响景观效果。因此设计充分尊重原有植被和树木，减少对植物的破坏，降低改造成本；积极对原绿地进行优化，原有重点树木保留，原地造景，创造多样化的交流空间；重新梳理交通流线，打开必要流线入口；将停车区域移出视觉中心，保证绿化率。

图 6.3.7　明德路总平面及重要设计节点1～3

图 6.3.8　东主楼片区建成效果（图片拍摄：周怀宇）

为创造更好的骑"行与停"的体验，从设计细节改善骑行体验：布置单侧宽敞的自行车道，转弯角度为舒适的 35°，保证骑行连贯顺畅，自行车道可自然地引导骑行者进入绿地［图 6.3.9（1）］；设计并建造安装了一种用于停车的多功能长凳，学生们只需将自行车放入长凳空隙的插槽并锁好车即可，使高峰时刻学生们可以快速停放和取走自行车，方便人流、车流疏散；还可避免随意停车问题或大风天气下自行车大批量翻倒现象；空闲时刻可以作为休息的长凳使用［图 6.3.9（2）］。

节点 2（图 6.3.7，图 6.3.10）为网球场东侧场地，临近工物馆、网球场和综合体育馆，是明德路积水量最大的地区（对应积水点 A）［参见图 6.3.3（2）］，并且是重要的车行、人行及自行车交通的分流点。除积水问题外，场地现状还存在一些问题：工物馆前自行车停放混乱；网球场南侧油松林植被丰茂，姿态优美，长势良好，但如按原道路西侧设置自行车道的方案需要全部移植，成本高昂；这片绿地虽然交通便利，景观视线良好，但利用不佳，行人无法进入。因此设计除解决场地的积水问题外，还着重于提升场地的绿地使用率，并塑造服务于网球场和工物馆的活动休憩空间。交通方面，将位于西侧的双向自行车专用道再向西改线，引入原本灰暗郁闭的绿地，穿场地而过，带来人流、活力与朝向网球场的优越视线。活动空间与自行车道位于同侧，同时绿地具有朝向网球场的良好视角，能够很好吸引自行车与行人进入慢行交通和绿色休憩空间，形成与之良好的互动关系，增加场地活力。

形式方面，设计采用活泼的斜线与曲线，凸显了场地的运动与活力特征，同时通过灵活的曲线与斜线形态，以树池的形式保留了场地中的大树。通过将专用自行车道改线并引入绿地，不仅很好地解决了场地的积水问题，此处还变成了透水铺装与绿地结合的活动场地（图 6.3.11）。需要强调的是，施工中以透水混凝土为广场材料［图 6.3.12（1）］，并植入预防堵塞的线性排沟装置［图 6.3.12（2），图 6.3.12（3）］，确保日后雨水不会因为透水混凝土阻塞而无法排走。

图 6.3.9　东主楼片区设计细节（图片拍摄：周怀宇）：（1）道路转弯角度；（2）多功能停车长凳

图 6.3.10　节点 2（图片拍摄：周怀宇）（网球场东侧节点）：（1）吸引自行车与行人进入绿色慢行空间；（2）绿地具有朝向网球场的良好视角

图 6.3.11 网球场东侧节点：透水铺装与绿地结合的活动场地（图片拍摄：周怀宇）

　　节点 3（图 6.3.13）为世纪林北侧的北园节点，是一处沿明德路、面向校园东北部学生宿舍区、满足亲水休闲、社团活动的公共空间与绿地节点。北园节点位于明德路与紫荆路的交叉口（东北门入校的第一个交叉路口，积水点 C）[参见图 6.3.3（2）]，积水问题比较严重。场地东侧汽车研究所的高程较高，在暴雨时会从地下管道喷出大量的排泄径流，形同瀑布。另外，场地内有一个地热泵站，地热水净化处理后，每日会排除 200 吨废水，占用排水管道的同时造成了大量的水资源浪费。因此，北园场地将东侧汽车研究所的地表径流利用虹吸管引入北园净化后，与处理过的热废水一同构建水景系统，在相对缺乏湖体水系的校园东区创造出一处体现多季节、多水源的水景观（图 6.3.14）。

图 6.3.12　设计节点 2 的透视混凝土使用：（1）结构示意图；（2）线性排沟装置；（3）施工现场（图片拍摄：林国玄）

图 6.3.13　节点 3：北园节点（图片拍摄：周怀宇）

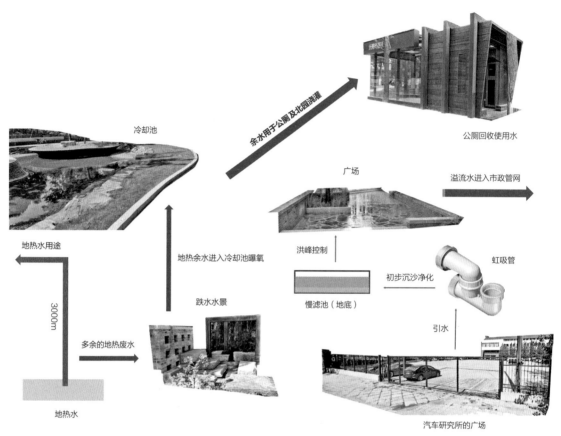

冷却池

余水用于公厕及北园浇灌

公厕回收使用水

广场

溢流水进入市政管网

地热水用途

地热余水进入冷却池曝氧

洪峰控制

虹吸管

初步沉沙净化

3000m

跌水水景

慢滤池（地底）

引水

多余的地热废水

地热水

汽车研究所的广场

图 6.3.14　北园节点
雨洪管理技术路线

　　雨洪管理策略强调灰绿结合、整体处理。降雨时，通过虹吸管将东侧汽车研究所的外排污染径流引入场地的慢滤池进行生物膜处理净化。由于净化过程比较耗时，因此雨水广场（图 6.3.15）在暴雨期间将短时间内的径流收集、滞蓄起来，经过沸石慢慢净化，最终流入湖泊，超标雨水则会溢流进入市政管网。

　　废水再利用方面，热废水（55℃，约 200 吨）（图 6.3.16）通过瀑布景观流下来降低温度，重力流瀑布加大温泉水与空气接触面，加快冷却速度，经初步降温后流至冷却池降温（20℃）。冷却池采用黑锰砂池底，水中的氟可被锰砂逐步去除，同时池中水面每天上下起伏，形成动态景观，更具亲和力。当池塘填满时，多余的水会溢出到灌溉水箱中，同时净化的热废水可放至第二天早上 6 时，利用泵加压排进校园浇灌系统或公厕系统中。场地还设置了残疾学生使用的电动车充电点、新型洗手间以及自动售货机。

图 6.3.15　北园节点雨洪管理：应对污染径流（图片拍摄：林国玄）

图 6.3.16　北园节点雨洪管理技术路线：应对热废水（图片拍摄：林国玄）

6.4　植物去除道路径流污染物的实证研究 [①]

6.4.1　研究背景

良好的道路设计应在满足交通功能的同时兼顾生态和景观需求。但就目前而言，城市道路是雨水径流及其污染物产生的主要场所之一，道路径流作为城市地表径流的主要组成部分，是城市重要的面源污染源。据相关研究，区域内道路面积约占地表总面积的 25%，其径流产出的污染物含量却占地表径流总体污染物含量的 40%~80%。道路径流不仅污染物含量高，其污染物成分及来源也十分复杂。除了常规污染物，如 TSS、COD、BOD、铅、锌等金属以及各种形态的氮磷化合物外，随着城市建设一些新兴污染物也逐渐出现在道路径流中，如来自道路材料、车辆燃料和制冷剂等的 PAHs、BTEX 化合物。[②~④]

道路径流污染具有严重威胁的原因，还在于其可随地表径流迁移到下游受纳水体中，也可随径流下渗到土壤甚至地下水中，对地表、地下水和土壤环境的质量带来巨大挑战。已有研究关注土壤污染的累积效应以及集中入渗对地下水水质的影响。如李怀恩等[⑤]从集中入渗的数值模拟、污染物的累积效应、风险评价研究等方面综述了径流长期集中入渗对土壤和地下水带来的污染风险，认为污染物会随雨水设施的运营而在土壤中逐渐累积，超过一定限度时则会对土壤和地下水造成一定影响；贾忠华[⑥]等通过长期与短期监测研究径流集中入渗对地下水中 TN、TP、氨氮、硝态氮等水质指标的影响，得出集中入渗对地下水中的 TP 影响不大，但长期累积后 TN 平均浓度会有所增加。综上所述，合理有效地控制道路径流污染应成为城市道路设计、建造和运行管理的主要目标之一。

---

① 本研究是清华大学建筑学院景观水文团队与清华大学环境学院城市径流控制与河流修复研究中心、新加坡国立大学市政与环境工程系联合承担的天津《中新生态城市政道路雨水生物滞留净化技术研发与示范应用》课题的研究内容之一。其中的实验均在清华大学校内完成。

② 赵磊，杨逢乐，王俊松，等. 合流制排水系统降雨径流污染物的特性及来源 [J]. 环境科学学报，2008（8）：1561-1570.

③ Müller A, Österlund H, Marsalek J, et al. The pollution conveyed by urban runoff：A review of sources[J]. Science of the total environment, 2020, 709：136125.

④ Flanagan K, Branchu P, Boudahmane L, et al. Retention and transport processes of particulate and dissolved micropollutants in stormwater biofilters treating road runoff[J]. Science of the Total Environment, 2019, 656：1178-1190.

⑤ 李怀恩，贾斌凯，成波，等. 海绵城市雨水径流集中入渗对土壤和地下水影响研究进展 [J/OL]. 水科学进展：1-11 [2019-06-26].

⑥ 贾忠华，吴舒然，唐双成，等. 雨水花园集中入渗对地下水水位与水质的影响 [J]. 水科学进展，2018，29（2）：221-229.

目前关于道路径流污染去除的研究主要集中在环境工程领域，包括研究雨洪管理过程中径流污染的形成机制、运行机理及去除作用，其中去除作用的关注点集中于填料、设施形式、植被。在填料方面，研究人员主要关注不同填料介质单一及组合对径流污染物的去除作用。如康爱红等[①]研究了不同渗滤介质组合对径流污染的去除作用；赵云云等[②]通过对渗透性能、污染物去除效果和经济成本进行综合评估，优化了生物滞留设施的填料对比。在设施形式方面，研究人员通过实验、模型模拟等方式研究了设施形式对径流污染物的去除作用。如 LUO 等[③]通过实验研究了双层介质的生物滞留系统对氮素的去除效果；李明翰等[④]研究评价了有无内部蓄水层这两种生物滞留系统对于综合公路径流的治理作用。在植被方面，研究人员以植被和设施的组合效果为主要关注点，如李怀恩等[⑤]介绍了植被过滤带的相关情况及带宽计算方法；陈航等[⑥]研究了河岸宽度等因素对不同缓冲带截污能力的影响；黄俊杰等[⑦]研究了不同形式的植草沟对道路径流的水质净化效果；段进凯等[⑧]研究了不同浅基质层干植草沟对道路径流中氮的去除效果。但对单种陆生植物的净化能力的研究尚且不足。其中张美[⑨]分析了在高、中、低三种不同浓度条件下一叶兰等7 种陆生园林植物对径流雨水中 CODMn、TN、TP 三种污染物的净化作用，得出陆生植物对污染雨水具有一定的净化作用，不同植物的净化能力存在较大差异。

植物因其生理构造可在去除径流污染方面取得较好效果，同时植物的自然属性和优良的视觉景观效果也使其在以大量灰色基础设施为主导的环境中具有优势。径流中的污染物氮（N）、磷（P）实际是植物生长发育必需的营

① 康爱红，许珊珊，肖鹏，等. 新型生态渗滤系统处治道路径流污染试验研究［J］. 公路，2017，62（7）：286-290.
② 赵云云，李骐安，陈正侠，等. 基于多目标面向市政道路径流污染控制的生物滞留设施填料优化［J/OL］. 水资源保护：1-10[2020-08-30].
③ Luo Y H, Yue X P, Duan Y Q, et al. A bilayer media bioretention system for enhanced nitrogen removal from road runoff[J]. Science of the Total Environment, 2020, 705：135893.
④ 李明翰，朱宫慧，成赞铺，等. 生物滞留系统对城市公路径流的治理作用有无内部蓄水层设计的对比研究［J］. 风景园林，2012，19（1）：140-147.
⑤ 李怀恩，张亚平，蔡明，等. 植被过滤带的定量计算方法［J］. 生态学杂志，2006（1）：108-112.
⑥ 陈航，杨栋，华玉妹，等. 河岸草本缓冲带对模拟径流中污染物的净化［J］. 环境工程，2017，35（5）：1-5.
⑦ 黄俊杰，沈庆然，李田. 植草沟控制道路径流污染效果的现场实验研究［J］. 环境科学，2015，36（6）：2109-2115.
⑧ 段进凯，李田，张佳炜. 强化浅基质层干植草沟对道路径流的脱氮效果［J］. 环境科学，2019，40（6）：2715-2721.
⑨ 张美，袁玲，陆婷婷，等. 雨水生态处理措施中陆生植物净化能力研究［J］. 中国农学通报，2014，30（16）：131-138.

养元素，植物可通过吸收利用来达到削减径流污染的效果，且多数情况下对植物本身不会产生负面影响；植物根系可通过改变土壤非生物组分的理化性质来改善土壤结构，提高渗透力并防止堵塞，也可以通过改变土壤微生物的活性建立良好的植物—微生物系统，增强土壤介质和微生物对径流污染的去除效果；运用植物材料处理径流污染成本更加低廉，并且有较好的可持续性；同时植物可以帮助创造良好的小气候，营造优美的视觉景观。

本研究采用实验室规模的盆栽试验，探究不同植物对道路径流和土壤中 TN、TP、CODCr 的去除能力，挑选出适合于天津中新生态城及华北地区具有较强污染物去除能力并且具有较好景观效果的植物种类。本研究具体关注以下三方面内容：一是特定陆生植物种类在特定条件下对模拟径流中 TN、TP、CODCr 的去除效果；二是植物修复能力的潜在趋势；三是植物对土壤的修复作用。通过以上三方面的研究，希望能够帮助景观设计及环境工程等领域针对特定目标选择相应植物进行生态修复。本次盆栽实验过程中，《景观水文》课程研究生深度参与其中，其成果为后续实际场地生物滞留池建设的植物品种选择提供了科学依据，而实际场地的现场实验监测也将为盆栽实验的结论提供补充和验证。

6.4.2　实验方法

1. 实验原理

通过用人工配置的具有特定浓度的污染物质的溶液（即进水）对植物进行浇灌，检测进水和经过植物及其生长介质过滤后的渗滤液（即出水）中的污染物浓度，比较二者之间的差异，即可得出该种植组对污染物质的去除能力（图 6.4.1）。通过分析种植组及植物的污染物去除率随实验场次的增多而呈现出的变化情况，并且通过比较实验前后土壤中污染物含量的变化，针对性研究植物去除率的变化趋势及其对土壤中污染物的消减作用。

图 6.4.1　实验过程（图片拍摄：商瑜）

2. 实验材料

本次的实验材料采用灌木和草本植物（表 6.4.1）。此类植物在相关雨洪管理与海绵城市的低影响开发设施中多有使用。主要考虑以下因素：能够适应华北区域气候条件与土壤特征；能够应用于市政道路生物滞留池，具有一定的耐旱、耐短期水涝、耐盐等特性；具有一定的水质和土壤净化功能；具有一定的景观效果；维修成本较低。实验植物选择基于相关已有文献。经过两轮筛选，最终选取的植物种类共计 11 种，包括 2 种灌木和 9 种草本地被植物。

表 6.4.1　实验植物材料表

序号	1	2	3	4	5	6
名称	矮生紫薇	月季	德国鸢尾	兰花鸢尾	马蔺	金娃娃萱草
拉丁学名	*Lagerstroemia indica* 'Summer'	*Rosa chinensis*	*Iris germanica*	*Iris tectorum*	*Iris lactea*	*Hemerocallis fulva* 'Golden Doll'

序号	7	8	9	10	11	
名称	麦冬	玉簪	狼尾草	紫叶酢浆草	丛生福禄考	
拉丁学名	*Ophiopogon japonicus*	*Hosta plantaginea*	*Pennisetum alopecuroides*	*Oxalis triangularis* 'Urpurea'	*Phlox subulata*	

3. 实验步骤

实验步骤为苗木采买－种植－养护－浇灌－采样－送检（图 6.4.2）。苗木采买需要注意购买生长较为健壮、规格一致的种类。然后将 11 种植物分别按照实际道路绿化工程中的种植间距种植于花盆中。花盆共有两种型号。花盆 A 横截面为方形，上口边长 18.5cm，盆底边长 13cm，盆高 18.5cm，分别种植 9 种草本和灌木月季；花盆 B 横截面为圆形，上口内径 36cm，下口直径 28cm，高 25cm，种植矮生紫薇。每个品种种植 4 盆。应选用同一批次的种植土并且设置对照组，序号为 12。养护期为 5 月 10 日至 6 月 9 日。

浇灌是关键步骤。在浇灌开始前需要将花盆中的杂草和枯叶清理干净，以免影响实验结果。浇灌周期依据天津市降雨规律设计为每周两次，浇灌时间为 6 月 10 日至 7 月 10 日，共 10 次。浇灌用水选取在道路径流污染研究中非常重要的常见污染物 COD、TN、TP 作为研究指标，污染物含量依据工程场地（天津市滨海新区中新生态城）实测确定为 COD：105mg/L，

TN：8mg/L，TP：1.0mg/L（表6.4.2）。浇灌水量按设计降雨量乘以降雨历时乘以降雨面积计算。浇灌结束后即可开始采样。采样时将干净无水的塑料瓶放于花盆底部收集出水，采样过程需持续到出水完全结束为止，耗时约30min。最后需要将收集的样品编号记录并送到检测中心进行检测（检测物为CODCr、TN、TP）。

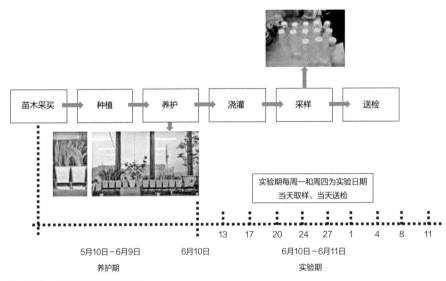

图 6.4.2　实验步骤流程示意图

表 6.4.2　实验模拟道路径流污染物含量

名称	TP	TN	COD
含量（mg/L）	1.0	8.0	105

　　各种植组对径流中 TN 的平均去除率差别最大，去除作用最强的是德国鸢尾组，平均去除为 34.59%；其次为对照组和麦冬组，平均去除率分别为5.48%、3.92%（图6.4.3）。除德国鸢尾组、麦冬组和对照组外，其余各组对径流中的 TN 均未能起到去除作用，反而会增加污染物浓度，其中增加率最高的为金娃娃萱草组，平均增加率高达 205.74%；其次为矮生紫薇组，平均增加率为 175.88%；其余组平均增加率为 7%～97%。

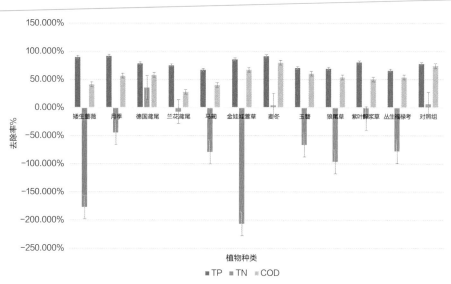

图 6.4.3　各种植组对径流中 TP、TN、COD 的去除率

6.4.3　径流中污染物去除率变化情况

随实验次数增加，不同植物种类及种植组对径流中 TP、TN、CODCr 的去除率呈现不同的变化趋势。其中 TP 和 CODCr 的变化趋势相对不明显，而 TN 的去除根据品种的不同呈现不同的变化规律（图 6.4.4）。将其变化规律提取出后可划分为四种不同的类型。（1）7个种类（狼尾草、玉簪、德国鸢尾、矮生蔷薇、马蔺、月季、兰花鸢尾）为起伏不定型，需要更长时间的实验验证；（2）紫叶酢浆草、金娃娃萱草和丛生福禄考为趋于平稳型；（3）麦冬为上升型；（4）只有对照组为下降型，也就是说，随实验次数增加，土壤本身去除污染物的能力会明显下降。

6.4.4　植物对土壤中污染物去除率比较

各种植物对土壤中的 TP 和 TN 均能起到一定的去除作用（图 6.4.5）。其中，对 TP 的去除率依据种类不同变化较大，矮生紫薇的去除率最高，达到 75.33%；其次为麦冬和月季，均在 40% 以上；其余均为 20%～40%。对 TN 的去除率均较高，其中去除率最高的为马蔺，达到 127.60%，其余种类的去除率均在 100% 左右，去除效果良好。

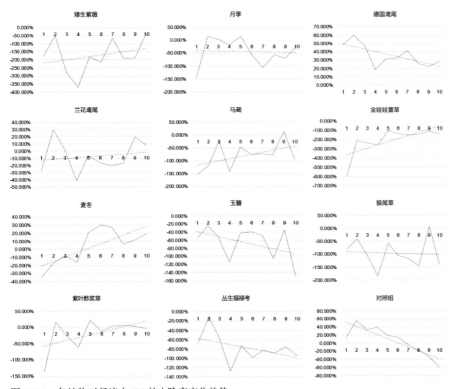

图 6.4.4　各植物对径流中 TN 的去除率变化趋势

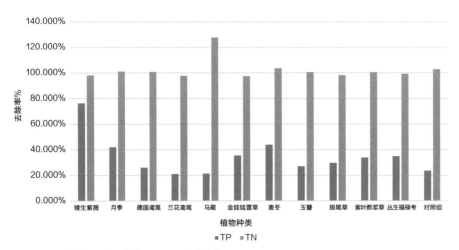

图 6.4.5　各种植组对土壤中 TP、TN 的去除率

6.4.5　实验结论与讨论

1. 实验结论

（1）不同陆生植物对径流中 TP、TN、CODCr 具有不同的去除效果，针对具体目标可选择合适的植物种类。本研究中各种植物对径流中 TP 的平均去除率均较高；对径流中的 CODCr 均起到一定去除作用，但依据植物种类

不同去除率差别较大；对径流中 TN 的平均去除率差别非常大，除德国鸢尾、麦冬和对照组外，其余植物对径流中的 TN 均未能起到去除效果。

（2）不同植物对径流中 TN 的去除率呈现出不同的变化趋势，其中对照组呈现下降趋势，说明土壤本身去除径流污染物的能力会随径流场次增多而有所下降，仅依靠土壤不能满足削减径流污染的需求。

（3）植物对由于径流污染导致的土壤中 TN、TP 的积累具有一定削减能力，可减缓土壤污染物的积累速率，降低土壤污染的风险。其中对 TP 的去除率依据植物种类不同变化较大。

2. 实验讨论

N（氮）、P（磷）是所有植物生长必需的营养物质，植物都可以通过吸收、固定或转化 N、P 元素从而对周围土壤和水体起到修复作用。但是修复效果却各有不同。这与 N、P 元素的性质、赋存形态以及植物特性有关。

研究显示传统生物滞留设施对雨水径流中 TSS、COD，以及重金属、多环芳烃等雨水径流中颗粒态的污染物具有较好的控制效果，但对不同形态 N、P 的控制效果差异较大。本次实验中对 TN 的去除率较低，其原因可能与种植基质、植物种类、模拟径流成分及其污染物浓度有关。

本项实验中采用的基质是种植土，这种介质 N 本底值较高且对径流中 N 的吸附能力较差，土壤中可溶性硝酸盐随水分入渗易发生淋溶现象，使土壤中 NO_3^- 向下层转移。由于本实验使用花盆作为种植容器，种植土中的可溶性 N 元素很容易随土壤渗滤液的流出而排到外界，同时由于去除 NO_3^- 需要在缺氧条件下发生反硝化作用，而此实验不具备相应条件，因而难以达到去除的效果。并且由于 NO_3^- 带负电荷，也很难通过介质的吸附作用去除，这都导致 NO_3^- 的去除效果较差，造成渗滤液中的 TN 含量大幅增加，表现为种植组对 TN 的去除率较低，当土壤析出量大于摄入量时便会呈现出负去除率的表现。尽管 TN 去除率整体很低，但由于植物种类的差异也互不相同。这与植物生长阶段及植物的生物量有关，也与植物生理构造有关。由于模拟径流中使用氯化铵和硝酸钾作为投加物质，使得溶解态无机 N 含量较高，也会造成 TN 去除率低，甚至污染物浓度不降反升。模拟径流中原始 N 浓度的不同也会影响渗滤液中 TN 的浓度。Gong 等 [1] 研究发现，低浓度进水比高浓度进水更有利于污染物的减少。

---

[1] Gong Y W, Hao Y, Li J Q, et al. The Effects of Rainfall Runoff Pollutants on Plant Physiology in a Bioretention System Based on Pilot Experiments[J]. Sustainability, 2019, 11 (22): 6402.

3. 实验作用

对于植物去除污染的长期作用目前的研究还非常不足，从长远来看植物去除能力的上限及去除作用的变化规律在很大程度上决定着植物修复的效果。从本实验能够明显看出对照组对 TN 的去除率在极短期上升后便呈现持续下降的趋势（参见图6.4.4），说明土壤本身对 TN 的去除效果并不理想，不能只依靠土壤来修复径流中的 TN 污染。与对照组的效果形成明显对比的是有植物的种植组，不同的植物呈现出不同的变化趋势，部分种类呈现出起伏不定或逐渐趋于平稳，如麦冬去除率则在起伏中呈现上升趋势。这样的变化趋势更证明了植物在长期过程中发挥的去除作用。植物对土壤中污染物的去除作用的研究主要集中于植物生态修复领域，主要关注对重金属、有机物等污染物的去除作用。对于无机盐的去除研究尚不多，尚需要持续深入的研究。因此，从可持续发展的角度出发研究植物修复径流及土壤的长期效果，能帮助风景园林及环境工程领域更有效地根据具体目标选择合适的植物种类，低造价、高绩效地发挥植物的生态修复功能，这也将是今后的重点研究方向之一。

4. 展望

植物在雨洪管理中发挥了重要的滞蓄和净化功能。但目前对于其径流污染修复的潜力的认识还远远不足，无法满足实际建设中的应用需求。未来研究可在以下几方面继续深入：（1）从雨洪管理出发研究植物对雨水径流中各类型污染物的削减效果及可行应用方法，丰富植物景观的功能，为海绵城市建设提供植物生态修复素材库；（2）深入研究植物去除污染物的生物学机理，为教学和科研提供明确的指导方向；（3）基于上述两方面的研究，结合地域特色开展场地实践研究，为海绵城市建设提供科学依据。

"海绵校园"作为一个具比喻性的概念，本质上指"按海绵城市理念建设的校园"，是校园生态化雨洪管理的形象描述。校园生态化雨洪管理应是实现绿色大学校园目标的具体途径之一，而校园内涝及引发的水安全、水环境和水资源等问题，不应仅被视作一个需要解决的问题，实际也提供了一个改变和创新的机会。通过在校师生对上述问题的直接体察、认知和探索解决办法，在解决问题的过程中更具有了育人的意义，也有可能影响社会与未来。而这本是学校应肩负的责任与使命，也使得在校园内开展雨洪管理研究与实践，具有了不同于其他类似工作的特殊意义。本书对"海绵校园"的思考，是以清华大学校园水循环及其发展演变为对象，以清华大学《景观水文》课程近十多年的教学、研究与实践为素材，这又是与中国近十多年城市雨洪管理的发展与海绵城市建设的需求同步。本章对《景观水文》课程教学与清华大学校园雨洪管理研究实践进行总结，也提出对未来发展的展望。

7.1 《景观水文》课程教学的特点

本书上篇梳理了清华大学《景观水文》课程所开展的雨洪管理教学各阶段的目标、内容和方式（表7.1），总体有如下特点：

1. 理论学习与专业实践相结合

清华大学《景观水文》课程在2005年刚开设时被定位为应用自然科学（applied natural science）类的理论课。在讲席教授组外籍教授奠定基础后，从2008年开始，本土教师力图从水文学基础知识、雨洪管理基本概念、河流保护修复理论与案例的学习，开始逐步引入真实场地水循环分析，进而到定量计算以及模型、监测和实验支持下的"实践导向"教学。尤其自2009年在课程中增加了校园场地雨洪管理研究与概念性设计的内容，这对本来定位于理论课的课程来讲实际上是增加了难度。但其益处也是明显的，即通过研究与设计推动理论知识点的理解与研究性内容的融入，使学生对自然科学知识的理解更为具体、形象和深入，也加强了解决问题的实际能力的训练，更有利于人才培养的效果。

2. 以校园场地为室外课堂和实践训练场地

实地教学是自然科学、规划设计课程的常见形式。清华大学景观学系每年一次的植物、景观地学、生态学与水文学的综合野外大实习，就是一次非常典型的风景园林实地教学案例。《景观水文》课程结合校园开展教学，在讲席教授组时期就曾开展过。之后本土教师除继续现场讲解理论课所必须传授的知识点外，还使丰富多样的校园场地成为学习雨洪管理的实践教学场所。清华大学校园长达 300 多年的历史沿革，可谓区域宏观水环境演变与人水关系耦合互馈过程的缩影：从元明时期的河湖湿地与乡野景观，到清代皇家园林体系的一部分，再到清末民初成为校园教育环境，到目前校园建设密度逐步增大，周边迅速城市化，也出现了校园积水、老校区缺乏雨水管网、不透水地表比例偏高、部分绿地耗水量大、河道水体流动性不足、存在一定面源污染等问题。其实自 1998 年开始，已启动了多项校园水治理工程，包括修建雨水地下调蓄池以及校河循环流动加强净化等。针对这些真实的问题与已有工程技术措施，校园成为良好的室外教学和实践训练场地。几乎所有类型校园场地，包括绿地、道路、停车场、河道、建筑庭院、屋顶等，以及教学区、办公区、宿舍区、住宅区、运动区等，均在《景观水文》课程中被探讨过。这些地段区位与功能不同，环境条件也各异，其雨洪问题也不尽相同，现实城市环境中涉及的问题几乎都能够遇到。因此，校园以其综合性与丰富性，为学习和研究场地雨洪管理、雨水资源利用、水环境修复、历史文化保护及景观营造等提供了绝佳场所。

3. "研究性"与"跨专业"教学

自 2012 年后，《景观水文》课上开展了多方面具有研究性质的教学内容，包括快速土壤渗透性测定、快速水质分析、生物多样性调查、使用后评估、径流监测等。部分研究内容是与课程教学目标与内容紧密相关，在教学计划中特意安排的；有的是与正在进行的校园实践项目相结合的；还有的是学生自主提出，教师引导开展的。这些研究性内容的加入，使得教学不再拘泥于传统课堂单纯讲授的形式，增加了挑战性与趣味性，也使理论学习的深度与体验感得到加强。对于《景观水文》课程中涉及的一些跨学科领域教学与实验内容，一方面通过主讲教师不断拓展其自身知识能力来完成，同时也得到了不同学科专家的指导与支持，包括组织与环境学院相关课程的联合授课讲解模型、邀请土壤专家指导渗透性实验等。

表 7.1 《景观水文》课程教学各阶段目标、内容、方式总结

年份	主题	目标	核心内容	讲授方式	考核方式及要求
2005~2007 年	景观水文课程基本框架	了解水文学基本原理，河流、湿地等水文景观类型特征，低影响开发与雨洪管理基本概念与方法	自然水文循环、河流形态与过程、河流管理框架、城市环境下的河流、河流与湿地恢复及城市雨洪管理等	理论讲授、案例分析、实地考察	课程论文
2008 年	场地"水循环"分析	培养设计专业学生对具体场地水循环的认识，建立场地设计中水文分析的基本框架	学习水文循环基本知识，包括降水的形成与分类、降水的影响因素及量的确定，蒸发、下渗、产汇流、径流及径流系数等水文循环各环节知识要点	理论讲授、案例分析、实地考察	"场地健康水循环策略"调研与分析作业，要求选择现实场地，采用"照片或图纸结合文字"的方式，按场地概述、过程描述、问题诊断、对策讨论的框架，分析其水循环中存在的问题，并提出场地尺度维护健康水循环的策略
2009~2010 年	场地雨洪管理定量计算与概念性设计	学习水文循环知识，掌握雨洪管理技术体系要点，针对具体场地展开应用	基于水文循环知识，能够基于地形竖向划分汇水区，开展产汇流分析、综合径流系数计算，土壤下渗分析与测试，基于容积法计算场地需留出满足一定设计标准的雨水调蓄量，基于水文计算合理选择雨洪管理设施	理论讲授、案例分析、实地考察、课程设计	"校园场地雨洪管理研究与概念设计"作业，以小组为单位针对校内场地发现雨洪问题，形成切身认识，并提出因地制宜的解决策略，完成课程概念设计方案
2012~2014 年	从单个场地雨洪管理拓展到校园水系整体研究	雨洪管理与景观设计的整合，从单个场地到流域水系/汇水区尺度的雨洪管理研究、规划与设计	通过场地水文分析与计算获得支撑设计所需的足够数据；雨洪管理纳入景观设计全流程；理解从场地源头到末端排口的完整汇水区的雨洪管理系统	理论讲授、案例分析、实地考察、课程设计	"校园场地雨洪管理研究与景观设计"作业，包括基于现实场地分析，使雨洪管理融入场地景观设计过程，做到场地景观功能与形式的兼容，不仅发挥雨洪管理的功能性作用，也可以成为场地景观的有机组成部分颇具观赏价值的景观元素

续表

年份	主题	目标	核心内容	讲授方式	考核方式及要求
2015～2016年	国家战略下的雨洪管理国际化与多专业联合教学	雨洪管理的多学科交叉合作，海绵城市国家战略及行业实践思考	学习水文循环知识，针对校园较复杂场地开展雨洪管理研究与可行性研究；国际化与多专业联合教学，水文模型支持下的雨洪管理景观设计	理论讲授、案例分析、实地考察、课程设计	"校园场地雨洪管理研究与景观设计"作业，通过多学科联合教学，组织"海绵校园"设计营，不同专业学生组成联合小组完成作业
2017～2019年	基于景观绩效评估的雨洪管理能力培养	校园已完成雨洪管理景观项目的使用后评估；模型支持下的雨洪管理研究与景观设计	开展雨水径流量监测、水质检测及人群使用满意度等评估，加强课程对实验分析、模型模拟、水质水量监测与绩效评估环节能力培养，训练循证设计思维	理论讲授、案例分析、实地考察	使用模型对水文过程及产汇流进行精细化的模拟，指导课程设计；对之前实施的校园雨洪管理项目开展景观绩效研究，结合观察、记录、问卷访问、访谈等方法，对获得信息进行数据化整理，最后得到使用状况评价分析报告

7.2 "海绵校园"研究实践的特点

本书下篇介绍了清华大学校园雨洪管理研究实践，总体上有如下特点：

1. 以教学研究为先导，结合校园更新改造契机开展雨洪管理实践

清华大学校园部分雨洪管理实践项目，均以课程教学研究为先导，其后期实施都有课程设计的基础。以建筑馆庭院场地为例，先是2012年《景观水文》课程上有小组展开过研究性设计，后于2013年至2014年结合建筑新馆建设而得以实现。又如校园明德路改造项目，则有以2015年、2016年两年的《景观水文》课程研究作为前提，之后结合校园景观环境改造和基础设施更新项目得以实施。胜因院项目研究开始于2009年，当时虽未有《景观水文》课程研究基础，但完成该项目的主要团队成员均为2008年曾选过该课程的学生。之后适逢清华大学2011年百年校庆校园环境改造，该项目方案经过学校多次审查和多位资深专家指导而最终得以实施。其他场地研究，如美术学院前广场、主楼前广场、校河、宿舍庭院、学堂路等，也在课程研究基础上曾经尝试组织实施，后因各种因素未能实现。总体而言，课程研究无论是否实现落地，在其教学与研究过程中都已发挥了育人价值与提高生态理念影响力的作用。

2. 校园雨洪管理研究实践，作为对创新性研究与设计方法的探索

清华大学景观水文团队于 2015 年 1 月至 2018 年 12 月承担的国家自然科学基金面上项目《基于景观水文理论的我国城市雨洪管理型绿地景观设计方法研究》（项目号：51478233），提出了面向城市雨洪管理的景观水文理论与框架，包括：（1）将水文学中的"二元水循环"方法引入城市雨洪管理与风景园林设计中，识别了"中小尺度场地自然—人工二元水循环耦合关系"与"雨洪管理景观调控因子"，界定了雨洪管理的"过程—格局—功能"3 层次和"水文—景观—设计—实施 / 评估"4 模块工作框架；（2）评估了不同类型城市绿地对雨洪管理功能的适宜度，提出灰绿基础设施耦合机制与整合设计策略。这些内容除应用于国家海绵城市试点项目中，也在海绵校园研究实践中得到印证。因此校园雨洪管理研究实践某种程度上也发挥着对于创新性方法的探索性作用。

3. 校园实践以实验研究为基础，并积极反哺课程教学

校园雨洪管理实践开展了多方面的针对性实验研究，既满足实践需要，也反哺课程教学。如土壤渗透性测定是场地雨洪管理所必须的前提工作。2012 年《景观水文》选课学生就在校园场地课程设计中探索过快速、简便的土壤渗透性测定尝试，积累了一定经验。之后在胜因院项目中，为满足雨水花园建设对土壤渗透性的要求，研究团队在 2012 年 3 月 25 日进行现场测试，学生在土壤专家的指导下完成实验、数据记录与分析过程，取得了更为科学与准确的研究成果。

胜因院场地因其历史、文化及生态等多重价值，支撑了多方面的实验研究。如 2017 年针对人群使用与满意度、生物多样性开展的建成后使用评估（Post Occupancy Evaluation, POE）研究，一方面是期待揭示这一项目的实际绩效，另一方面是伴随着海绵城市试点的开展及项目建成，有必要积累建成项目后评估的理论方法，以便给后续工作提供参考。又如 2018~2020 年胜因院开展的"基于物联网在线监测的雨洪管理绩效评估"，团队针对水文过程监测与绩效评估这一关键点，借鉴国内外多学科相关监测实践，利用无线传感网络组网多种传感器，在场地内收集分钟级的降雨、树冠截留、土壤持水量、下渗、积水、溢流等数据，用于场地雨洪管理过程的可视化及绩效评估。这都体现了校园研究与国家政策及行业热点保持同步。而胜因院项目也于 2014 年获得了北京市"节水方案设计"一等奖，研究生也获得了 2018 年

"第一届中西部地区流域生态保护研讨会"优秀论文奖、2019年"数字景观国际会议"优秀论文奖、2019年美国风景园林师协会（ASLA）学生研究类杰出奖等奖项。目前围绕清华大学校园雨洪管理教学与研究实践已发表论文16篇。

其他研究内容还包括植物去除道路径流污染物的实证研究。这本源于校外委托项目，经过逐步积累形成了面向教学需求的"快速水质分析"内容，在研究生与本科生《景观水文》课程中已实施多年，取得了较好的效果。

4. 多专业合作与公共参与下的校园实践

城市雨洪管理实践需要多专业合作。包括城市水文学、水利工程、环境工程、市政给排水等领域的原理及方法、定量计算、模型仿真及各种技术，可以为雨洪管理问题奠定坚实的科学基础。而风景园林、城乡规划、建筑学等领域以其特有的整合性手段和空间落地优势，能发掘或赋予水及场地更综合的价值。校园雨洪管理实践更有多专业的优势，有潜力整合学校相关专业力量资源，本质上也能够促进交叉学科的人才培养。清华大学校园的部分雨洪管理实践，如明德路项目、胜因院监测项目等，就得到了本校环境学院、水利系等资深专家的大力支持。在这方面其实还有更多合作空间。如"校园实验室"（Campus-Lab）就是由清华大学相关院系共同发起的一个教育创新项目，强调在人居环境学科群的框架内围绕节能、绿色、安全、可持续等理念，通过课程教学、SRT、综合论文训练等多种途径引导学生以校园为研究对象开展科研活动，培养学生的实践能力与创新能力，未来还有更大潜力展开新的多专业合作。

同时，相对于城市商业性或市政类项目，校园实践项目的设计师及使用者主体是在校师生，甲方是学校及相关管理部门，因此在校内开展公共参与十分重要。如明德路项目团队通过现场和网络问卷方式收集道路使用者意见，明晰使用人群结构、交通出行模式以及具体交通和景观问题，指导具体设计。胜因院项目开展的人群使用与满意度评估，体现了校园雨洪管理实践项目前和后开展公共调查与评估的必要性。通过校园实践，可以使学生小中见大，帮助在进入社会、面向更为复杂的城市问题时建立起正确的职业价值观，奠定思想与方法基础。

7.3 未来展望

清华大学《景观水文》课程自2008年开始，持续进行了十多年的校园雨洪管理教学、研究与实践。课程针对校园真实场地的雨洪管理问题与空间景观营造需求，通过跨学科教学与交叉研究，制定了相应的雨洪管理与景观设计综合目标与策略，探索了海绵校园理念的实现路径——即基于"景观水文"理论方法的校园雨洪管理的风景园林学途径。此外，清华大学景观水文研究目前还在淡水生态系统保护与修复、水文化遗产保护、古代园林水利、水质时空变化及动态控制策略等方面开展一系列研究，力图构建更为完整的"景观水文学"理论体系。

　　国际上，景观水文研究与实践应用发展，涉及了气候变化、淡水生态系统与生物多样性、农林及湿地景观格局与水文过程、雨洪管理、土壤与地下水等多方面内容，城市雨洪管理是其核心内容。未来，景观水文作为一个新的交叉学术研究领域，在全世界范围内的发展仍有很大成长空间，还有许多问题需要思考：（1）鉴于涉及多学科交叉，在各学科之间的理解还有很大不同，需要整合多方面知识与技术，涉及研究尺度、工作内容与技术方法等，因此科学定义"景观水文"概念、清晰构建其理论框架十分重要，还需要进行更广泛的学科交叉分析，厘清其概念渊源与分野，获得概念理解共识，形成既具包容性同时内涵更为清晰的概念定义；（2）其相较于传统理论方法，"景观水文"既涉及基础科学研究，也侧重实践应用，因此应明确研究的主要科学问题及科学范式，譬如如何将以空间规划设计为主的实践应用方法与以数据收集和定量分析为主的基础研究方法结合起来，提取新颖独特的核心理论及方法，面向工程实践应用，并评测其从理论到实践的有效性，进行创新性探索均是值得深入探讨的问题，有待与众多同仁一起努力。

国际不少大学校园建成的示范性生态实践项目，均发挥着重要的环境教育功能。如哈佛大学黑石电厂（Harvard Blackstone Renovation Project）是哈佛大学首例白金绿色建筑项目。它采用了多方面的生态技术，其中的雨水花园在较小范围内实现了对停车场和其他硬化场地上的雨水径流的处理，削减了降雨带来的面源污染［图 F.1（1）］。麻省理工学院的史塔特中心（MIT Stata Center）景观设计由美国艺术与科学院院士、宾夕法尼亚大学教授、清华大学景观学系前任系主任劳里·奥林教授设计，包括了地下雨水收集池、水处理系统和地上花园［图 F.1（2）］。在宾夕法尼亚大学休梅克绿地（Shoemaker Green）项目中，荒废已久的网球场和几条狭窄的通道以及具有历史意义的战争纪念碑景点组成的场地，被改造为费城西部地区的弹性公共绿化空间设施［图 F.1（3）］。而美国环保署（EPA）面向美国大学生举办的校园雨洪项目设计竞赛，目的是使学生切实了解绿色基础设施所带来的环境、社会及经济上的好处，并通过多学科合作获得直观的研究与实践经验。总体而言，在学校开展校园生态教学、研究、实践与后评估和监测的一体化工作非常有意义，既丰富了课程内容，形成了生动有趣的教学方式，又培养了学生的探索精神与动手能力，也在客观上改善了校园的生态环境，增强了社会影响力。

图 F.1　知名大学生态实践案例：（1）哈佛大学黑石电厂雨水花园（图片拍摄：刘海龙）；（2）麻省理工学院史塔特中心景观设计（图片拍摄：刘海龙）；（3）宾夕法尼亚大学休梅克绿地（Shoemaker Green）（图片来源：美国风景园林师协会 2016 年获奖项目网址）

2017 年清华大学景观学系景观水文团队与国内十多所院校共同举办了全国校园生态实践论坛。论坛上一致认识到校园生态实践与教学、研究及持续性的评估与监测紧密结合的重要性，这也是校园生态实践项目和商业性市场导向实践项目相比而言的优势：学术环境良好，致力于将课堂扩展到户外环境景观当中；校园一般支持适应性设计，改善现场的雨水系统；校园可供研究与应用的雨水管理系统及设施种类多样。

在此以宾夕法尼亚大学休梅克绿地项目（获 2016 年美国风景园林师协会研究类荣誉奖）的雨洪管理监测为例，介绍其项目设计方 Andropogan 公司提出的模型—模拟—设计—建设—监测的基本研究框架。该项目为此组建了跨学科的研究团队，从雨水、径流、灌溉用水、土壤、植物方面获取了雨洪管理的绩效评估数据。其离线监测持续了 3 年时间，监测范围是 1hm² 景观区域，重点监测 500m² 的雨水花园。研究中主要利用流量计、泵计量计、气孔计量计、土壤湿度计等工具完成监测（图 F.2）。

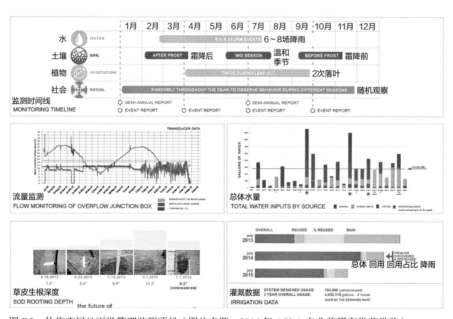

图 F.2　休梅克绿地雨洪管理监测项目（图片来源：2016 年 ASLA 专业奖研究类荣誉奖）

与水文模型预测的结果相比，该场地雨洪管理系统可以管理至少三倍的径流。模拟中会产生溢流的降雨为 24.4mm，而实际最大管理降雨为 80.3mm。结果巨大差异的主要原因为非精细的工程模型无法考虑到土壤（具有高储水能力）容量、植物的截留、蒸腾以及自然雨水灌溉与回用。本案例的最大启发是，粗略的水文模型模拟有可能导致盲目的过量设施建设，同时强调原生植物等简易景观要素的作用。研究者利用植物气孔计测量，发现生长高峰期的白橡木（*Quercus bicolor*）蒸发高达 0.13m³（35 加仑）的水。随着树木的成熟，蒸发量会增加。蒸腾和压实成反比，未压实的草皮蒸发作用明显。

美国风景园林基金会（LAF）于 2010 年提出景观绩效系列（LPS）策略研究倡议。在 LPS 的框架下，环境指标度量供给服务、调节服务和支持服务，社会指标度量文化服务，经济指标度量与生态系统服务相关的货币收益。2011 年，LAF 为推进景观绩效的量化评估，开展了案例研究调查计划（Case Study Investigation，CSI）。到 2021 年，全球支持了 151 个项目案例研究并发布研究成果，其中有 22 项基于校园雨洪管理景观绩效的评价。

如美国西德威尔友谊中学（Sidewell Friends Middle School）项目，设计了池塘和雨水净化系统，每年截流 317900 加仑进入城市污水系统的废水，并使用处理后的废水冲洗厕所，平均每月少用 8500 加仑自来水，还使用回收材料建设公共设施，体现了该项目的环境效益。另该中学在五年之内有超过一万名游客到场参观，并发动学生和志愿者参与后期维护，进行环境教育，提高公众意识等，展现了其社会效益（图 F.3）。

图 F.3　美国西德威尔友谊中学案例（图片来源：美国西德威尔友谊中学学校网站）：（1）废水处理湿地；（2）雨水花园与池塘；（3）雨水花园

另一个案例是美国纽约麦金利高中（McKinley High School）项目，其环境效益表现在通过雨水花园、屋顶花园和蓄水箱实施雨洪管理，尽管由于学校扩建，不透水面积增加了 14%，但场地内仍减少约 80400 加仑的年径流量。而通过雨水收集和利用，每年可节约 9600 加仑自来水，达到灌溉需水量的 98%。同时通过绿色基础设施的净化作用，每年可以减少 0.5 磅磷污染物和 2.4 磅氮污染物。该高中位处纽约比较贫困的地区，人口流失严重，学校环境改善也是为了吸引居民回到城市中心。该校园成为园艺专业课程室外教室，每年为约 100 名园艺专业学生提供生态实践机会，进行自然教育，并为参加夏季两项就业计划的 20 名学生提供培训基地，6 周内可获得 400~1275 美元的学费收入，这些均使该中学招生量增大，体现了社会与经济方面的效益（图 F.4）。

图 F.4 美国纽约麦金利高中案例（图片来源：纽约麦金利高中学校网站）：（1）雨水花园；（2）屋顶绿化

为方便读者进一步了解相关从设计、实施到评估的国际海绵校园案例，本附录对 LAF 提供的 CSI 校园雨洪管理案例进行了细致的整理，为读者的学习和实践提供参考（表 F.1）。

表 F.1 LPS 提供的 CSI 校园雨洪管理案例检索表

完成年份（年）	序号	项目名称	项目基本信息			项目概述	雨洪管理思路	景观绩效优势
			气候区	区位	面积（英亩）			
2003	1	柳树学校	湿润的大陆性气候	新泽西州，格莱斯顿	34	位于新泽西州乡村的校园 学校力求建立学生和自然的关系，学生通过保护自然资源学习人与自然和谐相处的重要性。场地采用的雨水和废水处理系统不仅改善了当地的环境，也为学生提供了学习实验空间	尽量减少不透水地面，收集雨水，并使用绿色基础设施系统（包含地下蓄水箱、生态湿地、生态滞留池、污水处理区等）来管理现场雨水和废水，可以净化和存储雨水，减少饮用水和建筑用水消耗，并增加地下水补给	使用收集的雨水冲洗学校厕所，每年可减少 375000 加仑的饮用水消耗，节省 2230 美元。使用包括人工湿地和砂滤器的系统每年可处理 380000 加仑废水 所有学生都要参与关于景观过程和景观伦理的教育课程

续表

完成年份（年）	序号	项目名称	项目基本信息			项目概述	雨洪管理思路	景观绩效优势
			气候区	区位	面积（英亩）			
2004	2	北肯塔基大学诺斯湖公共空间	潮湿的亚热带气候	肯塔基州，海兰黑茨	5	用于防洪的湖泊及其周边区域。湖泊是以前校园农业活动的遗留物，之后被扩大和用于收集校园内的雨水、降低现有地下水位以防止其侵入建筑物地下室，以及创造充满活力的社交空间	湖泊面积为1525平方英尺（约142m²），分上下2层，由排水网络提供水源。该网络从校园［约31英亩（约12.5hm²）］收集雨水径流。雨水滞留在湖中，然后排入一条小溪。湖泊系统作为周围建筑物的地下水位缓冲区，降低了图书馆附近和较低湖区的地下水位	为2025名学生提供关于雨水径流和水生生态系统的户外学习实验空间
	3	弗吉尼亚大学溪谷	潮湿的亚热带气候	弗吉尼亚州，夏洛茨维尔	11	恢复了一条被掩埋的溪流，在废弃的土地采用乡土植物，植入先进有效的雨水管理系统，在管理较小的暴雨事件方面非常有效。此外，公园重新恢复了濒临消失的野生动物栖息地，提供了多种娱乐机会，在校园和邻近社区之间进行协调，为来到大学的游客提供了令人印象深刻的入口景观	将1200英尺（约366m）长的溪流恢复为自然形态，可以滞留污染物，减轻下游沉积物负荷。面积为0.75英亩（约0.3hm²），12英尺（约3.7m）深的雨水池可容纳多达145万加仑的雨水。池塘包括沉积物集水前湾等，可增加蓄水量并降低流速，帮助悬浮物沉积	管理两年一遇的暴雨事件的径流，多余的径流通过原始地下管道流入位于下游0.75英里（约1207m）处的雨水处理设施。可减少和延迟高峰雨水排放，以帮助缓解山洪暴发、河岸侵蚀，以及增加沉积物沉降的机会。根据水样数据，可以减少下游的沉积物和养分负荷，将总悬浮物减少30%～92%
2006	4	托马斯杰斐逊大学鲁伯特广场	潮湿的亚热带气候	宾夕法尼亚州，费城	1.6	建筑前广场。原来是地上停车场和通行空间，改造为地下停车场后，广场位于其上方，可以举办学术活动和仪式，并作为周边社区的共享空间	广场和草坪面积将透水地面从总场地面积的7%增加到40%。植物灌溉用水采用雨水、空调冷凝水和收集储存在地下蓄水池中的水。有机材料和轻质骨料使绿色屋顶工程土壤得以增加，提升了土壤保水能力	收集和保留1.6英亩（约0.6hm²）区域内至少1英寸（约2.5cm）的降水，大约占一个城市街区的一半。收集和再利用多达17700加仑的雨水和空调冷凝水用于灌溉

完成年份（年）	序号	项目名称	项目基本信息			项目概述	雨洪管理思路	景观绩效优势
			气候区	区位	面积（英亩）			
2007	5	西德威尔友谊中学	潮湿的亚热带气候	华盛顿哥伦比亚特区	1.5	建筑围合的庭院及建筑绿色屋顶、建筑周边环境。场地之前是网球场和停车场，改造通过采用绿色屋顶、户外教室、生态池塘、蝴蝶草甸和华盛顿特区的第一个人工湿地将学习环境扩展到景观中。采用闭环废水系统和地下蓄水池收集、存储屋顶径流的节水系统在项目设计中发挥了核心作用	梯田人工湿地是庭院的核心，种满了乡土植物。湿地下方是雨水花园和水池。形成的台地空间可以作为学生的户外教室和实验室。建筑通过一个闭环系统捕获和处理所有雨水。来自绿色屋顶的雨水被土壤介质过滤并储存在地下蓄水池中，夏季泵入生物池。从建筑物的厕所和水龙头收集的废水进行处理后重新用于厕所	每年减少超过317900加仑的废水进入负担过重的哥伦比亚特区下水道系统，从而节省1687美元用于下水道的费用。通过重复使用处理过的废水来冲洗坐便器，每月平均减少8500加仑的用水消耗。绿色屋顶可以收集68%（9820加仑）的一年一遇的暴雨径流。在最初的五年里，有超过10000名游客参观了该场地并提高了环保意识
	6	安德伍德家族索诺兰景观实验室	炎热、半干旱气候	亚利桑那州，图森	1.2	建筑围合的庭院及建筑周围外环境。场地原本是停车场的一部分，但来自停车场的径流似乎都被排到新建筑入口，因此需要进行改造。该项目采用经典的低成本干旱土地设计原则，包括集水、水再利用和缓解沙漠小气候	采用的汇水设施可以收集约5500加仑雨水径流。下沉式场地用作户外教室和聚会空间，并在暴雨期间保存径流。场地地面采用渗透性稳定的风化花岗石。屋顶径流、空调冷凝水和喷泉式饮水器灰水被收集并储存在11600加仑的蓄水池中，用于灌溉	在场地建立期间的前五年，减少灌溉用水87%。建成后，不再将饮用水用于灌溉。每天使用的经过雨水系统收集净化的水多达250加仑

续表

完成年份（年）	序号	项目名称	项目基本信息			项目概述	雨洪管理思路	景观绩效优势
			气候区	区位	面积（英亩）			
2009	7	耶鲁大学林业与环境研究学院克鲁恩大楼	湿润的大陆性气候	康涅狄格州，纽黑文	3	庭院、道路旁绿地及林地等。原来是发电厂、停车场和车行道。改造后建在屋顶上的雨水收集系统以原生植物为特色，通过种植水生植物的交互式池塘收集、处理、储存雨水。雨水用于景观灌溉或送入水箱进行进一步处理以供建筑物使用	来自屋顶和场地北部的第1英寸（也是最脏的）雨水被收集并输送到16000平方英尺（约1486m²）的植物修复池，在那里由本土湿地植物去除氮氧化物、磷酸盐和颗粒物。采用地下收集池收集和储存池塘溢流和额外的雨水，这些雨水经处理后用于灌溉和冲洗厕所。来自建筑物的水为灰水回用系统提供补充水	每年可节省634000加仑饮用水，并与节水管道装置配合使用，将建筑物的饮用水使用量减少81%。处理并保留最初的1英寸（约2.5cm）降雨。通过对水进行处理可以去除80%排放到市政雨水系统的所有水的总悬浮固体（TSS）
2010	8	得克萨斯大学达拉斯分校景观增强项目	潮湿的亚热带气候	得克萨斯州，理查森	33	校园入口中轴线。曾经主要是沥青作为硬质铺装的场地和道路，改造后转变为舒适的步行环境，种植了大量原生植物，并对校园入口车道进行了改造处理。现在场地由一系列吸引人的公共空间、袖珍公园、人行道和水景组成，从根本上改变了校园的形象	沿着1.1英里（约1770m）的主入口车道设置雨水花园。植物97%为乡土植物，减少了灌溉用水量以及维护和保养成本	新种植的树木每年能拦截大约1078000加仑的雨水。通过减少49%的不透水地面，降低降雨量达到2英寸（约5cm）的降雨事件18.7%的峰值雨水流量。使用原生林地生态滞留区管理1.1英里（约1770m）主入口车道的所有径流，以应对百年一遇的暴雨事件

完成年份（年）	序号	项目名称	项目基本信息			项目概述	雨洪管理思路	景观绩效优势
			气候区	区位	面积（英亩）			
2010	9	布伦特小学校园绿化一期	潮湿的亚热带气候	华盛顿哥伦比亚特区	0.41	第一阶段于2010年完成，包括拆除操场不透水沥青地面、草坪和传统种植区，取而代之的是室外教室、蝴蝶园、雨水花园和"城市峡谷"。第一期的校园绿化帮助重新定义了学校的身份，提升了入学率	拆除部分沥青地面，建设雨水花园。雨水花园面积为1438平方英尺（约134m²），呈线性沿着场地的西部和南部周边延伸	通过用雨水花园替换1500平方英尺（约139m²）的沥青铺装，降低夏季地表温度。雨水花园可容纳720加仑的雨水（一年暴雨的79%）。据估计，雨水花园中的10棵树每年可额外拦截1600加仑的雨水。为1~5年级提供每周1~2小时，学前班和幼儿园每周4~5小时的户外课堂体验。学习从科学到艺术的各种科目
2011	10	康奈尔种植园内温（Nevin）接待中心	湿润的大陆性气候	纽约，伊萨卡	2	生态湿地花园、停车场和建筑屋顶花园。内温接待中心是康奈尔植物园的一部分，旨在更有效地作为植物园的门户和可持续实践的典范，使该区域更具吸引力。场地周围的景观连接邻近25英亩（约10hm²）的植物园，以郁郁葱葱的园艺植物和解说标志为特色，生物湿地、过滤设施和绿色屋顶提供生态系统服务	占地12000平方英尺（约1115m²）的生态湿地花园既是受欢迎的园艺展示区，又能接收来自相邻草坪区域和停车场过滤带的径流，储存5663立方英尺（约160m³）的雨水。透水人行道用于某些低交通流量的小区域。未被绿色屋顶吸收的雨水通过雨水管输送到建筑物附近的砾石渗透沟	估计每年可减少78000加仑的径流，使场地的年度雨水径流量减少31%。对于1年、10年和百年一遇的暴雨事件，峰值雨水流量分别降低了81%、62%和58%。生态湿地帮助减少停车场径流中的污染物。其中包含的50多种植物增加了生物多样性。使用绿色屋顶而不是白色屋顶，可以减少建筑物预计年度供暖和制冷成本的14%

续表

完成年份（年）	序号	项目名称	项目基本信息			项目概述	雨洪管理思路	景观绩效优势
			气候区	区位	面积（英亩）			
	11	贝洛新媒体中心	潮湿的亚热带气候	得克萨斯州，奥斯汀	1.5	原是建筑前停车场，后被改造为庭院。改造后采用与本土景观结合的创新水系统。花园还为教职员工、学生和游客提供正式和非正式的聚集空间	雨水的路径是设计的关键要素。在暴雨期间，雨水从屋顶落下，首先汇入生态过滤喷泉池，池中雨水容量达到上限后流入蓄水池，储存起来用于灌溉	通过使用空调冷凝水和收集的雨水进行灌溉，平均每年可节省465000加仑的饮用水和2700美元。与场地之前用作停车场相比，两年一遇的暴雨从场地流出的径流峰值速率降低了46%。每年55棵新种植的树木可以拦截18720加仑雨水
2012	12	詹姆斯麦迪逊大学生物科学楼景观	湿润的大陆性气候	弗吉尼亚州，哈里森堡	3	建筑周围环境。整体设计的基本原则是将建筑和场地作为环境科学和保护的教学工具。场地设计中最具挑战的方面是展示雨水在景观中的输送和处理过程	将建筑屋顶的径流通过细沟输送到规划的雨水花园。场地周围硬质景观表面的雨水也引导到有大量种植的渗透区域。种植床之间的人行道采用钢格栅，让用户可以在下雨时和下雨后观察雨水的输送过程。梯田用于缓和陡坡并创建户外教室，而浅洼地有助于将场地与周围的校园景观融为一体	预计通过2个雨水花园去除65%的总磷。通过覆盖16%，每年减少12%的屋顶径流。75棵新种植的乡土树木每年拦截超过5000加仑的雨水。场地还能为在大楼上课的学生提供户外学习机会和社交空间

续表

完成年份（年）	序号	项目名称	项目基本信息			项目概述	雨洪管理思路	景观绩效优势
			气候区	区位	面积（英亩）			
2012	13	布法罗公立学校#305麦金利高中	湿润的大陆性气候	纽约，布法罗	2.25	建筑内庭院及周边景观。麦金利是一所职业高中，可以提供包括园艺和水生生态学在内的相关证书。校园改造需要加建13000平方英尺（约1208m²）的建筑，纽约州要求对雨水进行管理。改造采用绿色屋顶、雨水花园、多孔路面和集水系统，用于满足监管要求。保留学校的运动场，并为证书相关需求提供学习区域	学校位于人口稠密的住宅区，几乎没有土地可用于扩建。由于纽约州环境保护部的雨水法规，学校建筑扩建必须伴随雨水质量（而非数量）的缓解措施。在整个场地采用一些小型绿色基础设施，因为它们既可以处理雨水，又可以用于学校的园艺课程	通过使用绿色基础设施，每年可减少约80400加仑的径流，减少0.5磅磷和2.4磅氮。通过收集雨水并将其重新用于庭院灌溉，每年可节省大约9600加仑的水。这满足了98%的需求，每年最多可节省290美元。为园艺等实践活动提供场地，帮助提升入学率
	14	诺瓦东南大学海洋学中心一期景观	热带雨林	佛罗里达，好莱坞	6	诺瓦东南大学海洋学中心是世界上最大的珊瑚礁研究中心，坐落在约翰劳埃德海滩州立公园内。校园场地最初包括一个码头以及有教室、一般办公空间和研究设备的小型多功能建筑。由于学生人数的增加需要进行改造，新设施将为学生、研究人员和社区提供先进的工具和资源	来自屋顶、道路、停车场和其他硬质景观表面的径流通过集水池和渗渠网络收集和管理。当降雨量大或暴雨持续时间延长时，径流可储存在两个滞留池中，在那里缓慢渗入土壤或蒸发	209棵新种植的树可以拦截47800加仑雨水。与传统系统相比，通过使用节水灌溉系统，每年可减少54%的饮用水消耗。为60%的调查受访者提供户外教育活动空间。87%的人认为将珊瑚碎屑和玻璃碎片用于场地材料具有教育意义。在建设期间和项目完成后创造了300个工作岗位

续表

完成年份（年）	序号	项目基本信息			项目概述	雨洪管理思路	景观绩效优势
		项目名称	气候区	区位			
				面积（英亩）			
2012	15	莎拉·E.古德STEM学院	湿润的大陆性气候	伊利诺伊州，芝加哥	该场地被设计为校园内的公园和娱乐中心。场地特色包括生物园、社区菜园、户外教室、野餐区、内置看台和定制混凝土运动座椅、雨水花园、蓄水池、地热田和本地植物教育标志牌等	为了增加生态功能，大部分建筑采用绿色屋顶，增加了从室内可见花园的数量。沿着建筑外墙布置花园，并利用休闲场地作地热田。绿色屋顶和地热田通过提高建筑的能源效率，提高了学院的可持续性	对于两年一遇24小时暴雨事件，可将雨水径流减少38.9%。收集和处理100%的雨水径流，去除大约80%的总悬浮固体（TSS）。采用乡土植物，与灌溉需求高的非本地植物景观相比，每年可减少345万加仑的灌溉需求
2014	16	托默角的桑福德公园	潮湿的亚热带气候	亚拉巴马州，奥本	1	校园内的街边公园，位于校园黄金地段，并且具有重要的历史意义。园内大面积土壤受除草剂污染。场地重建旨在清除受污染的土壤，并确保悠久历史传统的延续	透水铺装面积达到3900平方英尺（约362m²），设置在24英寸（约61cm）的砾石基层上，估计减少了90%不透水铺装。主步行道下方的暗渠收集雨水，并将其引导至测试井，以监测除草剂含量	通过使用透水铺装系统渗透多达32000加仑的雨水。将除草剂对土壤的污染降低到无法检测的水平
	17	肯塔基大学农业学院校友广场	潮湿的亚热带气候	肯塔基州，列克星敦	0.48	建筑入口广场，同时也是建筑屋顶平台。为连通建筑的通行空间，人流量很高，但很少被用作社交空间。混凝土广场表面明显老化，排水不畅，导致雨后积水和冬季结冰。改造后广场成为活动、休闲、社交和研究的动态空间并能更好地管理雨水	21000平方英尺（约1951m²）的广场几乎都采用透水铺装，让雨水渗透到屋顶排水沟。透水铺装和分层的种植床系统使场地绿地面积增加了一倍多	将十年一遇24小时风暴的峰值流量降低62%

续表

完成年份（年）	序号	项目名称	项目基本信息			项目概述	雨洪管理思路	景观绩效优势
			气候区	区位	面积（英亩）			
2014	18	洛约拉大学湖岸校区	湿润的大陆性气候	伊利诺伊州，芝加哥	35	场地中规划有校园雨洪管理系统，通过安装一系列雨水过滤设施来解决雨水问题。重视环保、节能，倡导建设绿色、可持续的校园	利用绿色屋顶、生态过滤系统、透水铺装和地下渗透基础结构等雨洪管理基础设施，系统化管理校园雨洪	通过使用地下渗透沟和蓄水库，收集和渗透22%的雨水径流。每年接待400~800名游客进入校园游览，设置教育标识牌和提供自助旅游材料，帮助大众提高对绿色基础设施的认识
2016	19	密歇根大学埃达·盖斯塔克绿地	湿润的大陆性气候	密歇根州，安娜堡	4	位于密歇根大学北校区的核心。以前是一块未充分利用的开放式草坪，生态价值低，行人流通不畅。设计将校园和社区联系在一起，鼓励多学科学习协作，为学生提供学习、娱乐机会。同时场地进行雨水管理以防止局部积水	起伏的地形将雨水引导至5个生态滞留花园中，过滤床面积为10355平方英尺（约962m²），可减缓、处理和冷却来自现场的雨水径流。未渗入花园的场地雨水流入地下水处理系统进行净化处理	两年一遇24小时暴雨事件中，可以降低100%的峰值雨水径流和80%的悬浮物。百年一遇24小时暴雨事件中，可以降低34%的峰值雨水径流。每年场地中的树木拦截大约27000加仑的雨水
	20	佐治亚大学科学学习中心	潮湿的亚热带气候	佐治亚州，阿森斯	2.79	建筑室外空间，包括由建筑围合的庭院和建筑周边场地。主要目标是管理现场雨水和增加雨水渗透量，同时为学生提供聚集和学习的空间。场地展示了雨水管理策略中包含的生态滞留单元、生态湿地和乡土植物。同时也为校园的其他区域制定雨水管理标准	4个生态滞留单元和组合过滤床，可以减缓、处理和冷却建筑物周围的雨水径流。建筑雨水通过建筑南立面的雨水管汇入相邻的一条大约160英尺（约49m）长的生态湿地	对于百年一遇的24小时暴雨事件，峰值径流降低10%。将水质提高80%，经过生态滞留池处理的水样具有2.5JTU（杰克逊浊度单位），来自附近区域的未经处理的水样有12.5JTU。场地上种植的树木每年可以拦截大约4854加仑的雨水

续表

完成年份（年）	序号	项目名称	项目基本信息			项目概述	雨洪管理思路	景观绩效优势
			气候区	区位	面积（英亩）			
2017	21	切斯特亚瑟校园	潮湿的亚热带气候	宾夕法尼亚州，费城	0.4	运动场、停车场。施工前，校园几乎完全是沥青地面，对学生身心健康没有太大益处，并且将99%的雨水径流直接排放到下水道系统。改造工程将场地变成了绿色的充满活力的开放空间。将学校刚起步的STEM课程融入户外学习中。并且将绿色雨水基础设施（GSI）与教育元素和娱乐功能相结合	停车场被整合并重新规划到场地的南侧，创造了新的2613平方英尺（约243m²）的可用游戏、学习等功能的场地。停车场约1/3是帮助雨水下渗的多孔沥青路面，场下设置地下蓄水池，可容纳1英寸（约2.5cm）的暴雨。雨水花园收集过滤雨水，汇入停车场下方的地下蓄水池	将整体平均表面温度降低7.2°F（约−13.8℃）。在24小时内，每1.5英寸（约3.8cm）的降雨量可管理28000加仑的雨水。现场鸟类、昆虫和哺乳动物的个体数量增加了约266%
2018	22	亚利桑那州立大学(ASU)奥兰治购物中心绿色基础设施(GI)项目	炎热的沙漠气候	亚利桑那州，坦佩	2	将一条柏油路改造成以性能为导向的步行街和多用途广场，用于在校园内举办活动和非正式社交聚会。管理来自场地和附近道路的雨水，在极端降雨事件期间减轻校园洪水	利用低影响开发（LID）技术解决城市热量和雨水管理问题。将场地及周边相邻道路和建筑物的雨水径流通过一系列栽种有场地原生和适应沙漠气候的植物的生态滞留池输送，流入雨水花园。溢流通过地下管道排放到场地南边运动场下的大型渗透干井。现场雨水监测站和标牌为大学生、当地从业者和来自更广泛社区的游客提供教育机会	将十年一遇的暴雨径流全部引导至场外渗透井，补给地下水。管理的雨水量相当于25年一遇的暴雨雨量而不会漫溢。建筑物产生的空调冷凝水可以补充灌溉，估计每年可节省1000加仑的水。雨水通过生物滞留池时，总磷减少从而改善水质。增加现场雨水管理能力来缓解雨洪风险，将百年一遇的降雨事件期间的高水位降低1英寸（约2.5cm）

参考文献

图书

[1] 李秉德. 教学论［M］. 北京：人民教育出版社，2001.

[2] 陈青之. 中国教育史（上、下）［M］. 长沙：岳麓书社（民国学术文化名著丛书），2010.

[3] ［加］Asit K.Biswas 著，刘国维译. 水文学史［M］. 北京：科学出版社，2007.

[4] 郭齐家. 中国古代学校［M］. 中国文化史知识丛书，台湾商务印书馆，1998.

[5] 赵连稳，朱耀廷. 中国古代的学校、书院及其刻书研究［M］. 北京：光明日报出版社，2007.

[6] 顾炎武撰，于杰点校. 历代宅京记［M］. 中国古代都城资料选刊，中华书局出版，1984第1版，2020第2版.

[7] 周维权. 中国古典园林史［M］. 北京：中国建筑工业出版社，2008.

[8] 刘河燕. 宋代书院与欧洲中世纪大学之比较研究［M］. 北京：人民出版社,2012.

[9] 邓洪波. 中国书院揽胜［M］. 长沙：湖南大学出版社，2000. 中国书院文化丛书.

[10] 吴国富. 中国书院文化丛书：白鹿洞书院［M］. 2013. 中国书院文化丛书.

[11] 吴庆洲. 中国古城防洪研究［M］. 北京：中国建筑工业出版社，2009.

[12] 侯仁之. 北京历史地图集［M］. 北京：北京出版社，1988

[13] 岳升阳. 万泉河述往［M］. 北京观察，2013（09）：70–75.

[14] 苗日新. 熙春园. 清华园考·清华园三百年记忆［M］. 北京：清华大学出版社，2010.

[15] 黄延复. 贾金悦. 清华园风物志［M］. 北京：清华大学出版社，2005.

[16] 苗日新. 导游清华园［M］. 北京：清华大学出版社，2012.

[17] 清华大学建筑学院景观学系. 借故开今，清华大学风景园林学科发展史料集［M］. 北京：中国建筑工业出版社，2013.

[18] 清华大学建筑学院景观学系. 树人成境，清华大学风景园林教育成果集［M］. 北京：中国建筑工业出版社，2013.

[19] 清华大学建筑学院景观学系. 融通合治，清华大学风景园林学术成果集［M］. 北京：中国建筑工业出版社，2013.

期刊论文

[20] 杨芳绒，刘禹希，徐勇. 北宋书院园林的景观特征分析［J］. 华中建筑，2011，29（11）：113–115.

[21] 何睦. 近郊大学校园建设与近代天津城市空间的现代性演进［J］. 城市史研究，2020（14）：1–12.

[22] 李好. 燕京大学的"湖光塔影"［J］. 北京档案：2016：52–55.

[23] 陆敏. 燕京大学校园空间形态与设计思想评析［J］. 建筑与文化，2012（5）：63–65.

[24] 董黎. 中国近代教会大学校园的建设理念与规划模式——以华西协合大学为例［J］.

广州大学学报(社会科学版)，2006，5（9）：81–86.

［25］侯仁之. 北京海淀附近的地形水道与聚落——首都都市计划中新定文化教育区的地理条件和它的发展过程［J］. 地理学报，1951，18（1、2）：1–20.

［26］岳升阳. 京西绿化带建设与传统景观保护［J］. 北京规划建设，2000（3）：17–20.

［27］宋令勇，宋进喜，袁传芳. 校园雨水资源化利用的效益分析及利用措施［J］. 环境科学与管理，2009，1：113–115.

［28］王钰，唐洪亚等. "海绵校园"排水系统问题分析与研究——以安徽建筑大学北校区为例［J］. 2016，（4）：242–243.

［29］刘玉龙，王宇婧. 中小学绿色校园设计策略［J］. 建筑技艺，2015（9）：76–79.

［30］李新. 海绵校园规划研究［J］. 山西建筑，2016，10:190–191.

［31］游媛，杨珍招，杨玉银，周玉馨. 喀斯特地区海绵校园建设探究——以贵州师范大学花溪校区为例［J］. 绿色科技，2017，6（12）：187–190.

［32］曾颖. 水生态在空间与时间维度上的塑造——昆山杜克大学校园作为微型海绵城市设计的解析［J］. 时代建筑，2017，4：52–57.

［33］刘海龙. 海绵校园——清华大学景观水文设计研究［J］. 城市环境设计，2016（4）：134–141.

［34］刘一瑶，郭国文，孟真，刘海龙. 基于低影响开发的清华学堂路雨洪管理与景观设计研究［J］. 风景园林，2016，3：14–20.

［35］刘海龙. 清华校园生态景观的建成后评估——以胜因院为例［J］. 住区，2018，01：96–101.

［36］毛旭辉，许鲁萍，刘哲，刘海龙，贾海峰. 基于LID–BMPs的历史文化区降雨径流管理方案及模拟评估［J］. 环境工程，2020，38（4）：158–163.

［37］周怀宇，刘海龙. 绿色雨水设施的在线监测系统设计［J］. 风景园林，2020，27（5）：88–97.

［38］周怀宇，刘滋菁，刘海龙*，姜会全，张益章. 雨洪管理设施的监测与智慧景观设计结合的跨学科实证［J］. 水资源保护，2019，Vol.35，No.6（11）：85–91.

［39］周怀宇，姜会全，刘海龙. 基于物联网在线监测的景观项目雨洪管理过程可视化与绩效评估［J］. 中国园林，2019，35(10):29–34.

［40］周怀宇，刘海龙*. 绿色屋顶雨水技术研究与清华校园案例分析［J］. 建设科技，2019（Z1）：69–74.

［41］张益章，刘海龙*. 基于低影响开发的清华校园新民路雨洪管理与景观设计研究［J］. 建设科技，2019（Z1）：61–68.

［42］刘海龙. 融合、交叉的海绵城市建设策略［J］. 建设科技，2019（Z1）：14–15.

［43］刘海龙*，郭湧，颉赫男，杨冬冬，周怀宇. 高密度建成环境雨洪管理景观设计——以清华建筑馆庭院为例［J］. 建设科技，2019（Z1）：75–82.

［44］刘海龙，张丹明，李金晨，颉赫男. 景观水文与历史场所的融合——清华大学胜因

院景观环境改造设计. 中国园林，2014（2）：7–12.

［45］刘海龙. 景观水文：一个整合、创新的水设计理念. 中国园林，2014（2），9.

［46］刘海龙. 清华大学胜因院景观设计. 世界建筑，2014（2）：68–73.

［47］商瑜，刘海龙*. 华北地区陆生园林植物去除道路径流污染物的实证研究. 中国园林，2021，37（12）：116–121.

［48］赵磊，杨逢乐，王俊松等. 合流制排水系统降雨径流污染物的特性及来源［J］. 环境科学学报，2008（8）：1561–1570.

［49］Mü ller A, Österlund H, Marsalek J, et al. The pollution conveyed by urban runoff: A review of sources [J]. Science of the total environment, 2020, 709: 136125.

［50］Flanagan K, Branchu P, Boudahmane L, et al. Retention and transport processes of particulate and dissolved micropollutants in stormwater biofilters treating road runoff [J]. Science of the Total Environment, 2019, 656: 1178–1190.

［51］李怀恩，贾斌凯，成波，等. 海绵城市雨水径流集中入渗对土壤和地下水影响研究进展［J/OL］. 水科学进展：1–11

［52］贾忠华，吴舒然，唐双成，等. 雨水花园集中入渗对地下水水位与水质的影响［J］. 水科学进展，2018，29（2）：221–229.

［53］康爱红，许珊珊，肖鹏，等. 新型生态渗滤系统处治道路径流污染试验研究［J］. 公路，2017，62（7）：286–290.

［54］赵云云，李骐安，陈正侠，等. 基于多目标面向市政道路径流污染控制的生物滞留设施填料优化［J/OL］. 水资源保护：1–10.

［55］Luo Y H, Yue X P, Duan Y Q, et al. A bilayer media bioretention system for enhanced nitrogen removal from road runoff [J]. Science of the Total Environment, 2020, 705: 135893

［56］李明翰，朱宫慧，成赞镛，等. 生物滞留系统对城市公路径流的治理作用有无内部蓄水层设计的对比研究［J］. 风景园林，2012，19（1）：140–147.

［57］李怀恩，张亚平，蔡明，等. 植被过滤带的定量计算方法［J］. 生态学杂志，2006（1）：108–112.

［58］陈航，杨栋，华玉妹，等. 河岸草本缓冲带对模拟径流中污染物的净化［J］. 环境工程，2017，35（5）：1–5.

［59］黄俊杰，沈庆然，李田. 植草沟控制道路径流污染效果的现场实验研究［J］. 环境科学，2015，36（6）：2109–2115.

［60］段进凯，李田，张佳炜. 强化浅基质层干植草沟对道路径流的脱氮效果［J］. 环境科学，2019，40（6）：2715–2721.

［61］张美，袁玲，陆婷婷，等. 雨水生态处理措施中陆生植物净化能力研究［J］. 中国农学通报，2014，30（16）：131–138.

［62］Gong Y W, Hao Y, Li J Q, et al. The Effects of Rainfall Runoff Pollutants on Plant Physiology in a Bioretention System Based on Pilot Experiments [J]. Sustainability, 2019, 11 (22): 6402.

［63］ Bruce K. Ferguson, Landscape Hydrology, a component of Landscape Ecology [J], J. Environmental Systems. 21(3) 193–205: 1991–92.

学位论文

［64］ 姜智. 魏晋南北朝时期园林的环境审美思想研究［D］. 山东大学，2012.

［65］ 陈晓恬. 中国大学校园形态演变［D］. 同济大学，2008.

［66］ 张益章. 基于低影响开发的景观规划设计——以清华校园规划设计为例［D］. 清华大学，2017.

会议论文

［67］ 毛伟月，李雄. 近代广府广雅书院、岭南大学与国立中山大学校园规划比较研究——兼论西学东渐背景下的近代校园规划沿革［C］. 2012 国际风景园林师联合会（IFLA）亚太区会议暨中国风景园林学会 2012 年会论文集（上册），102–106.

［68］ 刘海龙，杨锐. 景观水文：一种融合、交叉的城市雨洪管理指导策略［C］. 国际城市雨洪管理与景观水文学术前沿——多维解读与解决策略（"2015 城市雨洪管理与景观水文国际研讨会"论文集），清华大学出版社，352–361.

［69］ 刘海龙. 海绵校园——清华大学校园雨洪管理与景观水文研究与实践［C］. 国际城市雨洪管理与景观水文学术前沿——多维解读与解决策略（"2015 城市雨洪管理与景观水文国际研讨会"论文集），清华大学出版社，474–485.

［70］ 秦越. 中国传统雨水观及其景观外化［C］. 国际城市雨洪管理与景观水文学术前沿——多维解读与解决策略（"2015 城市雨洪管理与景观水文国际研讨会"论文集），清华大学出版社，29–36.

［71］ 刘海龙，周怀宇，商瑜. 从实验到设计：水质分析在《景观水文学》课程教学中的应用［C］. 2021，中国风景园林教育大会论文集.

［72］ Bruce K. Ferguson, Landscape Hydrology: A unified Guide to Water-related Design [C]. Proceedings, The Landscape: Critical Issues and Resources, 1983: 11–21.

20 世纪 70 年代我在陕西关中平原度过童年。记忆中家乡水资源不算丰沛，但村头却很容易打出清澈甘冽的井水，掬一捧清凉彻骨，洗把脸立时解暑忘忧。80 年代初回城上学，因临近秦岭余脉，骑车半小时就能跳入清澈溪流中游嬉。但一次遭遇暴雨山洪，至黑夜才"逃难"回家。然而对水的最震撼印象要算每年汛期中的河流，一改往日的温柔，像一头要吞噬一切的恶兽，滚滚洪流裹挟着泥石、死畜、断木、残破家具紧擦桥底喧嚣而过。虽然至今已过去多年，但那震惊与恐惧的画面依旧鲜活。机缘巧合的是，我现在的工作竟逐步聚焦到了与水紧密相关的方向上。

2002 年我硕士论文答辩时，一位评委质询如何以小流域为单元组织城市设计。当时如何作答已记不清了，但记忆犹新的是做论文时查阅了不少水文资料，浑然未觉自己已踏入了涉水的领域。2004 年我负责一个与自己博士论文有关的项目，曾一度挠头如何进行洪水安全格局的计算与模拟。"落水求生"的力量推动我与项目组水利工程师反复交流切磋，慢慢地跨过了这道坎，而自己也逐渐进入"深水区"。

对于雨洪管理（Stormwater Management），我最初的印象是 2003 年前后看到博士生导师从美国开会买回来的几本英文原版书，但当时并未有机会深入研读。2005 年开始博士后研究工作之后，对此渐渐有了切身体会。当时清华大学景观学系刚建系两年，聘请国际学者组成讲席教授组讲授部分课程，其中有一门在国内尚未开设过的新课——《景观水文》（Landscape Hydrology），其中的雨洪管理及低影响开发（Low Impact Development）等内容令人耳目一新，也将我之前的许多经历和思考联结起来。2006 年 10 月，我赴美国明尼阿波利斯（Minneapolis）参加第 43 届国际风景园林师联盟大会（IFLA）暨 2006 年美国风景园林师协会（ASLA）年会。该城在印第安语中的意思是"水之城"，其大湖链城市公园系统颇负盛名。我参会期间报了低影响开发项目考察（LID Tour），参观了社区、学校、商业建筑、道路等各类型项目，获益匪浅。实际 2007 年之后我从《景观水文》助教过渡到课程负责人的角色，一直在思考如何使讲席教授们的国际经验与中国现实需求结合，通过本土化为解决中国的实际问题发挥作用。

在许多人的记忆中，每当春季的淅沥小雨渐渐变为夏季的滂沱大雨，积水成涝的报道也愈加频现时，便成为洪汛到来的定时警报。2007 年我居住在清华大学西北社区，夏季一场大雨过后，水泥砖地面上积水成潭，而一旁的绿地里却水润绿长，生机盎然。这幅画面令我有所触动——利用身边的校园环境开展雨洪管理教学与研究。此后无数次漫步校园时的观察思考，加之讲授《景观水文》课程的需要，推动我从 2008 年开始探索校园雨洪管理教学、研究与实践。这个持续十多年的过程实际是边学边教、教学相长、合作精进的过程，也逐步积累取得了一些成效。2015 年 5 月我组织了"城市雨洪管理与景观水文国际研讨会"，在海绵城市刚成为行业热点之际进行国际、国内交流，也介绍团队以往工作，获得了良好的社会反响。同年我被推荐进入住房和城乡建设部海绵城市建设技术指导专家委员会、中国水利学会城市水利专委会等国家级与行业技术团体。2016 年至 2019 年我主持完成国家自然科学基金面上项目《基于景观水文理论的我国城市雨洪管理型绿地景观设计方法研究》，之后参与编写国家标准《城市绿地规划标准》和行业团体标准《海绵城市绿地建设管理技术标准》等，完成了一系列海绵城市项目课题，逐步深入到国家海绵城市与防洪减灾领域的各层次工作。

回想我的生活、求学与工作经历中与水的渊源，其实与中国改革开放之后的城市人水关系变化基本同步。20 世纪 70 年代，中国处于快速城镇化前，建成区规模不大，城市扩张尚未提速，但整体基础设施也较为落后，城乡人水关系虽也紧张但尚未激化。20 世纪八九十年代至 21 世纪初，中国城镇化进入提速阶段，人口、社会、经济、技术及城镇建设迅猛发展，建成区急剧扩大，硬化地表比例及综合径流系数大幅提高，降雨转化为径流的规模大为增加，但防洪与市政工程设施仍不完善，防灾理念落后，使得城镇雨洪风险陡增。国际城市雨洪管理的发展及中外交流合作，推动自 21 世纪初至近十多年中国城市雨洪管理从理念走向实践，并进入实质性行动时期。至今中国海绵城市经过试点与示范阶段，从低影响开发源头控制进入到大中小排水系统的全过程治理，也已开始系统化全域推进海绵城市建设示范。但雨洪致灾是宏观气候变化、地方自然条件、人为活动及用地规划与工程技术等各方面因素叠加的结果，近年各地雨洪灾害仍不断出现，城市防洪排涝形势依然严峻。

本书的整理与写作实际自 2017 年就已开始，本计划作为对《景观水文》（2008~2018 年）课程的十年纪念，但由于多方原因拖延至今。过去三年受新冠病毒的影响，以及不断刷新纪录的城市洪涝灾情，使得本书的认识与思考又有许多加深。现在出版，并非工作的结束，而是阶段性总结。未来任然任重道远，仍需砥砺前行。

刘海龙

2022 年 10 月

致谢

自 2005 年我开始参与《景观水文》课程，2008 年开始负责这门课，到 2023 年这本书得以付梓出版，衷心感谢众多国内外前辈、同仁、学生、朋友的大力支持与帮助！

首先感谢清华大学景观学系创系主任杨锐教授和劳里·奥林（Laurie Olin）教授指引我走上景观水文探索的道路。尤其感谢杨锐教授一直鼓励和支持我在这一方向上开拓前行。感谢讲席教授组的巴特·约翰逊（Bart Johnson）、布鲁斯·弗格森（Bruce Ferguson）、高盖特·瑟尔（Colgate Searle）诸位教授构建起清华大学景观水文的知识与方法体系。其中布鲁斯·弗格森教授在《景观水文》课上带领学生走进校园进行现场教学，一定程度上启发了后续的校园雨洪管理研究。特别感谢弗里德里克·斯坦纳（Frederic Steiner）、罗纳德·亨德森（Ronald Henderson）两位教授在清华大学执教期间及我赴美访学期间对我学术成长的帮助。感谢已故的柯林·富兰克林（Colin Franklin）先生，在清华大学授课中的经验与智慧令我受益良多，我停留费城时的热情接待与交流令人难忘，永远怀念柯林先生。

感谢博士生导师、北京大学俞孔坚教授，在我攻读博士学位期间给予的指导和帮助。感谢北京大学李迪华、吕斌、黄润华、崔海亭、岳升阳等诸位教授，对我在生态学、区域规划、自然地理、历史地理等方面的指导。感谢硕士生导师、西安建筑科技大学周庆华教授，影响我研究城市设计时埋下生态意识的种子。感谢刘晖与董芦笛教授在校园生态实践方面的影响与支持。

我于 2010 年至 2011 年赴哈佛大学设计学院（Harvard GSD）访学，有幸旁听理查德·福尔曼（Richard Forman）教授、水生态学家科本·贝茜（Colburn Betsy）博士及雨洪管理专家蒂莫西·德克尔（Timothy J. Dekker）的授课，多次交流及野外考察令我获益匪浅。感谢哈佛大学彼得·罗（Peter Rowe）、查尔斯·瓦尔德海姆（Charles Waldheim）、史蒂夫·欧文（Steve Ervin）、皮埃尔·贝朗杰（Pierre Belange）、凯利·香农（Kelly Shannon）诸位教授的帮助。

感谢清华大学景观学系的朱育帆、胡洁、孙凤岐、李树华、李锋等诸位教授对我开展《景观水文》课程教学的支持。感谢环境学院贾海峰、水利系倪广恒两位教授多年来的帮助和指导。感谢美国弗吉尼亚大学余啸雷教授、清华大学水利系王恩志、马吉明、钟德钰教授、北京建筑大学车伍、李俊奇、王思思诸位教授、北京同衡规划设计研究院韩毅教授级高工、重庆大学袁兴中教授、中国水利水电科学研究院赵进勇教授级高工、中国城市建设研究院白伟岚教授级高工、中设设计集团深圳分院张莉院长、北京林业大学郭巍教授、中国林业科学院赵欣胜副教授、瓦地工程设计吴昊等诸位专家学者受邀在《景观水文》课上讲座。感谢清华大学园林科潘江琼科长、后勤修缮处唐浪副处长、基建处盖世杰老师在校园雨洪管理教学与实践项目中的支持。

感谢自 2005 年以来历年参与《景观水文》课程的所有学生，除来自景观学系风景园林专业外，还包括建筑学、城乡规划、环境工程、水利工程、环境艺术等相关专业，部分毕业生已成长为行业翘楚。本书作为一项共同成果，归功于所有选课学生的认真努力与非凡创造力。感谢参与校园实践项目研究生、博士后与工作室设计师的出色工作，包括参与胜因院项目的李金晨、张丹明、颉赫南等，参与明德路项目的周玥、林国玄、初璟然（环艺）、刘一瑶（水利／景观）、盛浩（水利）等，参与新民路项目的林国玄、周怀宇、朱建达、李颖睿、张益章、余杰等，参与建筑馆庭院项目的杨冬冬博士后、孙媛博士后、颉赫南、赵婷婷等。

感谢研究生周怀宇、周语夏、张益章、蒋晓玥、俄子鹤及美术学院的初璟然等同学，从 2017 年开始持续至今的成果整理与书稿编辑工作。大量素材的汇总、排版和修改，是十分繁琐而艰辛的工作。大家精心、细致且高效的努力保障了本书的编辑得以完成。感谢中国建筑工业出版社的董苏华老师和张鹏伟编辑的长期信任、坚持与耐心，使得本书最终得以出版。

也许是父母给我起的名字，决定了今生与水规划设计与研究的不解之缘。最后谨以本书的出版，感谢一直作为我最坚强后盾的父亲、母亲、妻子、女儿、儿子最无私的爱与永远的支持！